Jean Heidmann

BIOASTRONOMIE

Jean Heidmann

BIOASTRONOMIE

Über irdisches Leben
und außerirdische Intelligenz

Übersetzt von Andreas Dorsel

Geleitwort
von Rudolf Kippenhahn

Mit 15 Abbildungen
davon 6 in Farbe

Springer-Verlag

Berlin Heidelberg New York
London Paris Tokyo
Hong Kong Barcelona
Budapest

Jean Heidmann
Observatoire de Paris
F-92195 Meudon

Übersetzer

Dr. Andreas Dorsel

Carl Zeiss Jena GmbH
D-07740 Jena

Titel der französischen Originalausgabe
Intelligences extra-terrestres
© Editions Odile Jacob, Octobre 1992

Umschlagbild
„Dinosaur's Last Sunset", painting by Jon Lomberg © 1994

Die Deutsche Bibliothek – CIP-Einheitsaufnahme
Heidmann, Jean: Bioastronomie : über irdisches Leben und außerirdische Intelligenz /
Jean Heidmann. Übers. von Andreas Dorsel. Mit einem Geleitw.
von Rudolf Kippenhahn. – Berlin ; Heidelberg ; New York ; London ;
Paris ; Tokyo ; Hong Kong ; Barcelona ; Budapest : Springer, 1994
Einheitssacht.: Intelligences extra-terrestres <dt.>
ISBN-13: 978-3-642-78446-0   e-ISBN-13: 978-3-642-78445-3
DOI: 10.1007/ 978-3-642-78445-3

Satz: Datenkonvertierung

SPIN: 10120810   55/3140-5 4 3 2 1 0 – Gedruckt auf säurefreiem Papier

„Halten Sie es für möglich, daß es auf anderen Himmelskörpern Leben gibt?" ist eine der häufigsten Fragen, welche Laien dem Fachastronomen stellen. Es ist in der Tat aufregend, sich vorzustellen, wie auf anderen Planeten Pflanzen und Tiere gedeihen, Lebewesen, die vielleicht noch in einem Stadium sind, das dem Leben auf unserem Planeten vor Millionen Jahren ähnelt oder dem unseren in seiner Entwicklung weit voraus ist. Die Literatur bemächtigte sich des Stoffes. Kontakt zwischen verschiedenen Zivilisationen unseres Milchstraßensystems ist eines der häufigsten Themen der Science-Fiction-Literatur. Niemand weiß bis heute, wie sich das Leben auf der Erde gebildet hat, wie aus unbelebter Materie lebende Zellen wurden. Obwohl es keinen Grund gibt anzunehmen, daß immer, wenn die Bedingungen so sind, wie sie in der Erdgeschichte waren, auch wirklich Leben entsteht, kann man sich dem folgenden Gedankengang nicht verschließen:

Wir leben auf einem Planeten, der von einem Stern, um den er kreist, warm gehalten wird. Bei der Bildung der Sonne entstand eine sie umströmende Gas- und Staubscheibe, in der die Planetenkörper auskondensierten. In unserem Milchstraßensystem gibt es mehr als hundert Milliarden Sterne, bei vielen muß es ähnlich zugegangen sein. Sollte sich da nicht auch Leben gebildet haben?

Neuerdings hat man Staubscheiben um andere Sterne entdeckt, vermutlich entstehen auch in ihnen Planeten. Wenn sich um jeden Stern in Scheiben Planeten bilden, dann ist es auch denkbar, daß dort Prozesse ablaufen, die den erdgeschichtlichen Vorgängen gleichen. Die chemischen Elemente, auf denen das Leben basiert, sind überall vorhanden.

Man sucht zur Zeit nach Planeten, die um andere Sterne kreisen. Sie sind schwer auszumachen, denn ihr Licht wird von dem ihrer Sonne überstrahlt. Auf den ersten Blick scheint es unmöglich, in

Erfahrung zu bringen, ob jene unsichtbaren Lichtpünktchen Leben beherbergen. Nur wenn es sich bis zu einer technischen Zivilisation hin entwickelt hat, die in der Lage ist, Funksignale auszusenden, besteht die Möglichkeit einer Kontaktaufnahme. Unsere Radioteleskope sind im Prinzip in der Lage, Signale mit extraterrestrischen Zivilisationen auszutauschen, wobei sich allerdings der Dialog über lange Zeiträume erstrecken würde, weil die jeweiligen, mit Lichtgeschwindigkeit ausgesandten Botschaften vielleicht Jahrhunderte unterwegs wären.

Solche Fragestellungen werden von den Astronomen durchaus ernst genommen. Die Internationale Astronomische Union hat sogar eine eigene Kommission gegründet, die sich mit *Bioastronomie* befaßt, wie dieser Zweig genannt wird. Auch der Autor dieses Buches gehört dieser Kommission an. Zur Zeit läuft in den USA das Projekt SETI (Search for Extra-Terrestrial Intelligence), bei dem man systematisch Sterne mit Radioteleskopen abhört, in der Hoffnung, einmal das Radiosignal eines den Stern begleitenden, bewohnten Planeten aufzufangen. Zwar hat der amerikanische Senat die Gelder für die nächsten Jahre gestrichen, doch versucht man jetzt, das Projekt mit privaten Mitteln weiterzuführen.

Diese wissenschaftlichen Bemühungen haben nichts mit den Sensationsmeldungen zu tun, die von Zeit zu Zeit durch die Medien gehen, seien es Meldungen über gesichtete UFOs, sei es die Bergformation auf dem Mars, die, unter geeignetem Winkel aufgenommen, bei der richtigen Beleuchtung die Form eines menschlichen Gesichtes zeigt und die von verantwortungslosen Autoren als ein von früheren Marsbewohnern geschaffenes Monument ausgeschlachtet wird.

Leben auf anderen Himmelskörpern? Noch vor 200 Jahren spottete der Philosoph und Physiker Georg Christoph Lichtenberg: „Ob der Mond bewohnt ist, weiß der Astronom ungefähr mit der Zuverlässigkeit, mit der er weiß, wer sein Vater war, aber nicht mit der, womit er meint, wer seine Mutter gewesen ist." Spätestens seit die APOLLO-Astronauten ihre Fußstapfen in den Staub des Mondes drückten, wissen wir, daß der Mond ein steriler Körper ist. Die amerikanischen MARINER-Sonden haben uns gezeigt, daß auch die Marskanäle auf einer optischen Täuschung beruhen und nicht Bauwerke der Marsbewohner sind, die damit ihre Wüsten bewässern. Doch die amerikanischen VIKING-Sonden haben uns auch Bilder von ausgetrockneten Flußbetten am Mars zur Erde gefunkt. Trug dieser Planet in der Vergangenheit Wasser in flüssiger Form?

Wenn es jemals gelingen sollte, Hinweise auf extraterrestrisches Leben zu erhalten, so wäre das eine unvorstellbare Sensation. Aber auch ohne diese Hinweise ist der Gedanke faszinierend, daß es vielleicht draußen Leben gibt, und wie man sich Gewißheit darüber verschaffen könnte.

Göttingen, Januar 1994   *Rudolf Kippenhahn*

Danksagungen

Auf meine Bitte hin wurde mein gesamtes Manuskript kritisch durchgelesen von: Nicole Hallet, Assistenzingenieurin am Observatorium von Paris, Antoine Heidmann, Forschungsbeauftragter am CNRS an der Ecole normale supérieure, Marie-Ange Heidmann, Verantwortliche für Ausstellungen am Palais de la Découverte in Paris, und Monique Ruyssen, meiner kleinen Schwester und Ex-Caroline.

Die ihren jeweiligen Spezialitäten entsprechenden Kapitel wurden durchgesehen von: François Biraud, Forschungsdirektor am CNRS am Observatorium von Meudon, Lucette Bottinelli, Professorin an der Universität Paris-Süd in Orsay, André Brack, Forschungsdirektor am CNRS im Zentrum für molekulare Biophysik in Orléans, Alain Cirou, Direktor der Redaktion von *Ciel & Espace*, Yves Coppens, Professor am Collège de France, Emmanuel Davoust, Astronom am Observatorium Midi-Pyrénées, Lucienne Gouguenheim, Professorin an der Universität Paris-Süd in Orsay, Anny-Chantal Levasseur-Regourd, Professorin an der Universität Pierre und Marie Curie in Paris, Jean-Pierre Luminet, Forschungsbeauftragter beim CNRS am Observatorium von Meudon, Philippe Masson, Professor an der Universität Paris-Süd in Orsay, Thierry Montmerle, Physiker im Forschungszentrum von Saclay, François Rolin, Professor an der Universität Paris-Val de Marne.

Es ist mir ein Vergnügen, ihnen an dieser Stelle meine Dankbarkeit für ihre sehr wertvollen Kommentare und Vorschläge auszudrücken.

Inhaltsverzeichnis

Kapitel 2   Das organische Stadium   31

Zweiter Teil
Die Außerirdischen – Das SETI-Programm

Kapitel 5   Die Intelligenz   111

Kapitel 6   Die Pioniere von SETI   127

Kapitel 7   Warum Radiowellen?   137

Kapitel 11   Kosmische Lebensräume   199

Kapitel 12   Der Tag des Kontakts   215

Kapitel 13
Irdische Schicksale und kosmische Perspektiven   229

Kapitel 14
Auf dem Weg zur wissenschaftlichen Anerkennung   237

Bibliographie   251

Einleitung

Eine Rose als Kreisbogen über dem blauen Planeten; Symbol des Le
auf der Erde. (Quelle: NASA/J. Heidmann)

Heute, gegen Ende des zweiten Jahrtausends, hat unsere Vorstellung vom Kosmos eine radikal neue Wendung genommen; die Perspektive, welche uns die Welt öffnet, hat sich erweitert. Selbst das Leben erscheint uns nunmehr wie ein natürliches Phänomen im Rahmen der Entwicklung des gesamten Kosmos. Wenn dem so ist, kann sich das große Abenteuer seiner Entstehung und seiner anschließenden Evolution gut auch anderswo als auf der Erde abgespielt haben. Das Leben hat somit aufgehört, ein ausschließlich terrestrisches Phänomen für uns zu sein, und ist zu einer kosmischen Möglichkeit geworden, die man in Dimensionen des ganzen Universums berücksichtigen muß. Von der Vorstellung einer physikalischen Welt sind wir so zu der eines biologischen Universums übergegangen.

Das Studium des Ursprungs des Lebens, die Erforschung des Weltraums und die Astronomie laden uns heute dazu ein, die bisher der Science-Fiction vorbehaltene Vorstellung außerirdischen Lebens ernst zu nehmen. Hier wird sofort eine Präzisierung notwendig: Das Wort außerirdisch ruft natürlicherweise Bilder aus *Krieg der Welten*, aus *E.T.* oder aus *Unheimliche Begegnung der dritten Art* in uns wach. Wir denken an liebenswürdige Kreaturen oder schreckliche Monster, ausgestattet mit erstaunlichen Fähigkeiten, und insbesondere schreiben wir ihnen einen Intelligenzgrad zu, der zumindest dem unsrigen entspricht. In der Literatur oder im zeitgenössischen Film ist das Außerirdische in den meisten Fällen eine Idealisierung dessen, was die Menschheit sein möchte, oder eine Karikatur dessen, was werden zu können sie befürchtet. Wenn man sich mögliche Formen außerirdischen Lebens vorstellt, vernachlässigt man insbesondere die Tatsache, daß sie möglicherweise nicht das Niveau von Intelligenz und Zivilisation erreicht haben, zu welchen die Menschen sich aufgeschwungen haben. Nun, der Weg der Evolution, im kosmischen Maßstab betrachtet, ist komplex. Und um ihn zu verstehen, muß man die kleinen grünen Männchen, die unsere Vorstellungen begleiten, vergessen. Das Abenteuer wird dadurch übrigens nicht weniger faszinierend ..., weil es echt ist.

In der Tat umfaßt die Entwicklung des Lebens, in der Dimension des Universums betrachtet, fünf grundlegende Etappen:

- ein *kosmisches Stadium* vom *Urknall* oder *Big Bang*, im Verlauf dessen Raum und Materie erscheinen, bis zur Bildung der Sterne und Planeten mehrere Milliarden Jahre später. In der Zwischenzeit wird die Bildungsphase der chemischen Elemente durchlau-

fen, so z. B. des Kohlenstoffs, der für das Leben, wie wir es kennen, von grundlegender Bedeutung ist;
- ein *organisches Stadium*, welches die Bildung der ersten Moleküle sieht, die als Grundlage unseres Lebens dienen, solche wie sie im interstellaren Raum von den Radioastronomen gefunden wurden, in den Kometen von den Weltraumsonden, in den auf die Erde herabgefallenen Meteoriten von den Biochemikern;
- ein *präbiotisches Stadium*, in dessen Verlauf bereits komplexere, aber noch nicht lebende „Bausteine" entstanden, wie die Aminosäuren, wichtige Bestandteile der Proteine, oder die Purinbasen, die die Leitersprossen der DNS-Doppelhelix bilden; diese präbiotische Chemie ist vielleicht auf dem Satelliten Titan des Planeten Saturn am Werk;
- ein *Stadium primitiven Lebens*, wie das von Bakterien, die als Herren während der ersten Milliarden Jahren unserer Erde regierten, ein Stadium, das die Astronomen vielleicht in anderer Form im gefrorenen Unterboden des Planeten Mars zu finden hoffen;
- und schließlich ein *„fortgeschrittenes" Stadium*, vielleicht noch weiter als das unsrige. Denn nichts weist beim Studium des Kosmos darauf hin, daß der Mensch die Krönung der Entwicklung des Kosmos sei, ganz im Gegenteil.

Außer der von der Biologie, der Physik und der Chemie unterstützten Erforschung des Weltraums besteht das einzige uns zur Verfügung stehende Mittel, um die Lebensformen, welche sich außerhalb unserer Atmosphäre entwickelt haben könnten, aufzuspüren, darin, geduldig nach Radiosignalen zu lauschen, die sie vielleicht ausgesandt haben; der den Weltraum erkundende Astronom ist hinter seinen gigantischen Radioteleskopen zu einer Art Spion geworden, zu einem Lausch-Spezialisten .... Das, was man SETI (Search for Extra-Terrestrial Intelligence) nennt, wurde 1959 geboren. 1982 hat die Astronomische Union eine der Bioastronomie gewidmete Kommission geschaffen. 1992 hat die NASA ein Programm großer Tragweite aufgestellt, das auf neuen Technologien aufbaut, mit deren Hilfe man bis zum Jahr 2000 zig Millionen von Radiofrequenzkanälen erforschen wird. Europa, hier im wesentlichen repräsentiert durch Frankreich, steht dabei nicht abseits.

Aber bevor wir uns jenen denkwürdigen Tag vorstellen, an dem vielleicht jemand ein künstliches Signal aus dem Weltraum empfängt, machen wir uns zur Entdeckung der gedanklichen Implikationen und der allerneuesten Entwicklungen der Bioastronomie auf, jener von den Astronomen unternommenen Suche nach dem Leben im Universum.

Von der physikalischen Welt zum biologischen Universum

Die Idee außerirdischen Lebens und außerirdischer Intelligenz hat bereits eine lange Geschichte hinter sich, reicht sie doch bis zu den griechischen Atomisten und Aristoteles, also bis ins 4. Jh. v. Chr. zurück. Wiederbelebt und bestärkt durch die Arbeiten von Kopernikus und Galileo, welche die Ähnlichkeit der Erde und der fünf Wandelsterne der Alten (Merkur, Venus, Mars, Jupiter und Saturn) zeigten, war sie fest bei den Philosophen des 18. Jh. verankert. 1859 aber wurden zwei entscheidende Schritte gemacht: In diesem Jahr war es, daß Darwin sein Buch *Die Entstehung der Arten* veröffentlichte, und daß Kirchhoff mittels Spektroskopie die chemischen Elemente der Sonne identifizierte. Seither weiß man, daß das Leben aus einer physikalischen Evolution hervorgehen kann und daß die Materie überall die gleiche ist.[1]

Die Katastrophentheorie von Jeans

Trotz dieses Fortschritts waren die zu Beginn des 20. Jh. entwickelten Ideen fatal für die Vorstellung von Leben im Universum.

Insbesondere Sir James Jeans hat um 1920 eine sogenannte Katastrophentheorie ausgearbeitet, um den Ursprung der Erde zu erklären: Letztere wäre danach aus einem Materieklumpen kondensiert, welcher durch einen Stern, der die Sonne in sehr geringem Abstand passierte, dieser entrissen worden sei. Nun sollten solche

---

[1] Anläßlich des dritten internationalen Symposiums für Bioastronomie, welches 1990 in Val-Cenis, Haute-Maurienne, stattfand, hat der Astronom und Wissenschaftshistoriker Steven J. Dick vom US Naval Observatory in Washington eine packende Zusammenfassung dieser modernen Vorstellungen gegeben.

Annäherungen extrem selten sein. Und somit auch die Planeten und das extraterrestrische Leben.

Die Bekanntheit von Jeans war so groß, daß sich seine Ideen weit verbreitet haben. Dennoch fand im Jahre 1943 eine völlige Kehrtwendung statt: Zwei Begleitplaneten wurden angeblich bei den Sternen 61 des Schwans und 70 des Schlangenträgers entdeckt. Jeans hat seine Rechnungen perfektioniert und kam soweit zuzugeben, daß die „Katastrophe" einen von sechs Sternen treffen könne. Des weiteren hat Carl Friedrich von Weizsäcker der auf Laplace zurückgehenden Theorie des Urnebels eine neue Form gegeben. Außerdem hat man bemerkt, daß die Vorstellungen von Jeans an einem schweren Mangel krankten: Das Zusammentreffen zweier Sterne kann nicht zu Planeten führen, die kreisförmige Umlaufbahnen um die Sonne haben.

Der Durchbruch

So machten die von den Astronomen erreichten Fortschritte von neuem die Hypothese wahrscheinlich, nach der es Milliarden von Planeten geben sollte. In der gleichen Zeit veröffentlichte Oparin seine Arbeiten zum Ursprung des Lebens (1938), und Miller gelang seine erste Synthese der Bausteine des Lebens, während das erste internationale Symposium über den Ursprung des Lebens abgehalten wurde. Alles war bereit für die Geburt der Idee von SETI.

Im Jahre 1959 veröffentlichen Giuseppe Cocconi und Philip Morrison die erste wissenschaftliche Studie über die Möglichkeit, Funksignale über interstellare Entfernungen auszutauschen, während Frank Drake einen Spezialempfänger baut und die erste Lauschaktion an den beiden nächsten Sternen durchführt. Seither sind 30 Jahre vergangen und SETI stürzt sich, gestärkt durch die von der Bioastronomie gemachten Fortschritte, mittels Beobachtungen auf diese zwei Jahrtausende alte Frage: Sind wir allein in diesem biologischen Universum oder nicht? Die Wissenschaft vereinigt — auf diesem Gebiet vielleicht mehr als auf anderen — die grundlegendsten Fragestellungen des Was, des Wie und vor allem des Warum unseres so bescheidenen menschlichen Daseins.

Fakten, Spekulationen, Fiktionen und Finanzierung

Um uns bei der Suche nach dem Leben im Universum zu leiten, verfügen wir bedauerlicherweise nur über ein einziges Beispiel, das der Erde. Natürlich kann man versuchen, durch Extrapolation andere Entwicklungslinien als die uns bekannte, auf der Chemie des Kohlenstoffs basierende, zu entdecken. Warum soll man sich nicht ein Leben vorstellen, das auf der Chemie des Siliziums beruht? In gleicher Weise hängt das irdische Leben von im Wasser ablaufenden chemischen Reaktionen ab. Warum also sollte man nicht andere Lösungsmittel in Betracht ziehen?

Diese Extrapolationen können aufgrund von Laboruntersuchungen recht schnell eine Bestätigung finden oder verworfen werden. Tatsächlich entfernen sie sich aber nicht gar zu weit von unseren Grundcharakteristika, insbesondere von unseren Fähigkeiten der Reproduktion und des Selbsterhalts, der Energieumwandlung, des Sammelns und Verarbeitens von Informationen über unsere Umgebung. Sie liefern uns keine wirklich neue oder exotische Entwicklungslinie. Mit ihnen bleiben wir praktisch beim Modell des Lebens, so wie es sich auf der Erde entwickelt hat.

Man kann kühnere Extrapolationen ins Auge fassen. So haben sich Astronomen ein auf den Neutronen der Neutronensterne begründetes Leben vorgestellt. Man kann sich tatsächlich Systeme vorstellen, die in der Lage wären, in einer solchen Umgebung mehr oder weniger die Grundfunktionen des Lebens zu erfüllen. Diese Umgebung umfaßt Energie und Teilchen, die einer recht außergewöhnlichen Physik unterworfen sind, der der sogenannten entarteten Systeme innerhalb der Quantenphysik. Das Ganze kann möglicherweise zur Ausbildung von Strukturen und zur Informationsverarbeitung führen.

Die schwarze Wolke von Hoyle

Eines der ältesten und vom Standpunkt der Physik glaubhaftesten Modelle des Lebens hat als Thema für die *Schwarze Wolke* gedient, einen von dem berühmten und sehr originellen britischen Astrophysiker Fred Hoyle geschriebenen Science-Fiction-Roman. Hoyle hat sich aus Wolken magnetisierten interstellaren Gases zusammengesetzte Wesen ausgedacht; Flußröhren der magnetischen Felder befördern die geladenen Teilchen, Elektronen und Ionen wie Blutkörperchen in einem Netz von Arterien und Venen; die Informationen werden gespeichert und verarbeitet wie in einem Computer, dessen elektronische Bestandteile, anstatt fest zu sein, aus diesem Plasma bestehen, das durch die magnetischen Felder gleichsam eingefroren wird; außerdem können diese Wolken Energie speichern. Sie führen ein ideales Leben, wobei sie untereinander im Weltraum mittels Radiowellen kommunizieren. Wenn ihre Energiereserven zur Neige gehen, bewegen sie sich in die Nachbarschaft eines Sterns, indem sie Teilchen ausstoßen. So fängt die Geschichte übrigens an: Eine dieser Wolken richtet sich rund um die Sonne ein, um deren Energie aufzufangen, und verbreitet durch die Verdunklung der Erde und durch gravitative Störungen unter den Menschen Panik.

Waghalsige Extrapolationen sind dem Wissenschaftler nicht verboten. Sie können tatsächlich neue Wege und Perspektiven eröffnen. Aber um sehr wahrscheinlichen und für die Erkenntnis katastrophalen Abwegen zu begegnen, ist es sich der Forscher schuldig, schnellstmöglich Verifizierungen seiner Hypothesen vorzuschlagen. Er muß also Konsequenzen aus ihnen ableiten, die beobachtet werden können.

Die Kugeln von Dyson

Ein gutes Beispiel für einen Verifizierungsversuch ist bei den Zivilisationen vom Typ II, so wie ihn Kardaschow entwirft, geliefert worden. Letzterer spricht von einer Zivilisation vom Typ II, wenn es jener gelingt, für ihre Bedürfnisse die gesamte Energie ihres Zentralgestirns zu bändigen. Nach den Gesetzen der Thermodynamik muß eine solche Zivilisation zwangsläufig einen ordentlichen Anteil dieser Energie in Form infraroter Strahlung wieder in den Weltraum abgeben. Nach Dyson könnten Zivilisationen dieses Typs das Material ihres Asteroiden genutzt haben, um eine immense, ihren Stern umhüllende Membran zu bauen, die es gestattet, seine Energie aufzufangen; diese Kugeln, infrarote Quellen, könnten also beobachtet werden.

In der Folge hat der Satellit IRAS (InfraRed Astronomical Satellite) 130 375 mit Sternen koinzidierende Infrarotquellen am Himmel entdeckt; unter ihnen hat Jun Jugaku, Professor an der Tokai-Universität in Japan, 594 Sterne ausgemacht, die unserer Sonne ähneln und die also eine Form von Leben heranziehen könnten. Um eine eventuelle zusätzliche und folglich künstliche Infrarotemission zu detektieren, mußte er sie mit den Messungen der gewöhnlichen Emission der Sterne selbst vergleichen, die in einem anderen Katalog zu finden sind. Nachdem diese Arbeit erst einmal abgeschlossen war, blieben nur noch 54 Kandidaten übrig. Schließlich wiesen nur 3 unter diesen einen Infrarotüberschuß auf.

Aber nach einer genaueren Analyse hat sich herausgestellt, daß dieser in der Tat von natürlichen Ursachen herrührte. Daher die Schlußfolgerung von Jugaku: keine Evidenz für eine Kugel von Dyson unter den 54 Kandidaten. Dennoch eine Empfehlung: Eine Vermessung von sehr viel mehr Sternen in der gewöhnlichen Emission würde es gestatten, den enormen Reichtum des IRAS-Katalogs besser auszunutzen. Die Spekulation von Kardaschow und Dyson ist also nicht bestätigt, aber es wäre interessant, ihr bisher noch wenig umfangreiches Studium weiterzuverfolgen.

Die Finanzierungsfrage

Man sieht, um das Leben im Kosmos zu erforschen, muß man neue Instrumente oder Beobachtungs- und Experimentiertechniken entwickeln. Man braucht also ganz natürlicherweise Geld. Nun ist die Wissenschaft im allgemeinen so organisiert, daß die Finanzmittel von Regierungsinstanzen kommen, die gegenüber den Steuerzahlern verantwortlich sind; sie verteilen nur an die am seriösesten erscheinenden Projekte Geldmittel. Daraus folgt: Da es schon schwierig ist, auch nur Gelder für die strengste Wissenschaft zu erhalten, kommt es nicht in Frage, Forschungsprogramme vorzuschlagen, die auf Spekulationen oder gar auf Fiktionen basieren.

Folglich müssen sich die Wissenschaftler auf Fakten stützen, wenn sie das Leben im Universum erforschen wollen. Unglücklicherweise haben wir nur ein einziges Beispiel: das des Lebens auf der Erde.

Das Beispiel Erde

Das Alter

Unsere Erde hat sich vor 4555 Mio. Jahren gebildet. Sie hat tausendmal das Alter unserer ersten Vorfahren, die aufrecht gingen. Sie ist eine Million mal älter als unsere ersten (historischen) Zivilisationen. Ihr Alter ist mit einer für einen Astrophysiker erstaunlichen Genauigkeit bekannt, der im allgemeinen mit Fehlern von einigen zehn Prozent zufrieden sein muß, weil es so schwierig ist, dem Kosmos Daten abzujagen oder Theorien aufzustellen. Im Vergleich kann man den *Big Bang* nur zwischen einem Dutzend und rund 20 Mrd. Jahren rückdatieren.

Für die unseren Globus betreffenden Messungen ist das Zehntelprozent erreicht, und dies dank der Auswertung der Radioaktivität der ältesten Atomkerne, die sie enthält: Ihre Zerfallszeiten sind sehr genau bekannt und unempfindlich gegen jeden äußeren Einfluß. Es war also hinreichend, die relativen Häufigkeiten der durch Zerfälle gebildeten Kerne im Vergleich zu den Ursprungskernen so genau wie möglich – und nicht ohne Schwierigkeiten – zu ermitteln, um den Geburtszeitpunkt der Erde zu bestimmen.

Er entspricht dem Moment, in dem sich unser Globus in Form einer vom Rest des Urnebels isolierten Kondensation konstituiert hat, d. h. dem Augenblick, in dem praktisch die Gesamtmasse der Erde in einer dichten Kugel vereinigt wurde. Man schätzt, daß zwischen dem Beginn und dem Ende der Kondensation, d. h. zwischen dem Zusammenstürzen des protosolaren Nebels und der Agglomeration der Erde rund 100 Mio. Jahre vergingen, eine nach kosmischen Maßstäben recht kurze Zeit.

Der Urzustand

Bei seiner Entstehung war der Globus vollständig geschmolzen aufgrund der Wärme, die durch das Herabfallen von Kleinstplaneten, Kometenkernen, Staubansammlungen und Gas unter der Anziehungswirkung der jungen Erde freigesetzt wurde. Dieser Schmelzvorgang hat die Differenzierung der Erde ermöglicht: Die schweren Elemente, Eisen, Nickel, haben sich im Zentrum angesammelt, um den Kern zu bilden, der vom Urmagma überlagert bzw. eingehüllt wird. Die dicke Uratmosphäre, die ihn umgab, stammte aus der Ausgasung der Schmelze. Sie war vergleichbar zu den durch Vulkaneruptionen ausgeworfenen Gasen, mit Kohlendioxid, Stickstoff und anderen, komplexeren Molekülen wie Methan und Schwefelsäure.

Diese Uratmosphäre muß zum großen Teil durch gewaltige Winde fortgeblasen worden sein, die von den heftigen Aktivitäten der jungen Sonne in ihrer vorübergehenden T-Tauri-Phase erzeugt wurden. Es ist möglich, daß später, in den ersten hundert Millionen Jahren, die folgten, eine zweite „primitive" Atmosphäre, die im wesentlichen aus Wasserdampf und Kohlendioxid bestand, durch die Kometen von jenseits des Jupiter importiert wurde.

Danach fing die Erdkugel an, sich abzukühlen; die Silikate stiegen wieder zur Oberfläche des Magmas auf und begannen sich zu verfestigen. Die ältesten bekannten Granitschichten, welche z. B. den Untergrund des Kanadischen Schildes bilden, datieren 3,8 Mrd. Jahre in die Vergangenheit zurück. Auch die Atmosphäre hat sich ausreichend abgekühlt, so daß der Wasserdampf zu Flüssigkeitstropfen kondensierte. Nunmehr begann ein phänomenaler Regen zu fallen, und manche Geophysiker vermuten, daß er ohne Unterbrechung 10 Mio. Jahre andauerte. Wenn ein kleiner Vorfahr des Menschenwesens Zeuge dieses Wolkenbruchs gewesen wäre, hätte er ihn im überlieferten Mythos von der Sintflut anklingen lassen können.

Der Ozeanplanet

Hingegen hat uns dieser Regen ohnegleichen eine Erinnerung, vielmehr ein Geschenk hinterlassen: Ihm ist es zu verdanken, daß sich die Atmosphäre fast vollständig ihres Kohlendioxids entledigt hat. Andernfalls hätte dieses damals so häufige Gas uns mit einer dicken Schicht umhüllt, und der Druck am Boden hätte rund hundert Atmosphären erreicht, was zu einem katastrophalen Treibhauseffekt geführt hätte. Die Erde hätte das gleiche Schicksal erfahren wie unsere Schwester und Nachbarin Venus, deren Temperatur an der Oberfläche sich auf 450 °C beläuft, und wir wären nicht da!

Wie wurde uns dieses Geschenk gegeben? Dieser Regen, eine Mischung von Wasser und Schwefelsäure, hat das Kalzium der Basalte und Granite der primitiven Kruste aufgelöst; das Kalzium hat mit dem Kohlendioxidgas der Atmosphäre zu Kalziumkarbonat reagiert, das sich am Boden der jungen Ozeane absetzte, wo es sich zu immer dickeren Kalksedimenten ansammelte.

Diese Überführung des Kohlendioxidgases aus dem Luftraum in unterirdische (bzw. unterseeische) Kalkgesteine hat das Schicksal der Erde verändert. Sie ist der Ozeanplanet geworden. Seine verbliebene Atmosphäre hat keinen Treibhauseffekt bewirkt, blieb aber dicht genug, um ihn vor der interplanetarischen Kälte zu schützen. So konnte er sich in Richtung auf das Abenteuer des Lebens hin bewegen, da seine Temperatur zwischen 0 und 100 °C blieb, eine Existenzbedingung für flüssiges Wasser bei normalem Druck.

Weniger als 700 Mio. Jahre nach ihrer Geburt macht die Erde einen milderen Eindruck. Erste Ansätze steriler Kontinente kommen aus einem globalen Ozean hervor unter einer Atmosphäre, die im wesentlichen aus Stickstoff besteht, mit Zusätzen von Wasserdampf, von Kohlendioxidgas, von Methan. Schwere, dicke Rauchfahnen erheben sich in die Höhe, hervorgerufen durch mächtige Vulkane und gigantische Meteoritenbombardements.

In der Tat hat dieses bei der Bildung der Erde so intensive Bombardement nicht plötzlich aufgehört; es brauchte einige hundert Millionen Jahre, um abzuklingen; selbst heute noch sind wir Zeuge hiervon, ob nun in Form von Sternschnuppen, von Meteoriten wie dem, der den Meteor Crater erzeugte, einen großen Asteroideneinschlag am Übergang von der Kreide zum Tertiär, oder gar von dem in die Tunguska gestürzten Kometenbruchstück.

In der mineralischen Landschaft von vor 3,8 Mrd. Jahren scheint bereits unser Mond am Himmel. Er ist sehr groß, weil damals noch viel näher bei uns als heute, denn er ist noch nicht durch die Gezeiteneffekte zurückgestoßen worden. Dennoch hat er bereits fast sein heutiges Aussehen. Ein Beobachter hätte dort von Zeit zu Zeit den Einschlag eines dieser verspäteten Himmelskörper beobachten können: Plötzlich erhebt sich eine gewaltige, kegelförmige Blütenkrone von geschmolzenen Einschlagsplittern, fällt dann im Verlauf mehrer Minuten zurück und hinterläßt auf dem Boden eine ins Rötliche gehende Spur, die im Verlauf von Monaten zunehmend verlischt.

Die erste Etappe in der Geschichte des Lebens auf der Erde ist abgeschlossen: die des kosmischen Stadiums, das nach den Gesetzen eines im herkömmlichen Sinne rein physikalischen Universums ablief. Das Bühnenbild für den zweiten Akt, für das organische Stadium, steht. Aber der erste war wesentlich grandioser: Er inszenierte das gesamte Universum.

Erster Teil

Entstehung des Lebens
Perspektiven der Bioastronomie

Kapitel 1

Das kosmische Stadium

Die fernsten jemals photographierten Galaxien geben uns eine Ans
ung der Grenzen des Universums, fast am kosmologischen Horizon
kurze Zeit nach dem Urknall. Auf diesem Himmelsausschnitt von
Bogenminute Kantenlänge häufen sich rund hundert von ihnen zu
Art Galaxienvorhang, welcher den außerordentlichen Reichtum des
versums offenbart. (Quelle: ESO)

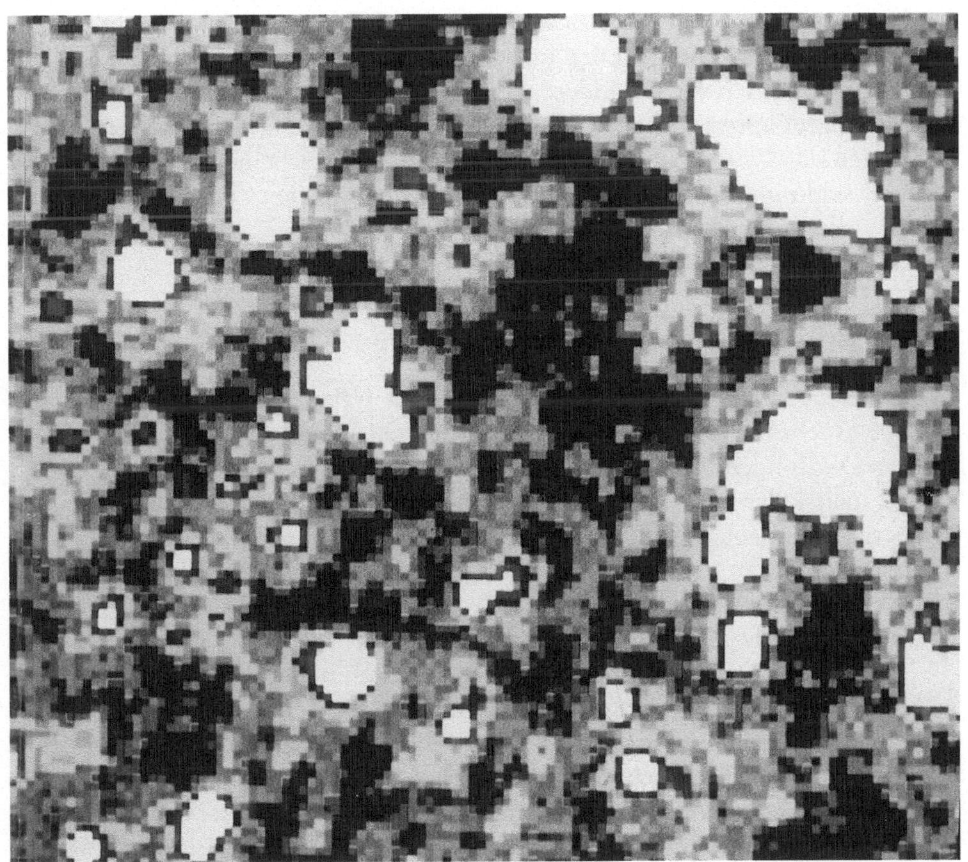

1.1 Urknall, Raum und Materie

Vulkanausbrüche, Erdbeben, Dürrezeiten und Überschwemmungen, Zyklone, Tornados und Tsunamis, all das sind Naturkatastrophen, die die Menschen erschrecken. So manche erheben sich dagegen und klagen ein unheilvolles Schicksal an. Und dennoch muß man eine grundlegende Tatsache begreifen: Im Gegensatz zu einer recht verbreiteten Ansicht, welche aus einem blinden Kosmos eine Mutter Natur gemacht hat, die der Menschheit wohlwollend und beschützend gegenübersteht, verhält sich das Universum ihr gegenüber bestenfalls völlig indifferent. Nach einem japanischen Tanka des 14. Jahrhunderts sind wir nicht mehr als höchstens ein vergänglicher Schaum auf der Oberfläche eines aufgewühlten Ozeans. Unsere Geschichte, unser Abenteuer sind nur eine kosmische Odyssee, oft titanisch, aber auch lächerlich. Und Taifune und Eruptionen sind nicht mehr als kleine Zufälligkeiten im schrecklichen kosmischen Theater.

Ebensogut hätten auf andere Art wichtige Katastrophen das Universum als Ganzes treffen können: Die Materie hätte nicht existieren können. Und wie hätte ohne Materie das Leben erscheinen können? Oder schlimmer noch, der Raum hätte nicht existieren können, und wie sollte man sich ohne Raum das Leben vorstellen?

Der inflationäre Urknall

Diese Fragen stellen sich aus der Theorie des inflationären *Urknalls*, dem Ergebnis der Verbindung zweier verschiedener wissenschaftlicher Disziplinen: einerseits der Kosmologie, die in großen Raum- und Zeitskalen die Geschichte des Universums in ihrer Gesamtheit zu verstehen sucht, und andererseits der Physik der Materie, welche versucht, zu den fundamentalen und eigentlichen Ursachen der Eigenschaften, der Natur und des Ursprungs der Elementarteilchen als Urgrund dieser Materie zurückzugehen.

Diese über ein Jahrzehnt betriebene Zusammenarbeit zwischen Kosmologen und Teilchenphysikern ist durch ein recht gewöhnliches Bedürfnis ausgelöst worden: Die Physiker brauchten zur Überprüfung der neuen Entwicklungen ihres Fachs sehr energiereiche Teilchen, wie sie nur die ersten Augenblicke des *Urknalls* liefern konnten; anstatt Beschleuniger von astronomischen Ausmaßen, ein gutes

Stück größer als die Erde, zu bauen, mußte man im Weltraum nach Effekten suchen, die es gestatteten, die Teilchenphysik zu testen.

Die quantenmechanische Unschärfe

Die Grundlage der Teilchenphysik ist die Quantentheorie und ihre Welle-Teilchen-Beziehung, die 1923 von Louis de Broglie eingeführt wurde: Das Verhalten jedes Elementarteilchens wird von einer zugeordneten Welle bestimmt, die sich gemäß bestimmter Gleichungen entwickelt. Dieses Wellenbild kann mit Kräuselungen oder Wogen auf der Oberfläche eines Sees verglichen werden, die sich gemäß den Gesetzen der Physik der Flüssigkeiten ausbreiten. So kann ein Stockschlag an einer Stelle eine Störung des Wasserspiegels hervorrufen, die sich in Kreiswellen ausbreitet, Wellen, die auf einen Kai treffen, dort reflektiert werden und sich bei ihrer Wiederkehr mit den folgenden mischen können, was dann Interferenzen ergibt ... .

Die De-Broglie-Wellen werden als Verschlüsselung für die Wahrscheinlichkeit interpretiert, das der Welle entsprechende Teilchen an einem gegebenen Ort zu einem gegebenen Zeitpunkt aufzufinden. Je stärker die Welle ist, um so größer ist die Wahrscheinlichkeit. So wäre das Teilchen im Augenblick des Stockschlags da, wo der Schlag hintraf; danach könnte es an einem beliebigen Punkt einer Kreiswelle sein, und später vorzugsweise da, wo die vom Kai reflektierte Welle sich günstig mit den anderen Wellen überlagert ... .

Für unsere Alltagslogik ist die frappierendste Tatsache an dieser Vorstellung oder auch diesem Dualismus von Welle und Teilchen, daß ein Teilchen eine Unschärfe sowohl hinsichtlich seines Ortes als auch hinsichtlich seiner Geschwindigkeit besitzt. Nach der klassischen Physik befindet sich ein bestimmtes Elektron zu einem bestimmten Zeitpunkt an einem bestimmten Ort und bewegt sich mit einer bestimmten Geschwindigkeit. Nach der Quantenphysik kann man nur Wahrscheinlichkeiten angeben: Das Elektron wäre vermutlich in diesem Gebiet mit einem Spielraum für die möglichen Geschwindigkeiten. Das ist gerade die quantenmechanische Unschärfe.

Während eines halben Jahrhunderts wurde über diesen eigenartigen Aspekt der Natur debattiert. Einstein und andere dachten, daß uns unsere physikalischen Theorien noch „verborgene" Parameter verschleierten, die man schließlich entdecken würde, um dann die Teilchen genau zu verfolgen. Andere erkannten hierin eine grundlegende Eigenschaft der Natur. Erst in den letzten Jahren haben entscheidende Experimente, insbesondere die, die Alain Aspect an der Ecole Normale Supérieure durchführte, zugunsten der zweiten Alternative entschieden.

Die Quantenunschärfe ist nicht völlig unbestimmt; sie wird durch die Heisenbergsche Unschärferelation abgeschätzt: „Das Produkt aus Ortsunschärfe und Geschwindigkeitsunschärfe ist gleich h dividiert durch m", wobei m die Masse des Teilchens und h die Plancksche Konstante ist. Je größer also die Masse ist, um so kleiner sind die Unschärfen: Man kommt schließlich zur klassischen Physik zurück. Was h betrifft, so ist dies eine fundamentale Konstante unseres Kosmos, von gleicher Bedeutung wie die Lichtgeschwindigkeit c oder die Newtonsche Gravitationskonstante G. Darüber hinaus hat Planck bereits 1899 aus h, c und G eine Zeit und eine Länge, 10^{-43} s und 10^{-33} cm, berechnet, die heute eine fundamentale Rolle in der Kosmologie spielen.

So hatte der beobachtbare Kosmos nach der Allgemeinen Relativitätstheorie von Einstein, jener anderen fundamentalen Theorie des 20. Jh., im Alter von 10^{-43} s eine Ausdehnung von 10^{-33} cm. Er war also klein genug, um unter das Regime der Quantenphysik zu fallen. Zu diesem Zeitpunkt und bei dieser Größe verliert sich die Spur zu seiner Vorgeschichte und der Zeitpunkt „Null" des *Urknalls* verschwimmt in den Nebeln der Quantenunschärfe.

Selbst wenn uns eine zusammenhängende Theorie bekannt wäre, welche die Quantenphysik und die relativistische Physik vereinte, könnte sie uns dennoch nur Wahrscheinlichkeitsaussagen über diese kritischen Zeitabschnitte liefern. Hier sind beispielsweise zwei Möglichkeiten, wie sie sich aus semiempirischen numerischen Berechnungen ergeben. Der Kosmos könnte in der unbestimmten Vergangenheit eine Phase der Kontraktion auf einen „großen Zusammenbruch" (den *Big Crunch*) hin durchlebt haben, mehr oder weniger symmetrisch zu seiner gegenwärtigen Expansion; in der Nähe des Zeitpunktes „Null" hätte er darüber hinaus während einiger Planckscher Zeiteinheiten mehrere wilde Oszillationen ausführen können. Oder er hätte, in der unbestimmten Vergangenheit nicht existent, einige Plancksche Zeiteinheiten vor „Null" auftauchen können, vielleicht sehr groß, um auch wieder auf den unserer gegenwärtigen Expansion vorausgehenden *Big Crunch* hinzustürzen.

Die Epoche in der Nachbarschaft des Zeitpunktes „Null" bei einigen Planckschen Zeiteinheiten ist immer noch sehr schwer zu verstehen. Es sind weiter zurechtgezimmerte theoretische Hypothesen, wie die des chaotischen *Urknalls*, vorgeschlagen worden. Nach ihr könnte die Expansion in die verschiedenen Richtungen unterschiedlich ablaufen. A. D. Linde hat sich selbstreproduzierende Universen vorgestellt, in denen Miniuniversen eine Reihe von „Blasen" bilden, verbunden durch verflochtene Röhren, ähnlich einer Kugel aus Seifenschaum; auf diesen sich schnell ausdehnenden Blasen bilden sich Pusteln, welche sich vergrößern und dabei neue Blasen erzeugen. Alle diese, unzählbar viele, verbundene oder getrennte, geben ein Bild des Universums, jedes mit verschiedenen geometrischen und physikalischen Eigenschaften. Und wir sollen uns in einer dieser Welten mit ihren spezifischen Eigenschaften befinden.

Welten in unbestimmter Zahl

Das beunruhigende Ergebnis dieser Überlegungen ist, daß sich die Schöpfung unserer Welt wie ein Würfelspiel gestaltete. Insbesondere hätte der Kosmos, der uns umgibt, nach 10^{-43} s in einem Raum enthalten sein können, der sphärisch, euklidisch oder hyperbolisch war, begrenzt oder unbegrenzt, um nur die Fälle zu zitieren, mit denen sich die Kosmologen hauptsächlich befassen, seit Alexander Friedmann vor einem halben Jahrhundert aus der Allgemeinen Relativitätstheorie die grundlegenden Weltmodelle abgeleitet hat.

In dieser unendlichen Sammlung von Räumen aller Art sind die meisten für das Auftreten von Leben ungeeignet. Manche hätten sich z. B. zu schnell wieder zusammengezogen, um ihre Laufbahn mit einem *Big Crunch* zu beenden, weit schneller, um die einige Milliarden Jahre zu erlauben, den weiten Weg zu durchlaufen, der zum Leben führen kann. Nur einige wenige hier und da hätten die für das Leben erforderlichen Eigenschaften besitzen können. Wenn unsere Welt zu den Auserwählten gehört, so braucht uns dies nicht zu erstaunen, sind wir doch dazu da, dies wahrzunehmen; die totgeborenen oder schlecht gebildeten Welten haben keine Zeugen.

Die große Vereinheitlichung

Diese sehr spekulative Theorie betrifft nur die Umgebung des Zeitpunktes „Null" bis zu einigen 10^{-43} s. Dagegen ist eine wesentlich zufriedenstellendere Theorie für die Geschichte des Kosmos ab 10^{-35} s entwickelt worden, d. h. man hat Schwierigkeiten, die Auswirkungen dieser allerersten Zeit „hundert Millionen mal später" auszumachen.

Ihr Konzept basiert auf der Anwendung der Theorie der „großen Vereinheitlichung" auf die ersten Augenblicke des Kosmos, die ihrerseits selbst eine Verallgemeinerung der elektroschwachen Theorie ist, welche zwei der grundlegenden Wechselwirkungen der Natur vereinigt: die elektromagnetische Wechselwirkung, welche das Verhalten von geladenen Teilchen bestimmt: Elektronen, Protonen, Ströme, elektrische und magnetische Felder, im sichtbaren Bereich, im Radiobereich usw., und die nukleare schwache Wechselwirkung, welche bestimmte Kernzerfälle bestimmt, von denen der Zerfall des freien Neutrons in ein Proton und ein Elektron der einfachste ist.

Dieser erste Versuch der Vereinheitlichung zweier der Wechselwirkungen der Natur war ein enormer Erfolg; sie sagte die Existenz der intermediären Bosonen Z und W, hundertmal schwerer als die Protonen, voraus, die tatsächlich mit Hilfe des großen europäischen Beschleunigers beim CERN in Genf entdeckt wurden.

Mit dem Schwung dieses Erfolges hat die „große Vereinheitlichung" versucht, die starke Wechselwirkung als dritten im Bunde zu gewinnen, welche die ganze übrige Kernphysik beschreibt: Wechselwirkungen zwischen Protonen und Neutronen in Kernen und bei Stößen, das Ganze basierend auf der Quantenchromodynamik, d. h. der Physik der Quarks, der fundamentalen Substrukturen von Protonen und Neutronen.

Nun sagt aber die „große Vereinheitlichung" die Existenz von X-Bosonen voraus, die nicht hundertmal größere Massen haben als das Proton, sondern 10^{15} mal größere! Natürlich steht es nicht zur Diskussion, ein Super-CERN von galaktischen Ausmaßen zu bauen, um zu versuchen, die X-Bosonen zu entdecken; genau deshalb haben sich die Physiker der „großen Vereinheitlichung" an die Kosmologen gewandt: Bevor die 10^{-35} s vergangen waren, hatte der Kosmos eine Temperatur von mehr als 10^{27} Grad, hoch genug, um X-Bosonen zu erzeugen, und man kann also versuchen, gegebenenfalls ihr Schicksal zu verfolgen, womöglich bis in unsere Zeit, um sie anhand gewissermaßen fossiler Effekte (z. B. magnetischer Monopole) zu studieren.

Soviel zur Grundlage dieses theoretischen Modells.

Symmetriebrechung

Was den *Urknall* betrifft, so beginnt die Geschichte nach 10^{-35} s, deutlich nach den 10^{-43} s des Endes der Quantenunschärfe. Die gegenwärtige Physik erlaubt uns nicht, dieses Intervall der *terra incognita* zu überschreiten. Bei diesen Zeiten und Ausdehnungen ist das Universum von einem wahrem Magma von X-Bosonen, Quarks und Antiquarks, W- und Z-Bosonen und Photonen erfüllt, alle unter dem Regime der vereinheitlichten Wechselwirkung; es herrscht völlige Symmetrie zwischen der elektromagnetischen, der schwachen und der starken Wechselwirkung, weil ihre drei Sorten von Bosonen (Photonen, W-, Z- und X-Bosonen) die gleiche Möglichkeit haben, aus dem hohen Energiezustand des Magmas erzeugt zu werden, wobei dieser in der enormen Temperatur von über 10^{27} K zum Ausdruck kommt.

Aber als Folge der Ausdehnung sinkt die Temperatur und fällt schließlich unter 10^{27} K: Die X-Bosonen können nicht mehr erzeugt werden und verschwinden. Es ergibt sich eine Symmetriebrechung in der Wechselwirkung, die dazu führt, daß andere Bosonen erscheinen, die – zugegebenermaßen noch rätselhaften – Higgs-Bosonen. Diese haben die Neigung, sich „parallel" zueinander auszurichten und eine kolossale Energie freizusetzen, ein wenig wie die Wassermoleküle, die sich beim Gefrieren im Eis zu Kristallen ausrichten und dabei die latente Kristallisationswärme freisetzen. Man hat es mit einem Phasenübergang vom symmetrischen Zustand der „großen Vereinheitlichung" zu einem Zustand gebrochener Symmetrie zu tun, wie beim Übergang des symmetrischen flüssigen Wassers zum Eis mit gebrochener Symmetrie.

Aber wie beim Wasser läuft der Phasenübergang nicht automatisch ab; eine Unterkühlung, bei der das Wasser unterhalb von 0 °C flüssig bleibt und schließlich auf einen Schlag unter Freisetzung seiner latenten Energie zu Eis wird, ist möglich. Für die Higgs-Bosonen vermutet man, daß eine Unterkühlung bis 10^{-32} s möglich ist.

Das Erscheinen des Raumes

Jetzt setzt die inflationäre Phase der Ausdehnung ein: In der Zeit von 10^{-35} bis 10^{-32} s bewirkt die nicht freigesetzte latente Energie des Phasenübergangs eine katastrophenartige, exponentielle Ausdehnung des Raumes. Am Ende dieser Phase hat er sich um einen enormen Faktor ausgedehnt, nach manchen Berechnungen auf das 10^{50}fache.

Wenn die Unterkühlung endet, ordnen sich die Higgs-Bosonen in ganzen Gruppen „parallel" an, aber ihre Richtung kann von einem Gebiet zum anderen wechseln. Alles läuft wie bei der Umwandlung unterkühlten Wassers in Eis ab: Der Eisblock ist nichts als ein Durcheinander von Kristallen aller möglichen Orientierungen. Jeder Kristall ist von den anderen durch gemeinsame Wandflächen getrennt.

Für den Raum wäre es genauso: Die Raum-„Kristalle", die einer in bestimmter Art orientierten Gruppe entsprechen, sind voneinander durch „kosmische Grenzflächen" getrennt, die genaugenommen Fehlstellen in der Struktur des Raumes darstellen, an denen die Unterkühlung noch erkennbar ist.

Das Erscheinen der Materie

Das Ende der Unterkühlung setzt nach der Theorie eine ungeheure Energie frei, welche eine Vielzahl von Teilchen und Antiteilchen aller Art, darunter Quarks und Antiquarks, erzeugt. Dieses Ereignis kann als die „zweite Detonation" des Kosmos betrachtet werden, gleichsam ein zweiter *Urknall*, der das Erscheinen der „wahren" Materie markiert, d. h. der Materie in ihrer gegenwärtigen Form.

Diese erstaunlichen Entwicklungen sind noch spekulativ, aber nach Denis Sciama, einem der weitblickendsten Kosmologen der Gegenwart, „fällt es schwer zu glauben, daß alles falsch und/oder illusorisch ist ... . Wir sind die Zeugen des Auftauchens neuer Vorstellungsmöglichkeiten für das Verständnis des Universums."

Man darf nicht vergessen, daß die Hypothese des *Urknalls* auf der Fluchtbewegung der Galaxien basiert, die ihrerseits auf den Rotverschiebungen der Strahlen ihres Spektrums durch den Dopplereffekt beruht. Nun haben aber die extragalaktischen Beobachtungen von Halton Arp, dem berühmten Beobachter vom Mount Palomar, heute am Max-Planck-Institut für Physik in München, die Aufmerksamkeit auf die Tatsache gelenkt, daß manche Rotverschiebungen möglicherweise nicht auf eine Fluchtgeschwindigkeit zurückzuführen sind.

Ohne in irgendeiner Weise den *Urknall* in Frage stellen zu wollen, sind diese Beobachtungen eventuell ein Hinweis darauf, daß uns im extragalaktischen Bereich gewisse Bereiche der Grundlagenphysik noch unbekannt sein könnten. Aber Vorsicht ist hier unerläßlich. Wenn man mich nach meiner Meinung fragte, würde ich 30 zu 1 für den *Urknall* wetten.

Anormale Spektralverschiebungen sind im Rahmen der Allgemeinen Relativitätstheorie vorstellbar. So hat Jean-Pierre Luminet, Forschungsdirketor am Observatorium von Meudon, die Auswirkungen von „Phantombildern" untersucht, welche durch Verbindungen in der Struktur des Raumes, wie etwa durch die sogenannten „Wurmlöcher", erzeugt werden können.

Die längste Sekunde

Während die deutlich langsamere, traditionelle Expansion gemäß der Allgemeinen Relativitätstheorie nach der „zweiten Detonation" ihren Lauf nimmt, rekombinieren Teilchen und Antiteilchen miteinander, und dies im gleichen Maße, wie sich der Kosmos abkühlt. Man schätzt, daß in einer Sekunde alles zugunsten von Photonen annihiliert wird. Aber jetzt kommt eine außergewöhnliche Tatsache ins Spiel: Die „große Vereinheitlichung" sagt eine leichte Unsymmetrie zwischen Quarks und Antiquarks in dem Sinne voraus, daß die Quarks in leichtem Überschuß gegenüber den Antiquarks erzeugt worden sind, nur von einem Milliardstel. Daher bleibt, wenn alle Antiquarks mit Quarks zerstrahlt sind, ein kleiner Rest von Quarks ohne Gegenstück übrig. Und genau diesen wunderbaren Quarks verdanken wir unsere Alltagsmaterie und somit unser Leben. Nach diesen Ansichten hat diese denkwürdige Sekunde zwischen 10^{-32} s und 1 s für unser Schicksal eine fundamentale Rolle gespielt. Deshalb nenne ich sie oft die „längste Sekunde".

Das grandiose Schauspiel

Nach der „längsten Sekunde" nimmt die Welt fortan ihren Lauf nach dem nunmehr klassischen Szenario der Allgemeinen Relativitätstheorie. Das ist das „grandiose Schauspiel". Das Universum ist von einem dichten Gemisch von Photonen, Protonen, Neutronen und Elektronen bei einer Temperatur von 10 Mrd. Grad erfüllt. Zehn Sekunden später hat es sich genug abgekühlt, um eine Viertelstunde intensiver Kernreaktionen einzuleiten, in der Protonen und Neutronen 25 % Heliumkerne erzeugt haben.

Danach passiert während 300 000 Jahren weiter nichts Interessantes, bis sich, nach einem Temperaturabfall auf unter 5 000 °C, die Elektronen mit den Protonen und Heliumkernen verbinden, um die ersten Atome zu bilden. Während zig Millionen von Jahren ereignet sich nichts Bemerkenswertes, ausgenommen daß nach 10 Mio. Jahren die Temperatur bei wohnlichen 20 °C angekommen war. Nach 100 Mio. Jahren sind es dagegen höchstens noch −200 °C. Ist das Universum am Ende seiner Karriere? Was für ein trauriges Schicksal nach einem so dynamischen Beginn ... .

1.2 Planetensysteme

Wenn man glaubt, daß der Kosmos als ein mehr und mehr ausgeweiteter Raum, durchsetzt mit immer dünnerem und kälterem Wasserstoff- und Heliumgas, enden könnte, so hat man den Zufall außer acht gelassen. Denn durch ihn und vielleicht durch Unregelmäßigkeiten in der kosmischen Hintergrundstrahlung von 2,7 K, die der Satellit COBE 1992 nachgewiesen hat, erscheinen bereits 300 000 Jahre nach dem *Urknall* in diesem Gas Gebiete geringfügig erhöhter Dichte. Unter ihnen sind einige ausgeprägt genug, um die vierte Wechselwirkung der Natur ins Spiel zu bringen: die Gravitationsanziehung.

Wie sich die Galaxienhaufen, die Galaxien und die Sterne im Verlauf der ersten Hunderte von Millionen Jahren gebildet haben, ist noch ein Rätsel. Dagegen wird die Bildung wesentlich jüngerer Sterne und schließlich die etwaiger Planeten allmählich etwas besser verstanden.

Dank der Gravitation haben sich durch den Sturz auf ihr Zentrum hin immer massivere Gasbälle gebildet, die sich über die Fallenergie immer stärker aufheizten und in denen letztendlich thermonukleare Reaktionen einsetzten; das ist die Geburt der Sterne, der Licht- und Wärmespender, von denen unser Leben abhängt. Dieser Verdichtungsprozeß ist sehr kompliziert, und erst in den letzten Jahren beginnt er, während er mit Hilfe neuer Instrumente vor unseren Augen im Raum abläuft, gleichsam in vivo, ans Licht zu kommen.

Riesenmolekülwolken

Alles nimmt seinen Ausgang von den „Riesenmolekülwolken", gewaltigen kalten Wolken, die Durchmesser von Dutzenden von Lichtjahren und Massen von 1 Mio. Sonnenmassen erreichen und die vor allem molekularen Wasserstoff H_2 und Staub enthalten. Eincs der schönsten Beispiele ist W49A; obwohl sie in entfernten Teilen unserer Galaxie liegt, 50 000 Lichtjahre von uns entfernt, und vollständig vom Staub der Milchstraße verdeckt wird, ist dieser ungeheure Komplex durch Radiowellen entdeckt worden. Leuchtstarke Sterne, jeder von 50 Sonnenmassen, sind in ihr aufgetaucht, und zwar im Zentrum ionisierter Gasbälle, die zig Tausende von Astronomischen Einheiten messen (1 AE ist die Entfernung Erde-Sonne). Sie sind gleichsam auf einer Perlenkette von 6 Lichtjahren Durchmesser aufgereiht, die um den dichteren Zentralkern rotiert, der 50 000 Sonnenmassen beinhaltet.

Die Spektralemissionen von Kohlenmonoxid CO, Kohlenstoffsulfid CS, Siliziumoxid SiO, Ammoniak NH_3 und von Formaldehyd H_2CO haben eine beeindruckende kinematische Untersuchung dieser Wolke ermöglicht: Das mittlere Gebiet der gigantischen Wolke stürzt mit einer Geschwindigkeit von 14 km/s auf diese Kette zu, wodurch sich eine Stoßwelle ausbildet, die diese in 1 Mio. Jahren erreichen wird.

In diesem titanischen Geschehen müssen magnetische Felder eine wichtige Rolle spielen; ihre Feldlinien zwingen die ionisierten Partikel, auf Schraubenlinien um die Feldlinien zu laufen. Ein Bündel von Feldlinien verhält sich wie ein Abflußrohr: Die Teilchen werden auf effiziente Weise daran gehindert, seitlich abzufließen. Diese Magnetfelder müssen an der kollektiven und organisierten Sternbildung in der großen Molekülwolke W49A beteiligt sein.

Dunkelwolken und T-Tauri-Sterne

Im Gegensatz zu diesen immensen Komplexen erscheinen in den „Bok-Globulen", deren Durchmesser ein Lichtjahr nicht übertrifft, recht gewöhnliche Sterne. Diese Wolken sind völlig schwarz vor Staub, und es bilden sich in ihnen nur einige wenige Sterne von gerade einer Sonnenmasse. Aber man kann sie wegen des infraroten Lichtes, das die Staubhülle durchdringt, in der Schlußphase ihrer Bildung beobachten, im sogenannten T-Tauri-Stadium. Der Protostern ist dabei heftigen Vorkommnissen ausgesetzt, die 100 000 Jahre dauern können: magnetisierter Sternenwind, das Auftreten von Akkretionsscheiben, die durch die Ansammlung von Gas und Staub in Umlaufbahnen um den jungen Stern in seiner Äquatorialebene gebildet werden, ein innerer Dynamoeffekt aufgrund von Strömen ionisierter Materie im Körper des Sterns, was zu einer Aktivität wie bei der Sonne führt, mit großen Flecken, welche ein Viertel der Gesamtfläche bedecken können.

Ein gutes Beispiel ist I IL Tauri, der bereits eine Akkretionsscheibe von 1000 AE mit 0,1 Sonnenmassen (also 10mal die Masse unserer Planeten) aus Gas und Staub mit Partikelgrößen unter einem Mikrometer hat.

Man schätzt, daß die interstellare Wolke 10 Mio. Jahre nach dem Beginn der Kontraktion Sterne im T-Tauri-Stadium geboren hat; im kosmischen Maßstab erfolgt die Sternbildung also sehr rasch.

Gasscheiben und Gasausbrüche

Ein intermediäres Stadium wird durch gewisse, nach Herbig-Haro benannte Nebel vorgestellt. Der schönste Fall ist HH 111, aus dem zwei durch einen in seinem Zentrum in Bildung befindlichen Stern verursachte Gasfontänen in genau entgegengesetzten Richtungen entweichen. Diese ionisierten, geradlinigen, supersonischen und turbulenten, 2 Lichtjahre langen Gasfontänen jagen mit mehreren Hundert Kilometern pro Sekunde dahin, kollidieren mit dem interstellaren Gas und lassen es aufleuchten.

Noch aufschlußreicher ist aber L1551, weil man bei ihm gleichzeitig den Gasjet, die reifenförmige Akkretionsscheibe und die den jungen Stern umgebende Gashülle hat nachweisen können. Der Jet steht senkrecht zur Scheibe, denn nur so kann er längs der Pol-

achse, geführt durch das globale magnetische Dipolfeld, entwei
chen, während der Sonnenwind die zentralen Teile der Scheibe
zurückstößt und sie so in einen Torus umwandelt.

Dank dieser Informationen hat man ein Szenario dieser entscheidenden Etappe in der Bildung zukünftiger Planetsysteme rekonstruieren können. Eine Schockwelle trifft die Wolke L1551, verdich-
tet eine Schicht daraus, die längs der Kraftlinien ihres Magnetfeldes zusammenstürzt und eine dünne Scheibe senkrecht zu diesem
Feld bildet. Diese Scheibe zieht sich radial zusammen und rotiert zunehmend, während sich in ihrem Zentrum der Stern bildet. Durch
seine jugendliche Aktivität bläst dieser die Materie der Wolke längs
des Feldes in zwei entgegengesetzten Fontänen senkrecht zur Scheibe
weit weg.

Protoplanetarische Scheiben

So sind wir also ganz natürlich bei den protoplanetarischen Scheiben angelangt. Trotz der Entdeckung neuer Kandidaten bleibt beta
Pictoris, der zufällig bei den ersten Beobachtungen des Infrarotsa-
telliten IRAS entdeckt wurde, immer noch das beste Beispiel. Diese
flache Scheibe, von uns aus fast in der Scheibenebene zu sehen, hat
einen Durchmesser von 1000 AE; sie rotiert um einen 53 Lichtjahre
von uns entfernten, einige Millionen Jahre alten Stern, der heller
und materiezehrender ist als die Sonne. Die Scheibe enthält Staubteilchen von einigen Mikrometern, welche also deutlich größer als
die des interstellaren Raumes und eher denen von Kometenhüllen
vergleichbar sind; ihre Gesamtmasse entspricht der des Jupiter.

Diese Staubteilchen sind helle Eispartikel und dunkle Gesteins-
körner, mal vermischt, mal getrennt; d. h. sie stammen wohl eher aus
Rückständen, welche bei Kollisionen lokaler Kometen entstanden.
Auch Gas ist dort nachgewiesen worden, und zwar mit einer Masse
in der Gegend von einem Hundertstel Erdmasse und mit schwankender Zusammensetzung. Es mag aus der heftigen Verdampfung
von Blöcken von einigen Kilometern stammen, die aus der Scheibe
auf den Stern zustürzen.

In der Nähe des Zentrums der Scheibe ist ein Gebiet von rund
15 AE leer von Materie; man denkt, daß es durch die Gravitationswirkung eines massiven Körpers, möglicherweise eines Planeten,

leergefegt wird, ein wenig wie die Saturnringe, deren Grenzen durch die Schäferhundmonde bestimmt werden.

Ein Planet für beta Pictoris?

Die Vermutung der Existenz von Planeten ist durch die Doktorarbeit von Hervé Beust im Jahre 1992 kräftig bestärkt worden. Beobachtungen, welche die Gruppe von Alfred Vidal-Madjar, dem Forschungsdirektor am Institut für Astrophysik von Paris, über 8 Jahre hinweg durchgeführt hat, und theoretische Berechnungen, die unter Leitung von Thierry Montmerle, einem Physiker beim Forschungszentrum von Saclay, entwickelt wurden, gestatteten ihm, ein interessantes Szenario auszuarbeiten.

Von der Gravitationswirkung eines Planeten gestörte Kometenkerne wären danach auf beta Pictoris zugestürzt und dort durch seine Strahlung verdampft worden. Diese Gaswölkchen würden demnach die im Spektrum beobachteten faszinierenden Farbvariationen hervorrufen, indem sie das Licht der Sternscheibe absorbieren.

Alles in allem deutet die beste Lösung auf die Existenz eines Planeten, dessen Masse näher bei der des Jupiter als bei der der Erde läge, und der im Verlauf einiger Jahre auf einer deutlich elliptischen Bahn umläuft, die etwas größere Ausmaße als die des Jupiter hat.

Ein Spezialteleskop wird über Jahre hinweg diese heftigen Gasausbrüche verfolgen und so die Informationen über den verantwortlichen Planeten zu verfeinern gestatten, ja möglicherweise weitere Planeten auffinden.

Mit HD 256 ist ein ähnlicher Fall entdeckt worden, aber, da er 4mal weiter entfernt ist, wird es schwieriger sein, ihn zu untersuchen.

In seiner Doktorarbeit zieht Beust die Schlußfolgerung: „Wenn sich die Ähnlichkeit zwischen HD 256 und beta Pictoris bestätigt, wird man sagen können, daß es sich hierbei nicht um einen Einzelfall handelt, was von allergrößter Bedeutung für das Studium von Planetensystemen im allgemeinen wäre."

Alles scheint darauf hinzudeuten, daß es sich hier um eine protoplanetarische Scheibe handelt, in der sich Planeten gebildet haben könnten, aber es gibt auch ähnlich Fälle von Scheiben um alte

Sterne, von denen man weiß, daß sich die Planeten nicht mehr bilden ... .

Es ist noch anzumerken, daß, selbst wenn beta Pictoris Planeten haben sollte, dieser Stern ein Roter Riese werden und seine Planeten verdampfen wird, bevor auch nur annähernd genug Zeit vergeht, um die Entwicklung einer Lebensform ähnlich der unseren zu gestatten... Andererseits haben unter den Kandidaten von Sternen mit Scheibe ein halbes Dutzend ein Alter zwischen 2 und 6 Mrd. Jahren; dort hätten sich also hochentwickelte Zivilisationen entwickeln können; so sehr, daß ich sie in einem SETI-Programm einbrachte, das in Nançay mit Vorrang behandelt wird ... .

Planetenbildung

Das Stadium der eigentlichen Bildung der Planeten ist noch kaum bekannt; dennoch sind dank der Erforschung der Planeten und Satelliten unseres Sonnensystems durch Raumsonden erste Schemen zu erkennen. Die Staubteilchen sind zusammengebacken, die weniger flüchtigen Gase sind an ihrer Oberfläche kondensiert oder haben sich in Teilchen verfestigt, und zwar gemäß einem Ablauf, der von der Umgebungstemperatur in der protoplanetarischen Scheibe und somit von der Entfernung vom Zentralstern abhängt. Dies Zusammenbacken führt zur Bildung von Kleinstplaneten, Miniplaneten in der Größenordnung von wenigen Kilometern Durchmesser und zur Bildung von Kometenkernen.

Nach dieser sehr raschen physikalisch-chemischen Etappe (sie dauert nur ein Jahrtausend...) wird die Rolle der Schwerkraft wieder entscheidend; die Kleinstplaneten lenken sich gegenseitig ab, kollidieren, vergrößern sich ihrerseits, wenn sie überleben, oder zerbrechen bei Frontalzusammenstößen. Das passiert ihnen aber seltener, da sie dazu neigen, im ursprünglichen Rotationssinn des Nebels umzulaufen. Numerische Simulationen deuten darauf hin, daß sich die endgültigen Planeten in 100 Mio. Jahren gebildet haben, was ebenfalls sehr rasch ist.

Suche nach Planeten außerhalb des Sonnensystems

Mit Verbissenheit suchen die Astronomen nach Planeten von anderen Sternen, um ihre Theorien von deren Bildung zu bestätigen, und vor allem, um zu erfahren, ob sich anderswo im Kosmos Leben von der Art, wie wir es auf der Erde finden, hat bilden können. Im Verlauf von 40 Jahren sind 100 000 Photographien angefertigt worden, nicht um die sicher zu kleinen Planeten selbst zu erfassen, sondern um das leichte Schwanken nachzuweisen, das ein Planet seinem Zentralstern vermitteln kann, indem er ihn umkreist, da in Wahrheit beide um den gemeinsamen Schwerpunkt kreisen.

Leider hat die photographische Technik nicht ausgereicht, und es hat der Einführung neuer, hundertmal empfindlicherer Methoden in den letzten Jahren bedurft. Kanadische Forscher haben Veränderungen von Sterngeschwindigkeiten längs der Beobachtungsrichtung mit der für die Astronomie außergewöhnlichen Genauigkeit von rund 10 m/s messen können, was dem Tempo eines Fahrrades entspricht.

Wenn diese Änderungen tatsächlich auf das durch Planeten hervorgerufene Schwanken zurückzuführen sind, so zeichnen sich nach einigen Jahren der Beobachtung einige Kandidaten als vielversprechend ab, insbesondere epsilon Eridani, der erste Stern, den Drake für SETI im Jahre 1960 anvisiert hat; er könnte einen Planeten besitzen, dessen Masse das Mehrfache der Jupitermasse erreichen kann.

Aber die beste Entdeckung ist durch Zufall gemacht worden, einen Zufall, der, wie man sagen muß, von einem Amerikaner und einem Schweizer unabhängig voneinander gut gelenkt wurde, was ihn als Gewißheit bewerten läßt: Sie haben entdeckt, daß sich der Stern HD 116 762 in 90 Lichtjahren Entfernung regelmäßig hin- und herbewegt, was die Anwesenheit eines Planeten mit 11facher Jupitermasse verrät, der seine Bahn, wie Merkur, in 84 Tagen durchläuft.

Beta Pictoris, epsilon Eridani, HD 116 762, drei Sterne gehen auf, um ein glorreiche Zukunft für SETI anzukündigen!

Das organische Stadium

Angeschnittenes Fragment – 24 mm breit – des kohligen Chondriten Murchison (Typ: CM2), welcher am 28. September 1969 in Victoria, Australien gefallen ist. (Quelle: D. Heinlein)

2.1 Das Leben auf der Erde

Das Leben hat mit der langsamen Bildung organischer Moleküle im flüssigen Wasser begonnen. Diese bestehen aus Atomen, die im wesentlichen um ein Grundgerüst von Kohlenstoffatomen herum angeordnet sind. Diese haben zwei Elektronenschalen um einen Kern, der aus 6 Protonen und 6 Neutronen besteht, eine erste, innere Schale mit 2 Elektronen und 4 weitere Elektronen in einer zweiten, äußeren Schale. Dabei ist anzumerken, daß der Kern auch 2 zusätzliche Neutronen enthalten kann; es handelt sich dann um das Isotop ^{14}C, welches radioaktiv ist und aufgrund dieser Eigenschaft eine wichtige Rolle bei der Datierung von Fossilien spielt.

Die Chemie des Kohlenstoffs

Die äußeren Elektronen ermöglichen es dem Kohlenstoffatom, 4 Bindungen mit anderen Atomen zu bilden. In der einfachsten, typischsten und symmetrischsten Verbindung, dem Methan CH_4, befindet sich das Kohlenstoffatom im Zentrum eines Tetraeders, dessen 4 Ecken mit Wasserstoffatomen besetzt sind. Es sind aber auch sehr leicht Bindungen mit Sauerstoff O und Stickstoff N möglich. Daraus ergeben sich gigantische organische Moleküle, welche 100 000 Atome, verteilt auf eine Folge von Kohlenstoffketten und -ringen, enthalten können. Am repräsentativsten für das irdische Leben sind die Moleküle der DNS, der Desoxyribonukleinsäure.

In der ganzen, einige hundert Atome umfassenden Sammlung der Natur hat allein der Kohlenstoff diesen außergewöhnlichen Reichtum an Verbindungen, der die fundamentale Grundlage der Vielfalt organischer Lebensformen darstellt. Auch hier hat ein glücklicher Zufall bewirkt, daß die Kohlenstoffkerne in ausreichender Menge durch die Kernsynthese im Innern von aufeinanderfolgenden Sterngenerationen gebildet worden sind. Fred Hoyle hat gezeigt, daß, wenn der Kohlenstoffkern einen geringfügig veränderten Anregungszustand hätte, ein Zwischenzustand bei seiner Bildung weggefallen wäre; dadurch wäre der Kohlenstoff im Kosmos sehr selten gewesen.

Die Universalität unserer Atome

Beim Symposium von Val Cenis haben zwei Astronomen der Universität von Pennsylvania die atomare Zusammensetzung eines Menschen von 70 kg vorgestellt. Unter den 10^{28} Atomen finden sich 38 Elemente, von denen 27 essentiell sind, insbesondere O, C, H, N, P (Phosphor) und K (Kalium); im Kosmos ist Wasserstoff (70 %) mit Abstand am häufigsten, gefolgt von O, C, N und Fe (Eisen), die im Prozentbereich liegen. Die Menschen haben in beeindruckender Weise P und K ausgewählt und 1000fach angereichert, während Elemente, die wie das Molybdän, nur in Spuren benötigt werden, keinen besonderen Engpaß gebildet haben.

Sie vermuten, daß durch die Wirkung von Supernovae und Sternenwind praktisch alle Sterne unserer Galaxie, die ein Alter von mehr als 6 Mrd. Jahren haben, für jeden einzelnen von uns Wasserstoffatome geliefert haben; nach den gleichen Autoren stammen 10 % des Wasserstoffs aus benachbarten Galaxien wie dem Andromedanebel. Aber es geht noch weiter: Die Photonen der Gammastrahlung, die uns von den entferntesten Sternen, wie z. B. den Quasaren, erreichen, erzeugen beim Passieren unserer Atmosphäre Protonen und Antiprotonen, von denen erstere in unseren Körper aufgenommen werden. Aufgrund dieser Durchmischung in kosmischen Dimensionen hat unsere organische Chemie also einen wahrhaft universellen Ursprung.

Auch auf der Erde gibt es eine Durchmischung, wenn auch in bescheidenerem Maßstab: Aufgrund des Kreislaufs in unserer Hydrosphäre enthält unser Körper im Mittel aus jedem Milligramm belebter Materie, welches vor mehr als 1000 Jahren existierte, ein Wasserstoffatom. So hat z. B. das Pferd, das Vercingetorix bei der Übergabe von Alesia bestieg, jedem von uns 1 Mrd. Wasserstoffatome hinterlassen.

Die Bausteine des Lebens

Nachdem also die Allgegenwärtigkeit der für die organische Chemie notwendigen Elemente sichergestellt ist und ohne eine vorschnelle Entscheidung bezüglich des Ursprungs der einfachsten organischen Moleküle, die man auf der ursprünglichen Erde finden kann, fällen zu wollen, stellt sich der Aufbruch zur organischen Etappe der Erde tatsächlich im Lichte des Konzeptes einer „Ursuppe" dar, wie von Alexander Oparin vorgeschlagen und durch die ersten Experimente von Stanley Miller bestätigt.

Dieser hat vor rund 40 Jahren im Labor die Umweltbedingungen der Urerde simuliert. In einem Glaskolben, der neben Wasser eine Atmosphäre aus Methan, Ammoniak und Wasserstoff enthielt, die von elektrischen Entladungen durchzogen wurde, konnten mühelos organische Moleküle synthetisiert werden, die als „Bausteine des Leben" geeignet sind, wie z. B. die Aminosäuren, die wichtigen Bestandteile der Proteine. Seither haben zig Laboratorien in Versuchen mit verschiedenen Energiebedingungen und unterschiedlichen Gemischen versucht, so genau wie möglich die Urbedingungen zu simulieren, welche durch neuere Untersuchungen besser präzisiert wurden; sie haben dabei die experimentellen Ergebnisse bestätigt, ohne ihnen indessen eine historische Legitimation liefern zu können. Manche Forscher fragen sich übrigens, wie André Brack berichtet, „ob die Ursuppe auch wirklich gut war".

Die ältesten Fossilien

Die ersten fossilen Spuren lebender Organismen liegen ungefähr 3,5 Mrd. Jahre in der Vergangenheit. Es handelt sich dabei um Stromatolithen, die man in North Pole, im Nordwesten von Australien, in fossilen Küstenlagunen sulfatreicher mariner Vulkanlandschaften fand. Man findet kissenförmige Ablagerungen aufeinanderfolgender Schichten von mineralischen Körnern, die in Krusten eingebettet sind, welche aus Kolonien von Mikroorganismen bestehen.

Fossilien mit einem noch größeren Alter von rund 3,8 Mrd. Jahren sind möglicherweise in Isua im Westen Grönlands in den ältesten bekannten Sedimenten entdeckt worden; ihre Identifizierung anhand morphologischer Analogien ist jedoch lebhaft umstritten.

Andere Untersuchungen sind an Fossilien von ebenfalls rund 3,8 Mrd. alten organischen Molekülen durchgeführt worden, von denen nur noch ein Belag von einigen Kohlenstoffringen besteht und wo die gemessenen Isotopenverhältnisse aus der durch eine biologische Aktivität bedingten Auswahl zu resultieren scheinen. Die Schlußfolgerung daraus ist, daß das Leben sehr schnell, in weniger als 700 Mio. Jahren, nach ihrer Entstehung vor 4,5 Mrd. Jahren auf der Erde auftauchte. Diese Leichtigkeit des Erscheinens von Leben, die sich auch anderswo im Kosmos zeigen kann, ist also ein Faktor, der einen ermutigen kann, nach diesem Leben zu suchen.

Die Eukaryoten

Eine Milliarde Jahre später haben sich die lebenden Organismen, auch wenn es sich noch um nicht mehr als Bakterien, also einzellige Lebewesen handelt, bereits in drei Hauptlinien auseinanderentwickelt. Vor 1,4 Mrd. Jahren tauchen die eukaryotischen Zellen auf, vermutlich als Folge symbiotischer Verbindungen dieser Linien. Dieser wesentliche Fortschritt hat tausendfach voluminösere Zellen produziert, welche mit einem komplexen Innenaufbau ausgestattet waren: Ein Zellkern für die DNS, Mitochondrien für die Atmung, Chloroplaste für die Photosynthese, Golgiapparate für die Ausscheidung, Ribosome für die Proteinsynthese und Geißeln für die Fortbewegung.

Die Ediacara-Fauna

Mit dem durch die Photosynthese verursachten Anstieg des Sauerstoffgehalts des Ozeans als Folge dieser primitiven biologischen Aktivität wurde ein weiterer wichtiger Entwicklungsschritt durch mehrzellige Lebewesen, die der Ediacara-Fauna, erreicht. Im wesentlichen handelt es sich dabei um marine Lebewesen mit weichem Körper. Ihre eher abgeplattete Form gestattet es ihnen, für ein gegebenes Volumen eine größere Oberfläche für den Austausch des im Wasser gelösten Sauerstoffs bereitzustellen. Sie beherrschten vor 670 bis 550 Mio. Jahren die Ozeane der Welt. Vier Stämme sind bekannt, wobei einige Kuppeln ähneln, andere primitiven Gliederfüßern und wieder andere Federn von einem Meter Länge.

Die Explosion im Kambrium

Schließlich folgte hierauf eine gigantische Explosion der Lebensformen: Die Explosion im Kambrium, die mit der Eroberung der Kontinente zusammenfiel. Man nimmt an, daß die stetige Zunahme des durch die Photosynthese freigesetzten Sauerstoffs schließlich die

Bildung einer schützenden Ozonschicht ermöglicht hat. Diese Explosion der Lebensformen wird aufs beste durch die rund 30 gegenwärtigen Tierstämme veranschaulicht, deren Strukturvielfalt die beste Science-Fiction verblassen läßt; um nur einige der bekanntesten zu nennen: die Schwämme, die Seeanemonen, die Würmer, die Insekten, die Seesterne, die Kopffüßer, die Wirbeltiere. Wir selbst gehören zu den Wirbeltieren, mit den Fischen, den Reptilien, den Vögeln und den Säugetieren; den Säugetieren, wo wir letztendlich nicht mehr Bedeutung haben als die Mäuse.

Vermutlich hätten sich die Säugetiere nicht an die Spitze der Evolution gesetzt, wenn nicht – und dies ist eine Hypothese – durch puren Zufall vor 65 Mio. Jahren ein Asteroid die Erde getroffen hätte, was zum Verschwinden der Hälfte der marinen Arten und, für uns noch wichtiger, insbesondere der Dinosaurier führte. Andernfalls hätten sich bestimmte Arten darunter, wie der Stenonicosaurus Inequalis, vielleicht an unserer Stelle in Richtung der Ausbildung von Intelligenz entwickeln können.

Aber so haben wir nun die Säugetiere und insbesondere die großen Anthropoiden. Auch hier war die Evolution ein Glücksspiel: Von DNS-Sequenzen abgeleitete Stammbäume zeigen, daß die Schimpansen den Menschen näher stehen als die Orang-Utans. Es hätte durchaus passieren können, daß die Schimpansen mit ihrem sympathischen Lächeln und ihrem lebhaften Blick Radioteleskope bedienten, während wir im Zoo wären und um die Anerkennung unseres Status als ebenfalls relativ intelligente Kreaturen heulen würden.

So also wäre, in sehr groben Zügen, die Entwicklung des Lebens in rund 4 Mrd. Jahren abgelaufen. Das letztendliche Anwachsen hat gerade einmal ein Zehntel des Alters der Erde benötigt und kam binnen weniger Millionen Jahre, also einem Tausendstel des Alters unseres Globus, vom Australopithecus, dem Erfinder des aufrechten Ganges, bis zum Homo Sapiens sapiens, der auf dem Mond spazieren geht, als (vorläufigem) Abschluß.

2.2 Die interstellare Reise des Staubes

Das beeindruckende stellare Vakuum

Wenn der interstellare Raum auch gigantische Wolken von Molekülen, in denen die Dichten 10 000 Atome pro cm^3 erreichen können, enthält, so stellt er doch zum überwiegenden Teil ein perfektes Vakuum dar, da er nur 1 Atom pro cm^3 enthält. Die Physiker, die im Labor einen Behälter zu „evakuieren" versuchen, können davon nur träumen. Bei Atmosphärendruck enthalten 22,4 l Wasserstoff 10^{24} Atome; wenn man also bis auf eine milliardstel Atmosphäre abpumpt, bleiben noch 100 Mrd. Atome pro cm^3 .... In Anbetracht der beeindruckenden Leere der interstellaren Räume kann man sich nur über die außerordentliche Menge an Erkenntnissen wundern, welche die Radioastronomen in den letzten 30 Jahren dort gesammelt haben: Sie haben 90 verschiedene Sorten Moleküle nachgewiesen, und obendrein meist organische. Was für ein Mechanismus, was für eine Maschine hat in einer solchen Leere eine solche Vielfalt von Molekülen synthetisieren können?

Interstellare Synthese

In der Tat muß man diese Maschine, nach einem vielversprechenden Ansatz von Mayo Greenberg von der Universität Leyden, in noch selteneren interstellaren Teilchen suchen, nämlich bei kleinen Silikatkörnern mit nur einem zehntel Mikrometer Durchmesser. Davon findet man nur eines in einem Würfel mit 100 m Kantenlänge! So winzige Maschinen konnten nur ein Ergebnis produzieren, weil sie die Zeit dazu hatten, weil ihnen Hunderte Millionen von Jahren dafür zur Verfügung standen. Man findet auch hier wieder eine für das Universum typische Situation: Sehr kleine Zahlen, beinahe Null, multipliziert mit anderen, sehr großen, fast unendlich großen Zahlen, ergeben ein faßbares Resultat.

Nur 2 % der „Füllung" der interstellaren Atmosphäre stammen aus Explosionen von Supernovae; die restlichen 98 % stammen aus Sternenwinden und bestehen im wesentlichen aus Strömen von Partikeln, die durch stellare Aktivität aus den jeweiligen Sternatmosphären herausgerissen werden, die Sterne einhüllen und sich schließlich in der Leere zerstreuen. Wenn die Sterne sich dem Ende ihrer thermonuklearen Entwicklung nähern, oft als sogenannte Rote Riesen abgekühlt und bis zu interplanetaren Dimensionen aufgebläht, schleudern sie die schon genannten kleinen Silikatkörner weg. Bevor diese die den Stern umgebende Gashülle endgültig verlassen, bildet sich auf ihrer Oberfläche eine Eisschicht aus Wasser, Methan und Ammoniak.

Dann beginnt die lange interstellare Reise, die Kälte wird immer ausgeprägter, aber das Staubkorn wird auch von UV-Photonen von den Sternen der Galaxie bombardiert. Diese spalten die Moleküle des Eises in chemische Radikale auf; so bildet das Wassereis das Radikal OH, das bei normalen Temperaturen sehr reaktiv ist, aber bei der zu großen Kälte inaktiv bleibt. Dennoch wandern die Radikale im Laufe des zig Millionen Jahre währenden Driftens im Weltraum allmählich an die Oberfläche des Partikels, wobei sich das OH einem NH_2 oder einem CH_3 nähert. Schließlich treibt das Staubkorn auf einen Stern zu, erwärmt sich dabei wieder, und plötzlich reagieren die Radikale heftig miteinander. CH_3 und NH_2, indem sie Methylamin CH_3NH_2 bilden, OH und CH_3 bilden Methanol CH_3OH, usw.

Wieder gibt es eine lange Reise durch den kalten Weltraum, gefolgt von einer Wiedererwärmung in der Nähe eines Sterns oder durch einfache Stöße in einer Gaswolke. Endlich, nach Hunderten von Millionen Jahren, ist das Staubkorn von einem Mantel aus organischer Materie bedeckt, in welcher bestimmte Moleküle enthalten sind, die, wie das Formaldehyd H_2CO oder die Blausäure HCN, für die präbiotische Chemie und die Synthese der Bausteine des Lebens interessante Eigenschaften haben.

Man schätzt, daß der interstellare Weltraum durch Prozesse dieser Art ungeheure Mengen komplexer organischer Moleküle erzeugen und daß ihre Masse in einer typischen Wolke aus molekularem Gas mit einigen Lichtjahren Durchmesser eine Sonnenmasse erreichen kann.

Die Reise des Staubkorns endet, wenn es in einer protoplanetarischen Wolke eingefangen wird, die im Begriff ist, ein neues Sonnensystem zu schaffen; bald wird es dort einem Kometenkern einverleibt und vielleicht mit diesem von einem primitiven Planeten eingefangen, wo es den Beginn des Lebens erleichtern könnte. Es gibt auch die Meinung, daß selbst unsere gute alte Erde mit organischen Molekülen angereicherte Wolken passieren kann und dabei bis zu 1 Mrd.

Tonnen organisches Material aufsammeln kann, was mehr wäre als die gesamte gegenwärtige Biomasse.

Polyzyklische aromatische Kohlenwasserstoffe

Vor einigen Jahren entdeckten Alain Léger von der Universität Paris VII und Jean-Louis Puget vom Institut für Weltraumphysik in Orsay ausgehend von Infrarotbeobachtungen des Satelliten IRAS die größten organischen Moleküle des interstellaren Raumes. Es handelt sich dabei um polyzyklische aromatische Kohlenwasserstoffe (PAK), die aus flachen Ringen von 6 Kohlenstoffatomen, eingefaßt mit Wasserstoffatomen, bestehen. Zwei solcher Ringe ergeben das Naphtalin $C_{10}H_8$, und das komplexeste im Labor mittels Infrarotspektroskopie vermessene Molekül ist das Coronen $C_{24}H_{12}$ mit 7 Kohlenstoffringen.

Das Überraschendste an dem von Léger in Val Cenis gegebenen Bericht ist die Tatsache, daß diese graphitartigen Moleküle extrem häufig sind: Dies geht soweit, daß 10 % des interstellaren Kohlenstoffes sich in PAK findet, womit diese die häufigste Art freier organischer Moleküle im Weltraum sind, 1000fach häufiger als das Formaldehyd H_2CO auf dem nächsten Platz.

Unter den jüngst im interstellaren Raum nachgewiesenen organischen Molekülen nehmen die Kohlenstoffketten eine Sonderstellung ein. An die Kohlenwasserstoffe bis hin zum C_6H und an die Zyanopolyene bis zum $H(C≡C)_{10}CN$ haben sich Ketten angelagert, wie die mit Schwefel endende (C_3S), mit Silizium (C_4Si), mit Sauerstoff (C_3O), mit Wasserstoff (H_2C_4) oder die reine Kohlenstoffkette C_5.

Für den bei der DNS so wichtigen Phosphor sind bisher zwei Moleküle, PN und CP, entdeckt worden. Obwohl der größte Teil des Phosphors im interstellaren Staub enthalten sein dürfte, liegt das größte Reservoir an gasförmigem Phosphor vermutlich in atomarer Form vor.

Diese Entdeckungen lassen uns die interstellare Kosmochemie, diesen Anfangszustand des organischen Stadiums des Universums, immer besser verstehen.

2.3 Die Expeditionen zum Halleyschen Kometen

Die Sternenreise der Staubkörner kann in einem Kometenkern stattfinden, in dem diese ihre organischen Verbindungen einlagern. Die
Kometen interessieren daher die Bioastronomen in höchstem Maße.
Jahrhundertelang waren diese Schweifsterne ausschließlich uniden-
tifizierte Flugobjekte. Ihre plötzlichen Erscheinungen, ihr seltsames
Verhalten, ihr wechselhaftes Aussehen und ihr veränderlicher Schein
verboten es, sie der Sphäre der Sterne zuzuordnen, dem Sitz der Fixsterne, die mit ihrem vollkommenen Glanz Symbol einer Welt aus einer Substanz waren, die der unserer irdischen Tiefen überlegen war.
Man konnte sie höchstens der atmosphärischen Welt zurechnen, wie
die Wolken und die Blitze. Ihre relative Nähe zusammen mit dem
Geheimnis ihres Wesens ließ ihr Auftreten bedrohlich erscheinen.
   Die stellare Welt verlor ihre Überlegenheit, als Tycho Brahe den
ersten Fall des Auftretens eines neuen Sterns beobachtete, seine
berühmte Supernova des Jahres 1572. Auch die Sphäre der Fixsterne
kannte also plötzliche Wechselfälle, genau wie wir hier unten. Die
Fortschritte der Physik trugen das ihre bei, und das Gesetz der allgemeinen Gravitation von Newton vereinigte diese beiden Welten,
indem der legendäre Apfel und der ferne Mond genau dem gleichen
Gesetz gehorchen. Halley entwirrte mit Hilfe dieses Ariadnefadens
die früheren Erscheinungen und sagte die Wiederkehr seines Kometen für 1758 voraus. Die Tyrannei der Kometenpassage hatte damit ein Ende, auch wenn bei der Rückkehr von 1910, als die Erde
vom Schweif des Halleyschen Kometen gestreift werden mußte, ein
Hauch von Panik als Folge einer langen Volkstradition die Menschheit erschaudern ließ.

Die Überflüge

Was war der Menschheit daher vonnöten, um sich von dieser Angst
völlig freizumachen? Sie mußte nur den Spieß umdrehen und ihrerseits den Kometen überfliegen! Bei der nächsten Passage, im Jahre
1986, überflogen 6 Weltraumsonden, eine wahre Armada für einen
ersten Versuch, den Halleyschen Kometen, zwei sowjetische, eine
europäische, zwei japanische und, in sehr großer Entfernung, eine
amerikanische. Die europäische Sonde Giotto gewann das Rennen,

indem sie sich dem Kern auf weniger als 600 km näherte und uns die ersten Bilder vom Herzstück eines Kometen lieferte, eines exotischen Himmelskörpers von rund 10 km Größe.

Die europäische Sonde Giotto

Der Satellit Giotto, ein respektabler Zylinder von $1\,m^3$ Volumen, wurde zu Ehren des florentinischen Malers so benannt, da dieser den Weihnachtsstern über der Krippe in der Form eines Kometen gemalt hat, wobei die Berechnungen eine Identifizierung mit dem Halleyschen Kometen bei seiner Passage von 1301 gestatten.

Der Zylinder mit seinem Gürtel von Solarzellen und einer Antenne für die Telekommunikation mit der Erde hatte als wesentliche Aufgabe zu ermitteln, wie wohl ein Kometenkern aussähe. Seine Kamera ragte kaum über den Umfang hinaus, da man wußte, daß sie bei einer so dichten Annäherung dem Bombardement der vom Kern ausgeschleuderten Staubteilchen ausgesetzt sein würde. Übrigens war es notwendig, einen Kompromiß zwischen den Ingenieuren und den Astronomen auszuhandeln: Erstere wollten nicht zu nah heran, um eine Katastrophe zu verhindern, letztere immer näher, um mehr Details sehen zu können!

Anscheinend ist die Vorabschätzung gut gemacht worden, denn schließlich kam es erst 2 s vor der dichtesten Annäherung, bei einer Entfernung von 600 km, zu einer Destabilisierung der Sonde durch einen Stoß von etwas größeren Staubpartikeln (die dennoch nur 1 mg Masse hatten!) mit der Folge, daß die Bildübertragung für 34 Minuten unterbrochen war. Diese Annäherung stellte übrigens eine schwierige Aufgabe der Weltraumnavigation dar: Niemals zuvor hatte man einen Himmelskörper von 10 bis 20 km in einer Entfernung von 100 Mio. km von der Erde auf 50 km genau angepeilt; und das mit einer Rakete, die mit zig Kilometer pro Sekunde (und nicht pro Stunde!) dahinrast. Man wußte nicht einmal genau genug, wo sich Giotto oder auch nur der Komet befand.

Was die Weltraumsonde anbetrifft, so hat man sich mit einem weltweiten Netz von Radioteleskopen zu helfen gewußt, die extra bereitgestellt wurden, um die von ihr empfangenen Signale in einem Computer zusammenzuführen und daraus ihre Position im Weltraum zu berechnen. Und für den Kometen hat man die beiden sowjetischen Sonden, die einige Tage zuvor in 7000 km Entfernung vorbeiflogen, nach der Lage des Kerns abgefragt; und dies alles gerade rechtzeitig, um den Steuerungsraketen von Giotto die notwendigen Bahnkorrekturbefehle zuzusenden. Dies alles ist als Großtat der Weltraumtechnologie und der internationalen wissenschaftlichen Zusammenarbeit zu verzeichnen.

Man kann die Passage des Kometenkerns durch Giotto mit dem Überfliegen der Stadt Paris durch eine Rakete vergleichen, welche in 13 s in einer Höhe von 500 km über ganz Frankreich hinwegrast. Die große Passagegeschwindigkeit von 70 km/s ergibt sich aus dem gewählten Kurs: Die Sonden haben relativ zur Erde keine so enorme Geschwindigkeit, sondern können sich gerade deren Schwerefeld entziehen; sie umkreisten also mit vergleichbarer Geschwindigkeit wie die Erde, das sind ca. 30 km/s, und im gleichen Umlaufsinn wie diese die Sonne, während der Komet mit ca. 40 km/s in entgegengesetzter Richtung die Sonne umrundete, was zu 70 km/s Relativgeschwindigkeit bei der Begegnung führt.

Die amerikanische Sonde

Eine andere Sonde der Armada, der amerikanische ICE-Satellit, hat ebenfalls navigatorische Spitzenleistungen vollbracht. Tatsächlich hatten die USA keine spezielle Untersuchung des Kometen vorgesehen, aber sie haben – vermutlich angeregt durch die europäischen, sowjetischen und japanischen Unternehmungen anläßlich dieser großen Premiere – in letzter Minute eine erstaunliche Aufholjagd improvisiert. Seit 3 Jahren umkreiste einer ihrer wissenschaftlichen Satelliten, in der Folge auf International Cometary Explorer (Internationaler Kometenerforscher) umgetauft, die Erde auf einer Umlaufbahn in 1 Mio. km Höhe; dort untersuchte er die irdische Magnetosphäre, also das riesige, sehr dünne Gebilde von ionisierten Teilchen, die im Netz der Kraftlinien des Magnetfeldes unseres Globus umlaufen.

Konnte man diese Sonde zu Halley schicken? Natürlich können Steuerraketen an Bord der Satelliten auf Funkbefehle hin Kurskorrekturen einleiten, aber für so eine Reise haben diese viel zu wenig Schub. Dagegen lief dieser Satellit auch im Einflußgebiet des Mondes; man konnte daher im Prinzip seinen Kurs ausreichend ändern, um ihn in der Nähe des Mondes vorbeifliegen zu lassen; und da der Satellit bei dieser Annäherung verstärkt der Anziehungskraft des

Mondes ausgesetzt ist, konnte man ihn damit stark beschleunigen. Diese Ausnutzung der Gravitation gehört heute zum selbstverständlichen Handwerkszeug der Weltraumfahrt; ohne sie hätte die Sonde Voyager 2 niemals ihre große Fahrt schaffen können, bei der sie zwischen 1979 und 1989 Jupiter, Saturn, Uranus und Neptun passierte.

Im richtigen Moment geben die Raketenmotoren von ICE diesem einen kleinen Impuls, um ihn dem Mond näherzubringen. Leider ist dieser Anstoß zu gering, um die Sonde mit der ersten Gravitationsablenkung zum Kometen zu schicken; aber man kann sie so berechnen, daß ICE zu einem späteren Zeitpunkt unter günstigeren Annäherungsbedingungen wieder in der Nähe des Mondes — oder der Erde, wenn man möchte — vorbeikommt. So war die unterstützende Wirkung der Gravitation nach 7 Mondpassagen — eine davon in nur 120 km Höhe, sozusagen fast streifend — ausreichend, um die Sonde zu einem Kometen hin abzulenken ..., aber nicht zum Halleyschen, sondern in Richtung auf den Giacobini-Zinner genannten, der leichter zu erreichen war. Das ändert aber nichts daran, daß die amerikanische Sonde die erste war, die einen Kometenschweif durchquert hat, und daß sie sich danach trotz allem ausreichend Halley genähert hat, um in die Zone seiner Wechselwirkung mit dem Sonnenwind zu gelangen.

Die Ausnutzung der Gravitationswirkung

Um sich ein anschauliches Bild von effizienter Gravitationswirkung zu machen, stellen Sie sich vor, Sie würden in einer Pflanzung junger Bäume verfolgt; um ihrem Verfolger einen Strich durch die Rechnung zu machen, halten Sie sich, wenn Sie in Reichweite eines Baumes sind, mit der Hand daran fest; das bringt Sie auf eine rasante Kurvenbahn, die Sie durch einfaches Loslassen beenden können, nur um ein Stück weiter mit einem anderen Baum von vorn anzufangen.

Das letzte perfekte Beispiel dieser Art hat die Jupitersonde Galileo gegeben. Wegen fehlender Finanzmittel stand keine ausreichend starke Trägerrakete zur Verfügung, um sie direkt dorthin zu schicken. Daher hat man sie zunächst zur viel leichter erreichbaren Venus dirigiert. Vier Monate später hat die Venus sie zur Erde zurückgeschickt, die sie 10 Monate später in nur 960 km Höhe, kaum 2mal so hoch wie viele unserer Satelliten, überflog. Die Unterstützung durch die Gravitationskraft, die sie erfuhr, reichte aber immer noch nicht aus, um ganz bis zum Jupiter zu gelangen. Zwei Jahre später kam die Galileosonde wieder in der Nähe der Erde vorbei, nachdem sie erstmals eine Photographie eines Planetoiden, nämlich Gaspra, aufgenommen hatte. Endlich, nach 6 Jahren interplanetarischer Reise, wird Jupiter erreicht werden!

Ergebnisse der Sonden

Zwischen dem 6. und dem 14. März 1986 haben sich 5 Sonden dem Kern des Kometen Halley am weitesten angenähert: Giotto, die europäische, bis auf 600 km, Vega 1 und 2, die sowjetischen, bis auf 7000 km und die beiden japanischen, Suisei bis auf 150 000 km und Sakigake bis auf 7 Mio. km, wobei wir die amerikanische ICE nicht vergessen, die am 28. März bis auf 30 Mio. km herankam.

Diese gewaltige Skala von Entfernungen erlaubte es, den gesamten Planeten in allen seinen Teilen genau zu untersuchen. Der Kontrast zwischen dem Kern von einigen Kilometern und dem Schweif, der einige zig Millionen Kilometer Länge erreicht, ist enorm. Es liegt am interplanetarischen Vakuum, daß ein so kleines Objekt einen so großen Effekt hervorrufen kann. Wenn sich der Kern bei der Annäherung an die Sonne erwärmt, verdampfen seine Eis- und Schneehüllen und emittieren dabei Strahlen von Wasserdampf, der sich ausdehnt und dabei den ihm beigemischten Staub mitreißt. Die Dampfanteile werden durch den Einfluß des Sonnenwindes in die von der Sonne abgewandte Richtung gelenkt, während die Staubteilchen aufgrund ihres größeren Gewichtes trotz des Strahlungsdrucks des Sonnenlichtes eher dazu neigen, längs der Bahn des Kometen hinter diesem zurückzubleiben; daraus ergibt sich der manchmal geradezu spektakuläre Anblick eines geraden, bläulichen Plasmaschweifs und eines gekrümmten, gelblichen Staubschweifs.

Der Kopf und Schweif des Kometen

In mittleren Dimensionen ist der Kern von einer Atmosphäre mit sehr tiefer Temperatur, $-200\,°C$, umgeben, dem 100 000 km dicken Kopf, in dem von den UV-Strahlen der Sonne induzierte photochemische Aufspaltungen stattfinden. So produzieren die Wassermoleküle H_2O das Hydroxylradikal OH, welches die Radioteleskope anhand seiner Emission bei 18 cm Wellenlänge detektieren können. Der erste Nachweis gelang 1973 mit dem Radioteleskop von Nançay auf dem Kometen Kohoutek. Zig Tonnen von Wasser und ebensoviel Staub können jede Sekunde aus dem Kern herausgeschleudert werden! Trotz dieses Überfließens verliert der Kern bei jeder Sonnenpassage nur einige Meter an Dicke und kann Tausende von Umläufen überstehen. Halley hat noch eine Zukunft von 100 000 Jahren vor sich ....

Neben dem Wasser gibt der Kern auch einige Prozent Kohlenmonoxid CO ab. Anny-Chantal Levasseur-Regourd hat entdeckt, daß das Kohlenmonoxid nicht nur aus dem Kern, sondern auch aus der Hülle stammt; die flockenförmigen Staubteilchen geben komplexe organische Verbindungen ab.

Hierunter hat man Kohlendioxid CO_2, Blausäure HCN, Ammoniak NH_3, Methan CH_4 und sogar Formaldehyd H_2CO und Methylzyanid CH_3CN nachgewiesen. Schließlich, im März 1991, meldeten französische Radioastronomen vom Observatorium in Meudon, Jacques Crovisier und Dominique Bockelee Morvan, die Entdeckung von Methanol CH_3OH im Kometen Austin. Dem Vorhandensein dieser organischen Moleküle ist es zu verdanken, daß die Kometen so interessant für die Frage nach dem Ursprung des Lebens sind.

Der Staub

Beim Staub handelt es sich um Körner von einigen Mikrometern, die aus kohlenstoffreichen Silikaten bestehen und bestimmten Meteoriten, den kohligen Chondriten, ähneln. Das Vorkommen noch komplexerer organischer Moleküle wird vom „CHON" abgeleitet, einer Abkürzung für den Nachweis von Atomen des Kohlenstoffs C, des Wasserstoffs H, des Sauerstoffs O und des Stickstoffs N in Verhältnissen, die denen in Molekülen wie dem Polyoxymethylen $-CH_2-O-CH_2-O-$ und vielleicht dem Adenin und den Pyrimidinen entsprechen.

Ein Infrarotstrahl verrät die Anwesenheit von C-H-Bindungen, die manche mit den im interstellaren Raum entdeckten polyzyklischen aromatischen Kohlenwasserstoffen in Verbindung bringen.

Diese komplexen Identifizierungen sind zunächst nur vorläufig zu nennen, und zwar aus dem einfachen Grunde, daß die Sonden Halley mit der unvorstellbaren Geschwindigkeit von 70 km/s passiert haben und daß daher jedes von den Borddetektoren eingesammelte Molekül unwiederbringlich in seine gegenüber solchen Stößen unempfindlichen atomaren Bestandteile zerbrochen wurde.

Dieser für eine erste Kometenmission unvermeidliche Nachteil wurde durch die Tatsache kompensiert, daß Halley der am wenigsten unbekannte der Kometen ist und daher umso besser gestatten sollte, ihre Kenntnis zu vertiefen.

Der Kern von Halley

Wenn der Schweif eines Kometen sein spektakulärster Teil ist, so ist sein winzig kleiner Kern sein Motor, sein lebensnotwendiger Teil. Giotto hat uns davon die ersten überraschenden Ansichten geliefert. Die Oberfläche ist extrem dunkel; sie remittiert nur 4 % des empfangenen Sonnenlichts in den Weltraum, nicht mehr als ein Stück Kohle; sie ist ein gutes Stück schwärzer als die der Schneehaufen, die man manchmal auf den Gehwegen an den Straßenrändern der großen Städte liegen sieht, verschmutzt durch alle möglichen Abgase und Staubpartikel, die sich während ihres Dahinschmelzens auf der Oberfläche ansammeln.

Ein berechtigter Vergleich, denn genau so stellt man sich einen Kometenkern vor; unter der allmählichen Einwirkung der Sonnenstrahlen durchlaufen die ursprünglich mit der flockigen Schneemasse vermischten Staubteilchen chemische Umwandlungen, wobei sie dunkler werden und sich an der Oberfläche ansammeln, während der Schnee allmählich verdampft.

Es gibt auch eine Überraschung: Die Oberfläche ist mit einer Temperatur von 50 °C relativ heiß, und zwar gerade wegen ihrer dunklen, absorbierenden Hülle, die, wie sich aus Polarisationsmessungen ergibt, darüber hinaus porös ist. Diese Oberfläche spielt die Rolle einer dunklen Deckschicht, welche von der Sonne aufgeheizt wird, und verhindert gleichzeitig eine zu schnelle Verdampfung des Kerns im Vakuum.

Zweite Erkenntnis: Der Kern ist größer, als man glaubte, und zwar gerade weil man seine Größe bisher ausschließlich aus der scheinbaren Helligkeit abgeleitet hatte und dabei annahm, daß seine Oberfläche so weiß wie Höhenschnee sei. Er hat eine längliche Doppelform, wie eine 15 km lange und 10 km dicke Erdnuß.

Dritte Entdeckung: Die Topographie ist für eine so kleine Welt ausgesprochen abwechslungsreich; Krater mit 500 m Durchmesser, Hügel von mehreren hundert Metern Höhe, Täler und Abhänge mit bis zu 15° Neigung; kurz, eine sehr unregelmäßige, von Kratern übersäte, rauhe Oberfläche.

Die herausragendsten Fakten aber offenbaren Schlote, aus denen – in Aktion aufgenommen – aus den Tiefen stammende Gas- und Staubstrahlen herausströmen; diese sind der Ursprung des Kopfes und des Schweifes.

Was kann man aus diesen Daten über den inneren Aufbau des Kerns ableiten? Vier Modelle sind angeboten: das alte Modell des flockigen „schmutzigen Schneeballs"; das Modell einer unregelmäßigen Agglomeration von locker verbundenen Brocken mit vielen leeren Zwischenräumen; ein fraktales Modell mit Strukturen in verschiedensten Dimensionen, vom Kilometer bis zum Mikrometer; und ein Modell von durch ein Gemisch von Schnee und Staub zusammenzementierten porösen Felsblöcken. Für den Augenblick fällt die Wahl schwer.

2.4 Die Kometen und das Leben

Wenn die Kometen die Bioastronomen so sehr bei ihrer Suche nach dem Ursprung des Lebens auf der Erde oder sogar des Lebens im Kosmos interessieren, so liegt das daran, daß ihr Ursprung ihnen eine ganz und gar außergewöhnliche Rolle zuzuteilen scheint; die Kometen sind die einzigen Himmelskörper, die gleichzeitig die ursprünglichen Elemente, welche zum Aufbau des Sonnensystems gedient haben, enthalten, sie sozusagen für Milliarden von Jahren im Tiefkühler aufbewahrt haben, und die annähernd in Reichweite der Wissenschaftler sind.

Vor 4,5 Mrd. Jahren verdichtete sich dieser nebelhafte Sonnenvorläufer. Diese interstellare Wolke schwebte in einer bereits 10 Mrd. Jahre alten Galaxie; sie hatte sich also schon weit mit all jenen chemische Elementen angereichert, die von Generationen verschwundener Sterne synthetisiert worden waren, und war vor allem von den berühmten kosmischen Staubteilchen durchsetzt, welche mit einem Mantel von als Grundlage des Lebens dienenden organischen Molekülen überzogen sind. Während die Sonne und die Planeten sich im Zentrum der Wolke bildeten, entstanden weiter außen, in den kalten Zonen, aus Wassermolekülen und umhüllten Staubkörnern gefrorene Kleinstplaneten. Diese Kleinstplaneten konnten nicht über eine Größe von einigen Kilometern hinauswachsen, weil die Dichte der peripheren Teile der Wolke zu gering war.

Die Oortsche Wolke

Beim Studium der Umlaufbahnen der Kometen, die uns besuchen, hatte man bemerkt, daß ein guter Teil von ihnen aus enormen Entfernungen zu uns kommt, halb so groß wie der Abstand zu den nächsten Sternen (100 000 AE). Hieraus ergab sich ein grundlegendes Konzept: Die 1950 von Jan Oort, dem weltweit anerkannten Direktor des Observatoriums von Leyden, eingeführte Wolke ist der immense „Kühlschrank", in dem die Kometen seit ihrer Bildung gelagert sind. Von Zeit zu Zeit lenkt die Gravitationsbeeinflussung eines etwas näher am Sonnensystem vorbeifliegenden Sterns einige von ihnen ab, die daraufhin auf die Sonne zu fallen und uns besuchen können.

Wenn man eine Bilanz der Eintreffzeitpunkte und der Abweichungen aufstellt, kann man die Anzahl der in der Oortschen Wolke eingeschlossenen Kometen abschätzen: Man erhält die fabelhafte Zahl von 1000 Mrd.! Die Zahl der Kometen mag beeindruckend erscheinen, aber dennoch schätzt man ihre gesamte Masse, wenn auch noch nicht unumstritten, auf das nur 10- bis 1000fache der Erdmasse, nicht einmal ein Sechstel der des Jupiter. Dies ist wieder einmal ein beeindruckendes Beispiel der astronomischen Zahlen, die fast nichts sein können ... oder wahrlich astronomisch erscheinen. In dieser Wissenschaft kann man nicht vernünftig nach dem Augenschein urteilen; man kann sich nur auf die Zahlen stützen und muß ihre Auswertung sorgfältig kontrollieren.

Wenn manche Kometen ins Zentrum des Sonnensystems eintauchen, werden umgekehrt andere in den interstellaren Raum hinausgeschleudert; stellt man eine Verlustbilanz auf, so bemerkt man, daß sich die Zahl der Kometen trotz ihrer enormen Größe sehr schnell verringern würde. Also muß es Nachschub geben. Diese Forderung hat in den letzten 10 Jahren zu tiefen Einsichten über die Oortsche Wolke und über den wahren Ort des Entstehens der Kometen geführt.

Der Entstehungsort der Kometen

Kometen können nicht so weit außen kondensieren, und so folgert man, daß es bei 30 AE, das entspricht einem Sonnenabstand zwischen Uranus und Neptun, ein zentrales Bildungsreservoir gibt und daß gravitationsbedingte Störungen aufgrund der sich bildenden Planeten die Scheitelpunkte der Umlaufbahnen dieser Kometen auf 1000 AE entfernen. Dort übernehmen dann die Störungen durch die nächsten Sterne (in 100 000 AE Entfernung) die Kontrolle und heben den tiefsten Bahnpunkt über die Neptunbahn hinaus an, wodurch sie das Kometenreservoir dem Einfluß der Planeten entziehen. Nach Anny-Chantal Levasseur-Regourd indessen wären die Kometen unmittelbar jenseits des Gebietes von Uranus und Neptun kondensiert.

All diese Details konnten anhand von Simulationsrechnungen mit Großcomputern ermittelt werden; darüber hinaus hat man neben den Sternen weitere Störungsursachen ausgemacht: so die gigantischen Gaswolken, die über die Scheibe der Galaxis verstreut sind, sowie diese Scheibe selbst durch ihre Gesamtmasse. Auf diese Weise wird das zentrale Reservoir binnen 5 Mrd. Jahren buchstäblich bis auf einige zehntausend AE angehoben, um die Oortsche Wolke aufzufüllen, und von dort können die Kometen erneut bis zu unserer Erde bei 1 AE ins Sonnensystem eintauchen.

Zusammenfassend kann man sagen, daß sich die meisten Kometen als Kleinstplaneten im Gebiet von Uranus und Neptun gebildet haben oder sogar noch jenseits davon; dann sind sie in die große Oortsche Wolke gewandert, bevor einige von ihnen zu uns zurückstürzten. Sie sind also durchaus die Bewahrer der Urbaustoffe unseres Sonnensystems.

Urmaterie

Wenn sie auch seit der Bildung des Sonnensystems fast permanent auf der sehr niedrigen Temperatur der Oortschen Wolke, bei rund 10 K wie im interstellaren Raum, waren, so wurden sie doch nicht weniger dem Bombardement durch die UV-Strahlen der Sonne und der nahen Sterne und dem der kosmischen Strahlen ausgesetzt. Darüber hinaus wurden sie von den in der Nachbarschaft explodierenden Supernovae bestrahlt und von interstellarem Staub bombardiert. Man vermutet, daß ihre Oberfläche durch diese Effekte „beackert" und mit einer Kruste aus polymerisierten Stoffen überzogen wurde.

Möchte man eines Tages wirklich ursprüngliches Kometenmaterial sammeln, so wird man es unter der Oberfläche eines Kometen, in seinem Unterboden suchen müssen, der nicht diesen verschiedenen und insgesamt gesehen wenig durchdringenden Bombardements ausgesetzt gewesen ist.

Biologische Katastrophen aufgrund von Kometen

In Anbetracht der beeindruckenden Dynamik, welcher die Population der Kometen unterworfen ist, kann man eine Frage von höchstem bioastronomischem Interesse anschneiden: Welche Auswirkungen auf das irdische Leben könnte die kleinste statistische Abweichung in dieser empfindlichen Maschinerie haben? Falls z. B. in 3000 AE ein Stern vorbeifliegt, was wird dieser mit der Wolke machen? Er würde durch das Reservoir einen Tunnel von 500 AE Radius graben, indem er daraus die Kometen hinwegfegen und einen Schauer von 1 Mrd. Kometen erzeugen würde, welche die Umlaufbahn der Erde in einigen Millionen Jahren queren würden. Natürlich sind solche nahe Sternpassagen selten und kommen im Mittel nur rund alle paar hundert Millionen Jahre einmal vor; aber wenn es einmal passiert, so nimmt die Einschlagsrate auf unserem Globus auf das 300fache zu ....

Kometeneinschläge auf unserem Erdball können für das irdische Leben katastrophale klimatische Folgen haben und das Aussterben bestimmter Arten von Lebewesen bedingen. Dies ist übrigens vielleicht vor 65 Mio. Jahren beim Verschwinden der Dinosaurier passiert.

Was das Aussterben in der lebenden Welt betrifft, so scheint die Analyse fossiler Funde zu zeigen, daß es periodisch in Abständen von 26 Mio. Jahren zu einem Aussterben verschiedener Arten kommt, was durch wiederholte Kometenschauer verursacht sein könnte. Als Auslöser für diese hat man einen schwach leuchtenden Stern herangezogen, (einen braunen Zwerg), einen auf den Namen Nemesis getauften Begleiter der Sonne, der um sie mit einer Periode von 26 Mio. Jahren fern in der Oortschen Wolke umläuft. Alternativ hat man die Existenz eines zusätzlichen Planeten, des Planeten X, in

150 AE von der Sonne gefordert. Oder man hat seine Zuflucht zum Hin- und Herschwanken der Sonne über den galaktischen Äquator bei ihrem Umlauf um das galaktische Zentrum mit einer Halbperiode von 32 Mio. Jahren genommen: Bei jedem Durchgang durch die Äquatorebene hätten Zusammenstöße mit riesigen Gaswolken eine Lawine von Kometen auslösen können.

Tatsächlich hat keiner dieser Erklärungsvorschläge sich lange halten können, und obendrein ist die Analyse der Fossilien wegen des Mangels an einer präzisen Chronologie in Kritik geraten. Übrigens findet man auf dem Mond keine Einschlagspuren, die eine Periodizität von rund 30 Mio. Jahren haben. Und was die Katastrophe von vor 65 Mio. Jahren, zwischen Kreidezeit und Tertiär, anbetrifft, so scheint sie eher auf den Einschlag eines Asteroiden zurückzuführen zu sein.

Der Beitrag der Kometen zum Leben

Dagegen ist es weit eher plausibel, daß zu Beginn der Bildung der Erde direkte Kometenschauer weit häufiger gewesen sind als in der Folge. Als zuträgliche Folge für das Leben haben sie in diesem Fall die jungen Ozeane mit organischen Molekülen befruchten können, die für den Beginn der präbiotischen Phase interessant waren. Manche gehen so weit anzunehmen, daß selbst das Wasser der Ozeane von den Kometen herbeigetragen worden sein könnte.

Ausgangspunkt der Argumentation ist dabei, daß im Abstand von der jungen Sonne (im T-Tauri-Stadium), in dem die Erde durch Akkretion entstand, die Temperatur zu hoch war, als daß das Wasser, die Kohlenstoffverbindungen oder auch nur die Silikate hätten kondensieren können; sie sind alle zu flüchtig. Aber während die Planeten sich bildeten und ihre Größe zunahm, begann ihre wachsende Gravitationskraft, kleinere Materieansammlungen und schließlich Kometen abzulenken.

Berechnungen, die sich auf den bekannten Wassergehalt der Kometen und die von den Einschlägen auf dem Mond abgeleitete Aufprallrate stützen, zeigen, daß die Kometen aus dem Gebiet von Jupiter-Saturn auf die fast geformte Erde eine Wassermenge bringen können, die dem Mehrfachen des gegenwärtigen Volumens der Ozeane entspricht.

Darüber hinaus haben sie genug Silikate mitbringen können, um daraus die Erdkruste zu bilden, und schließlich genug organisches Material für eine über einen Kilometer dicke Schicht, ganz zu schweigen von einer zusätzlichen, dicken Atmosphäre, die am Boden einen 300mal höheren Druck erzeugt als die gegenwärtige.

Diese Vorschläge sind recht beeindruckend und eröffnen eine neue Perspektive, die präbiotische Befruchtung eines mit Ozeanen ausgestatteten Planeten zu belegen. Selbstverständlich war die Erde zu jener Zeit noch heiß und größeren tektonischen Umwälzungen unterworfen. Es hat sich eine Art Wettkampf zwischen diesem stets feindlichen Globus und den zerbrechlichen, flüchtigen Stoffen, die von jenseits des Jupiter und des Saturn kamen, entwickeln müssen.

2.5 Das Projekt Rosetta

Die Sonden von 1986 hatten den Kometen Halley noch nicht vom Kopf bis zum Schweif durchpflügt, da stellte sich eine kleine Gruppe von Wissenschaftlern und Ingenieuren die Zukunft vor, eine sehr ehrgeizige und gleichzeitig sehr ferne Zukunft: Könnte man auf dem Kern eines Kometen landen, dort Bodenproben sammeln und sie zur Erde zurückbringen, um sie im Detail zu untersuchen?

Die Reise zu einem Kometen stellt keine unüberwindlichen technischen Probleme mehr dar. Das Zusammentreffen muß stattfinden, wenn der Kern noch weit genug von der Sonne entfernt ist, jenseits von Jupiter, damit seine Aktivität noch schwach ist. Gravitationsumschwünge und Sichtflug mit Hilfe der Bordkameras und der kleinen Steuerraketen erlauben es, sich bis auf wenige Kilometer mit geringer Geschwindigkeit anzunähern.

Die Landnahme

Da man bisher nur den Kern von Halley kennt, wäre der des besuchten Kometen eine neue Welt; im voraus wüßte man allerhöchstens seine Größe und damit seine Masse. Man müßte ihn also von allen Seiten beobachten, um einen günstigen Landeplatz auszuwählen und um die Krater, die Spalten, die Gasausbrüche, zu steile Abhänge, von unregelmäßigen Felsbrocken bedeckte Gebiete oder Gebirge von weichem Schnee zu vermeiden; geradezu ideal wäre es, wenn man ein ebenes Gebiet fände, das mit einer kompakten Staubschicht bedeckt ist, die im Verlauf der früheren Passagen des Kometen durch die zentralen Gebiete des Sonnensystems von den Sonnenstrahlen zusammengebacken ist.

Die Sonde müßte sich also in eine Umlaufbahn um den Kern begeben. Für uns eine ziemlich spezielle Umlaufbahn, da die von einem flockigen, wenig dichten Kometenkern erzeugte Gravitation sehr gering ist, ungefähr ein Tausendstel der Erdschwere. Für eine Sonde, die einen Kern von 2 km in 3000 m Höhe umkreist, muß die Umlaufgeschwindigkeit sehr gering sein, gerade einige Meter pro Sekunde; bei höherer Geschwindigkeit würde die Sonde in den Weltraum entweichen.

Die Landung

Nachdem die Topographie mit Hilfe der Bordkameras und des Höhen- und Sondierungsradars erkundet ist, und nachdem die Ergebnisse per Funk zur Erde gesandt worden sind, werden die nötigen Kommandos gegeben, damit sich das Raumfahrzeug an der ausgewählten Stelle zu Boden läßt. Dies muß es völlig autonom tun, da bei den vorliegenden Distanzen eine direkte Steuerung nicht möglich ist: Die Funksignale brauchen hin und zurück zwei Stunden. Man muß ein unerwünschtes Zurückfedern vermeiden, denn am Boden wiegt eine Sonde von einer Tonne nicht mehr als ein Kilogramm; die kleinste Abweichung eines Stoßdämpfers der Landefüße könnte die Sonde umkippen oder sogar wieder in den Weltraum abheben lassen.

Die erste Aktion, die es dringend durchzuführen gilt, wäre die Verankerung mit Hilfe eines ein bis zwei Meter in den Boden versenkten Bolzens. Gleichzeitig würde die bereits mittels Radar geschätzte Zusammensetzung und Dicke der Kruste überprüft werden, und akustische Echos würden die eventuelle Anwesenheit von Hohlräumen, die eine Sondierung vereiteln könnten, und von Felsbrocken, die den Bohrer blockieren könnten, verraten.

Die Bohrkernentnahme

Endlich beginnt der Bohrer zu graben, um 3 aufeinanderfolgende Bohrkerne einzusammeln, jeder 1 m lang, die ebenfalls in den Rückkehrbehälter wandern. Auch hier handelt es sich um eine sehr diffizile Operation; sie wird von der Erde aus mit langen Laufzeiten für die Übermittlung der Festigkeits- und Härtemessungen verfolgt werden müssen. Außerdem drehen sich die Kometenkerne auf sehr komplexe Weise um sich selbst, wobei sich Rotation und Präzession wie bei einem bereits abgebremsten Kreisel vermengen. Wenn sich die Sonde auf der erdabgewandten Seite befindet, werden die Übertragungen unterbrochen. Alles in allem wird man für die Bohrkerngewinnung 1 bis 2 Wochen benötigen.

Die Rückkehr der Proben

Die automatische Rückkehr von Proben von Himmelskörpern ist seit den sowjetischen Lunochodmissionen technisch erprobt worden, die in den 70er Jahren auf dem Mond ausgesetzt einige hundert Gramm Gestein zur Erde zurückbrachten. Aber für einen Kometenkern tut sich eine wichtige Schwierigkeit auf: Die Proben bestehen aus „schmutzigem Schnee" bei sehr tiefer Temperatur. Es ist notwendig, daß sie auf dem Weg in unsere Laboratorien die ganze Zeit ihre ursprüngliche Temperatur von wenigen Grad Kelvin beibehalten. Dies erfordert effiziente Kühlsysteme, die nicht nur den Wiedereintritt in die Erdatmosphäre überstehen, sondern auch die lange Rückreise, die ein halbes Dutzend Jahre dauern kann.

Stellen Sie sich die Enttäuschung und die Wutausbrüche vor, wenn man beim Öffnen der wertvollen Behälter einen kleinen Wasserstrahl aus der Tiefe der leeren Rohre herauslaufen hört, nachdem man 1 Mrd. Dollar und 10 Jahre Arbeit, 10 Jahre Montage und 10 Jahre Reise aufgewandt hat, um einem sagenhaften Himmelskörper Geheimnisse über den Ursprung der Erde und des Lebens zu entreißen.

Der Schrecken der Ingenieure,
der Wunschtraum der Wissenschaftler

Diese Angst vor einem Fehler ist der Schrecken der verantwortlichen Ingenieure, und die zuständigen Politiker und Finanzleute wollen keine zu großen Risiken. Außerdem können die Ingenieure nur mit begrenzten Unsicherheiten arbeiten. Dafür ist dies Gebiet so neu und wenig bekannt, daß sie von den Wissenschaftlern Angaben zu den Umweltbedingungen verlangen, für die sie das Projekt planen sollen. Und die Wissenschaftler, die bisher nur einen Kometenkern und auch den nur aus der Ferne kennen, haben große Schwierigkeiten, die Ingenieure zufriedenzustellen. Das ist die Atmosphäre, übrigens eine sehr herzliche und sympathische, bei den jährlichen Kongressen, wo rund hundert von ihnen, meist in zum Nachdenken günstiger Umgebung, diese futuristischen Wissenschaftsprojekte diskutieren, die eines Tages Gestalt annehmen werden.

Um den Ingenieuren zu helfen, denken sich die Wissenschaftler neue Mittel der Beobachtung und der Simulation im Labor aus. So wurde die Sonde Giotto, nachdem sie die Begegnung mit Halley mit 60 % ihrer Instrumente in gutem Zustand überlebt hatte, zu einem anderen Kometen umdirigiert, zum Kometen Grigg-Skjellerup.

Ein ferngesteuerter Schubstoß von ihren Motoren hat sie nach 4 Jahren Winterschlaf im Juli 1990 zu einem Gravitationsumschwung um die Erde gebracht und sie schließlich am 10. Juli 1992 den neuen Kometen in 1000 km Entfernung passieren lassen. Ein astronautischer Rekord: Giotto ist die erste Sonde, und sicher für lange Zeit die einzige, die 2 Kometenkernen begegnete.

Auf der anderen Seite haben sich mehrere Laboratorien auf die Simulation des Bodens von Kometen gestürzt. Die größten von ihnen stellen Proben von der Größenordnung eines Meters her; sie werden im Vakuum bei niedriger Temperatur aus Mischungen von pulverisiertem Eis, mineralischen Stäuben und organischen Substanzen in wechselnden Anteilen präpariert; mehrere Stunden lang werden sie in Vakuumgefäßen einer starken, die Wirkung der Sonne nachahmenden Bestrahlung ausgesetzt. Es bilden sich oberflächliche Krusten, die gemessen, analysiert, sondiert und durchbohrt werden, um die Grenzwerte für die Ingenieure zu präzisieren.

Darüber hinaus werden die Ergebnisse der Experimente mit Hilfe von Computersimulationen extrapoliert, um so gut wie möglich die tatsächlichen Bedingungen des interplanetaren Raumes zu kopieren, wo lange Zeitintervalle und riesige Strecken auftreten.

Wir wollen der Rosettasonde Erfolg wünschen, die auf diesen Namen getauft wurde, weil sie es ermöglichen sollte, die in den Tiefen des interstellaren Raumes gesammelten Informationen in dieselbe Sprache zu übertragen, welche in den Kometen entziffert wurde: Die Kometenkerne sind die Mittlersteine für die Lektüre der Geheimnisse des Kosmos.

Leider werden die weniger günstigen, weltweiten ökonomischen Bedingungen möglicherweise Einschränkungen mit sich bringen. Gegenwärtig untersucht die europäische Weltraumbehörde eine vereinfachte Version, bei der es sich darum handeln würde, auf einem primitiven Asteroiden zu landen und dort lokale Untersuchungen vorzunehmen, aber nicht notwendigerweise Proben zurückzubringen.

Nach A. C. Levasseur-Regourd „ist die Vorstellung von Asteroid und Komet überholt. Manche Asteroiden sind ‚verstorbene‘ Kometenkerne, andere solche, die noch ‚schlafen‘. Müßte man hier nicht von Kometen sprechen und die Bezeichnung Kleiner Planet den großen Asteroiden vorbehalten? Die klassische Unterscheidung Asteroid/Komet erscheint mir, in Anbetracht meiner Arbeiten über die Polarisation, immer subtiler: Man findet eher allmähliche Übergänge als zwei Klassen von Objekten.“

Kapitel 3

Das präbiotische Stadium

Nach einem Abstieg von 2–3 Stunden durch die Atmosphäre voi
tan hat die Sonde Huygens gerade den Boden erreicht, von wo si
noch einige Minuten lang Informationen übertragen können wird. (Q
ESA/ESTEC)

Wenden wir uns nun der dritten Phase der Bioastronomie zu, in der uns die organischen Moleküle des Kosmos durch die präbiotische Chemie zu den Bausteinen des Lebens führen können.

3.1 Titan, der große Saturnmond

Titan, der große Satellit des Planeten Saturn, trägt seinen Namen zu Recht. Mit seinen 5140 km Durchmesser wird er nur von den 5280 km des Jupitermondes Ganymed übertroffen; ein wenig kleiner als der Planet Mars mit seinen 6800 km erreicht er fast die Hälfte des Durchmessers unseres Erdballs. Obendrein ist er der einzige Mond, der eine Atmosphäre mit beachtlichem Druck hat, denn schließlich beträgt er am Boden das Anderthalbfache des Drucks der unsrigen.

Zu guter Letzt besteht diese Atmosphäre fast ausschließlich aus Stickstoff, eine außergewöhnliche Erscheinung. Wie auf der Erde, wenn hier nicht die biologische Aktivität im Verlauf von Milliarden von Jahren währender Photosynthese das Viertel Sauerstoff angesammelt hätte, welches uns das Atmen erlaubt. Nur Triton, der Mond des Planeten Neptun, des letzten Himmelskörpers, den die Voyagersonde im Jahre 1989 besucht hat, besitzt auch eine Stickstoffatmosphäre, so dünn ist aber die, daß der Druck sich dort nur auf einige Mikrobar beläuft.

Aber damit sind die „irdischen" Charakteristika des Titan noch nicht am Ende; im Jahre 1980 hat die amerikanische Sonde Voyager 1 Blausäure nachgewiesen, von der man aufgrund von im Labor durchgeführten Experimenten weiß, daß man aus 5 Molekülen von ihr Guanin und Adenin synthetisieren kann, zwei der Purinbasen, welche die Leitersprossen in der Doppelhelix der DNS bilden.

Ein präbiotischer Himmelskörper

Hier sind wir also wieder, durch den Umweg zu diesem fernen Himmelskörper, bei der Bioastronomie. Titan zieht die Bioastronomen mittlerweile so sehr in seinen Bann, daß eine der nächsten großen Weltraummissionen im Jahre 2004 in seiner Atmosphäre eine Sonde per Fallschirm abwerfen wird, um die Details einer präbiotischen

Chemie ans Licht zu bringen, in deren Rahmen sich extraterrestrische Bausteine des Lebens bilden könnten.

Bei diesem Vergleich mit der Erde muß man jedoch ein Detail von großer Bedeutung beachten: Auf der Oberfläche von Titan herrscht eine Temperatur von nur 180 °C unter Null, also eine so tiefe Temperatur, daß jegliche chemische Reaktion von Bedeutung dort nur extrem langsam ablaufen kann. Trotz seiner Existenz seit 4,5 Mrd. Jahren sollte Titan daher das präbiotische Stadium noch nicht überschritten haben.

Also gut; Titan wird als ein Modell der primitiven Erde betrachtet, welches man in den Tiefkühler gesteckt hat, was also sehr interessant ist, denn das gesamte präbiotische Stadium, welches so fundamental für die Erscheinung des Lebens auf unserem Globus im Verlauf der ersten paar hundert von Millionen Jahren war, ist durch die intensive geologische Entwicklung, die unseren Planeten völlig verwandelt hat, für immer aus unseren Archiven gelöscht.

Titan bietet uns also fast vor unserer Haustür, auch wenn er 1,4 Mrd. km von uns entfernt ist, eine einmalige Chance, in freier Natur anhand von planetaren Dimensionen und Zeitskalen im Bereich von Milliarden Jahren statt in Probiergläsern im Labor und innerhalb von Wochen ein fundamentales Stadium unserer langen Geschichte zu beobachten.

Die Sonde Huygens

Auf Betreiben des Astronomen Daniel Gautier ist der Plan entstanden und weiterentwickelt worden, eine Sonde in die Atmosphäre von Titan zu entsenden. Man hat sie zu Ehren des holländischen Astronomen Huygens, der von Colbert an das Observatorium von Paris berufen wurde und der sowohl die wahre Natur der Saturnringe als auch im Jahre 1655 dessen Mond Titan entdeckte, auf dessen Namen getauft.

Die von der europäischen Raumfahrtbehörde in Arbeit genommene Sonde wird mit der von der NASA entwickelten Cassinirakete (nach dem ersten Direktor des Observatoriums von Paris) bis fast an ihren Einsatzort transportiert werden. Die Einheit Cassini-Huygens wird im Jahre 1997 starten, dicht an Venus, Erde und Jupiter vorbeifliegen, um von ihnen Gravitationsbeschleunigungen zu erhalten, im Jahre 2004 in der Welt des Saturn ankommen und dort im Jahre 2005 die Sonde freisetzen.

Sie wird sich Titan mit 6 km/s nähern, zunächst in der oberen Atmosphäre mittels eines Hitzeschilds abgebremst, dann erst einen kleinen und darauf einen großen Fallschirm entfalten; dann werden die Fallschirme und der Hitzeschild abgeworfen, und die Sonde fällt aus 40 km Höhe nur durch einen dritten, kleineren Fallschirm gebremst zu Boden; zweieinhalb Stunden lang werden ihre Instrumente die Chemie der Atmosphäre gaschromatographisch, massenspektroskopisch und pyrolytisch analysieren sowie Details der Wolken und der Oberfläche per Kamera liefern, bevor die Sonde am Boden anlangt. Cassini wird nunmehr für 4 Jahre eine Reihe von Vorbeiflügen an Saturn, seinen Ringen und seinen Monden unternehmen; Titan wird er dabei Dutzende von Malen besuchen.

Die organische Atmosphäre

Voyager hatte diesen Satelliten nur überflogen, dessen dicke Atmosphäre keine Beobachtung der Oberfläche erlaubte; aber seine Spektralanalyse hat die Anwesenheit zahlreicher organischer Moleküle enthüllt: Einige Prozent Methan CH_4, Kohlenwasserstoffe wie das Äthan C_2H_6, das Propan C_3H_8, das Azetylen C_2H_2, das Methylazetylen C_3H_4, stickstoffhaltige organische Moleküle wie die Blausäure HCN, das Zyanazetylen HC_3N, das Dizyanazetylen C_4N_2 und schließlich CO und CO_2, alle in Konzentrationen, die das Tausendstel Promille nicht überschreiten.

Radaruntersuchungen der Atmosphäre haben die Existenz einer bis zu 40 km reichenden Troposphäre mit Wolken aus Methan und Äthan offenbart, über der eine Stratosphäre liegt, welche in 200 km Höhe einen Druck von 1 mbar hat und in der eine Schicht aus organischen Verbindungen schwebt, überlagert von einer weiteren Schicht aus Aerosolnebeln, die ebenfalls eine organische Zusammensetzung haben.

Welche Prozesse haben so interessante Strukturen und Verbindungen liefern können? UV-Photonen der Sonne und in der Magnetosphäre des Saturn eingefangene Elektronen spalten in der oberen Atmosphäre die Stickstoff- und Methanmoleküle in Radikale N, CH und CH_2 auf, welche miteinander Verbindungen eingehen, sich wieder spalten und erneut verbinden, um Kohlenwasserstoffe und stickstoffhaltige Verbindungen zu bilden.

Laborsimulationen erklären die beobachteten Anteile und sagen die Anwesenheit von noch komplexeren Molekülen voraus, wie z. B. des Azetonitrils CH_3CN oder des Akrylonitrils C_2H_3CN, aber in Mengen, die zu gering sind, als daß Voyager sie entdeckt haben könnte. Was die Kohlensäure betrifft, die den sagenhaften Anteil von rund einem Hundertmillionstel hat, so könnte sie aus Methan und aus durch Meteoriten herbeigebrachtem Wasser entstanden sein.

Ausgehend von dieser Chemie der Atmosphäre bilden sich Aerosole. In der oberen Stratosphäre ergeben das Azetylen und die Blausäure Polymermoleküle von bis zu einem Drittel Mikrometer Größe, die langsam tiefer sinken und durch Kollisionen miteinander zu Kernen von einem Mikrometer zusammenbacken; weiter unten überziehen sich diese Kerne durch Kondensation mit einer Kruste aus Butan und Isobutan und noch tiefer bis hin zur Tropopause mit einem Mantel, der aussieht wie Zwiebelschalen aus immer leichteren Verbindungen wie Propan, Azetylen, Äthan. Und diese Aerosole sind dann der Ursprung der zwei in der Atmosphäre des Titan beobachteten Schichten.

In der Troposphäre angekommen, dienen diese Aerosole als Kondensationskeime für die Bildung von Wolken aus Methan, Äthan und Stickstoff. In einer Höhe von zwischen 40 und 20 km bestehen diese Wolken aus Kristallen von 1 mm Größe, wie unsere aus Eisnadeln gebildeten Cirruswolken, und zwischen 20 und 3 km aus Flüssigkeitstropfen wie unser Regen, die in dem Maße, wie sie auf den Boden fallen, verdampfen und immer kleiner werden, um bei der Ankunft am Boden nur noch ein feiner Nieselregen aus fast reinem Äthan zu sein, dem am wenigsten flüchtigen Stoffanteil. Diese exotische Meteorologie würde pro Jahr auf der ganzen Kugel des Titan Niederschläge von 300 km^3 erzeugen, was schließlich nur einem Tausendstel der irdischen Regenfälle entspricht.

Die Oberfläche

Auf was für einen Boden fallen diese Niederschläge? Obwohl Voyager nichts davon hat sehen können, glaubt man, daß er von einem gewaltigen Ozean bedeckt ist. In der Tat würde die zerstörerische

Wirkung der solaren UV-Strahlung auf das Methan in der oberen Atmosphäre binnen weniger als 10 Mio. Jahre zu dessen vollständigem Verschwinden führen, also in nur einem Hundertstel des Alters von Titan. Es gibt also notwendigerweise irgendwo einen bedeutenden Methanvorrat, und diese Vermutung führt zusammen mit der Temperatur und dem Druck am Boden zu einem Ozean aus flüssigem Methan.

Andererseits führen die in der Atmosphäre ablaufenden Prozesse zu einer solchen Äthanproduktion, daß sich seit der Entstehung Titans eine Schicht von 600 m flüssigem Äthan auf seiner Oberfläche abgelagert haben muß. Man hätte also einen Ozean aus einer Mischung von Methan und Äthan, in den die von den Regenfällen mitgerissenen organischen Verbindungen eingemündet sind. Die Kohlenwasserstoffe sind in Lösung gegangen, während das Azetylen und die Nitrile, wenig löslich, sich am Boden in einer rund 100 m dicken Sedimentschicht abgesetzt haben.

Aber da man das Oberflächenrelief von Titan überhaupt nicht kennt, ist es möglich, daß aus diesem Ozean Inseln oder Kontinente herausragen, die wahrscheinlich aus Wassereis bestehen. Auf ihnen haben die im Verlauf von Milliarden Jahren abgelagerten organischen Verbindungen vielleicht eine poröse Geröllschicht gebildet, deren Hohlräume ebenfalls flüssiges Methan enthalten mögen.

In Anbetracht dieser Geheimnisse hat man seit der Zeit der Voyagersonden versucht, mehr zu erfahren, indem man Titan mittels Radarechos untersuchte. Auf diese Weise hat im Verlauf der letzten 10 Jahre das Radioteleskop von Arecibo die Topographie und Reflektivität des Planeten Venus ermitteln können. Aber für den viel weiter von uns entfernten Titan ist dieses Vorgehen wesentlich schwieriger. Es war notwendig, die Radarpulse mit dem Radar von Arecibo auszusenden und die Echos mit dem großen Netz von 27 Radioteleskopen des Very Large Array (VLA) in New Mexico aufzufangen. Muehlman hat an verschiedenen Stellen der Oberfläche unterschiedliche Reflektivitäten beobachtet, die ozeanischen oder kontinentalen Zonen entsprechen können.

Der vierte Planetenroboter

Die Unsicherheiten über die Oberfläche werden sicher durch die Mission Cassini-Huygens verringert werden, aber in Anbetracht der vorliegenden Herausforderung hat man beschlossen, unter die per Fallschirm abgeworfene Sonde eine kleine Landeeinheit zu hängen, die Informationen direkt von der Oberfläche liefern soll. Dieses „Wissenschaftliche Paket für die Oberfläche" mit einem Gewicht von 3 kg und 10 W Versorgungsleistung soll mindestens 3 Minuten lang funktionieren.

Entwickelt von der Gruppe von J. C. Zarnecki an der Universität von Kent, enthält es 7 sehr einfache Experimente, die aber möglicherweise einzigartige Resultate liefern werden. Falls die Landeeinheit in einen Ozean fällt, wird sie darauf schwimmen; neben elementaren physikalischen und chemischen Daten wie der Temperatur, der Dichte, der Leitfähigkeit und dem Brechungsindex wird sie die Schallgeschwindigkeit messen und per Sonar die Tiefenausdehnung der Flüssigkeit feststellen. Außerdem wird sie über einen Beschleunigungsmesser und einen Neigungsmesser verfügen, um durch Vermessung der Wellenbewegung neue Einzelheiten über die Dynamik des Systems Ozeanatmosphäre zu liefern.

Dieses „Paket", in letzter Minute gerade noch von den stets vorsichtigen Ingenieuren akzeptiert, wird der vierte Roboter sein, den die Menschen zur Landung auf einen Himmelskörper schicken, nach dem Mond, der Venus und dem Mars.

Die präbiotische Chemie

Auf alle Fälle bezieht sich das Interesse der Wissenschaftler an Titan gegenwärtig auf die präbiotische Chemie, die sich dort möglicherweise abspielt, das dritte fundamentale Stadium des Lebens im Kosmos. Das Studium der präbiotischen Chemie hat mit dem berühmten Experiment von Urey und Miller im Jahre 1953 begonnen. In einem mit einer Mischung aus Methan, Ammoniak und Wasserstoff gefüllten Glaskolben erzeugte Miller elektrische Funken, während er gleichzeitig einen Strom von Wasserdampf darin erzeugte. Indem er den Gasstrom in einer Kühlvorrichtung kondensieren ließ, erhielt er komplexe organische Moleküle und insbesondere Aminosäuren.

In neueren Experimenten des gleichen Typs, wenn auch extrem hochgezüchtet, hat Carl Sagan, Direktor des Laboratory for Planetary Studies der Cornell-Universität, mit dem Ziel, die Atmosphäre von Titan zu simulieren, in den entstandenen gasförmigen Produkten 59 verschiedene Stoffe nachgewiesen, darunter 27 Nitrile.

Außerdem erhielt er einen dicken, schlammartigen Bodensatz von brauner Farbe, den er nach dem griechischen Wort für „schlammig" auf den Namen „tholin" getauft hat; die Analyse dieses Bodensatzes stellt eine ebensolche Herausforderung dar wie die der kohlenstoffhaltigen Meteoriten. Trotzdem hat Sagan Polyene, polyzyklische aromatische Kohlenwasserstoffe und biologische wie nichtbiologische Aminosäuren nachgewiesen.

Die präbiotische Entwicklung

Als Folge zahlreicher seither unternommener Laborarbeiten, insbesondere jener von François Raulin, Professor an der Universität Paris XII-Val de Marne, kann man die präbiotische Chemie auf planetarischem Maßstab in zwei Stufen aufteilen. In einer ersten Stufe bilden sich in der Atmosphäre reaktive organische Moleküle: Nitrile RCN und Aldehyde RCHO, wobei R ein Radikal ist. Ihre Entstehung funktioniert am besten in einer Atmosphäre, die Methan, Stickstoff und Wasserdampf enthält, ausgehend von der von UV-Licht oder elektrischen Entladungen gelieferten Energie.

In einer zweiten Stufe entwickeln sich diese atmosphärischen Vorläufer im Wasser, der berühmten Ursuppe, um die Bausteine des Lebens zu bilden: Aminosäuren, Purinbasen und Zucker. Die Aminosäuren mit der Struktur H_2N-RCH-COOH beginnen die Bildung von Proteinen, indem sie sich unter Wasserabspaltung aneinanderhängen:

$$\ldots HN\text{-}RCH\text{-}CO\text{-}HN\text{-}RCH\text{-}CO\text{-}\ldots$$

Diese langen Ketten nutzen im irdischen Leben nur 20 verschiedene Aminosäuren, welche 20 verschiedenen Radikalen R entsprechen, während man in Meteoriten 90 verschiedene Aminosäuren nachgewiesen hat, darunter 8, die auch bei uns vorkommen. Dies führt einem sowohl den Reichtum an extraterrestrischen organischen Quellen (von natürlichem Ursprung, nicht von biologischem) als auch die Selektivität des irdischen Lebens vor Augen.

Die um einen hexagonalen Ring aus 4 C und 2 N aufgebauten stickstoffhaltigen Basen gehen auf die Polymerisation von Nitrilen in wäßriger Lösung zurück, wobei die Blausäure H-CN zu den Purinbasen (Adenin und Guanin) und zu den Pyrimidinbasen (Cytosin,

Uracil und Thymin) führt, während das Zyanoazetylen HC_2-CN zu Cytosin und Uracil führt.

Was die Zucker von biologischem Interesse betrifft, die Pentosen, welche um ein aus 4 C und 1 O gebildetes Fünfeck aufgebaut sind, so können sie ausgehend von den Aldehyden gebildet werden; insbesondere führt das Formaldehyd HCHO zur Ribose und zur Desoxyribose.

Diese Zucker S und diese stickstoffhaltigen Basen B sind die Bausteine, welche mit einer Phosphorsäure p (H_2PO_4) die Nukleotiden der Struktur pSB bilden, die sich zu Ketten der Form

$$\ldots pS\text{-}pS\text{-}\ldots$$
$$|\quad|$$
$$B\quad B$$

aneinanderhängen und so zur Doppelhelix der DNS führen können:

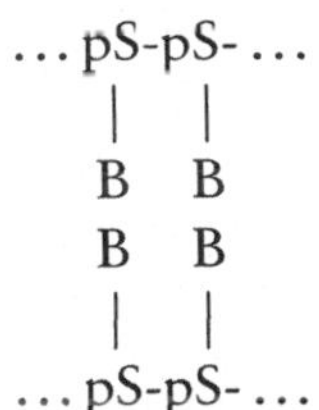

In ihr sind zwei Ketten durch Basenpaare BB miteinander verbunden, die als Sprossen der Leiter der Doppelhelix wirken. Die Erbmasse sämtlicher irdischer Arten wird durch die verschiedenen Sorten von Basen B kodiert.

Sind es diese Entwicklungsrichtungen der präbiotischen Chemie, die auf der primitiven Erde vorgeherrscht haben? Man muß festhalten, daß es da noch zahlreiche Schwierigkeiten gibt. So wären im Szenario der Ursuppe, falls sich die Ozeane schnell gebildet hätten, die präbiotischen Verbindungen schnell sehr stark verdünnt worden, was ihre weiterführenden Reaktionen verhindert hätte. Es ist möglich, daß Seen oder Pfützen ein vorteilhafteres Milieu dargestellt haben. Vielleicht ist die Entwicklung des Lebens auch auf die katalytischen Eigenschaften der Tonböden zurückzuführen, wie es Cairns-Smith vorgeschlagen hat. Eine solche Unterstützung vermeidet die Risiken der Hydrolyse von in wäßriger Umgebung gebildeten Molekülen. Eine weitere Schwierigkeit entstammt vor allem der Tatsache, daß im Verlauf der Zuckersynthese unter präbiotischen

Bedingungen eine sehr komplexe Mischung entsteht, in der die Ribose nur in sehr geringem Anteil auftritt.

Ist auf Titan eine Entwicklung im Gange? Seine dichte Atmosphäre enthält die notwendigen Ausgangsstoffe und Energiequellen; die erste Stufe der atmosphärischen Vorläufer ist wahrscheinlich im Gange, wie die entdeckten 6 Kohlenwasserstoffe und 4 Nitrile bezeugen. Was dagegen die Entwicklung auf die Bausteine des Lebens hin betrifft, so wird sie durch die Abwesenheit von flüssigem Wasser behindert; das Wasser ist gefroren und bildet vielleicht Kontinente auf einem Ozean aus Methan und Äthan. Kann man die wäßrige Umgebung durch den im Ozean gelösten Ammoniak ersetzen? Kann man auf die durch die kosmische Strahlung in diese ammoniakreiche Umgebung eingebrachte Energie rechnen, um zu einer Pseudobiochemie zu gelangen, in deren Rahmen sich nichtsdestoweniger Purinbasen, Pyrimidine und eventuell Pseudopolypeptide bilden würden? Das letzte Wort wird die Sonde Huygens haben, die uns, wenn alles gut geht, zu Beginn des dritten Jahrtausends eine Nachricht senden wird ....

3.2 Die Meteoriten

Die Radioastronomie, die Eroberung des Weltraums und die Biochemie der Makromoleküle haben uns zu der gewaltigen Frage des kosmischen Lebens geführt. Die interstellaren Moleküle, die Kometen und die Planetenatmosphären, die Molekülwolken, Halley und Titan sind vordringliche Ziele auf unserer Suche nach dem extraterrestrischen Leben geworden. Aber man hat auch auf der Erde selbst Stücke dieses gewaltigen Kosmos zur Verfügung, welche ganz einfach vom Himmel herabgefallen sind und das Objekt aufmerksamer und sorgfältiger Untersuchungen in unseren Laboratorien sein können. Meteoriten, Aerolithe, Siderolithe, Boliden und Meteore, gigantische Geschosse, stratosphärische Mikrostäube, sie alle liefern uns einen direkten Kontakt mit der außerirdischen Welt, seit wir ihren wahren Ursprung erkannt haben.

Wenn das intensive Bombardement, das unseren Globus gestaltet hat, auch seit 4 Mrd. Jahren praktisch aufgehört hat, so ändert das doch nichts daran, daß auch heute noch jeder von uns feststellen kann, daß es noch eine kleine Spur davon gibt: Jede Sternschnuppe ist ein winziger verspäteter Zeuge unserer bewegten Vergangenheit.

Tatsächlich bilden die Sternschnuppen nur eine eigene Klasse einer gewaltigeren Gesamtheit: der der Meteoriten. Das sind im interplanetaren Raum umlaufende Körper, die imstande sind, auf die Erde zu fallen. Sie geben zu der Meteor genannten Erscheinung Anlaß, wenn sie mit Geschwindigkeiten von 11 bis 70 km/s in die oberen Schichten unserer Atmosphäre eindringen und dort eine Leuchtspur zwischen 70 und 110 km Höhe hinterlassen.

Dimensionen

Die Meteoriten haben im allgemeinen Abmessungen deutlich unter einem Mikrometer, aber sie können auch eine Größe von bis zu rund 10 km erreichen. Solche mit einer Masse von weniger als einem Zehntel Mikrogramm werden oberhalb von 120 km ohne sichtbare Spur sanft abgebremst und fallen von dort als feiner Regen zu Boden. Größere Mikrometeoriten bis zu einem Hundertstel Gramm rufen eine Ionisation hervor und erzeugen eine im Radarbild sichtbare Spur. Vom Hundertstel Gramm bis hin zum Kilogramm ist die Spur als Meteor sichtbar; die leichteren können bei rund 50 km Höhe vollständig verdampfen; die anderen brechen in 10 bis 30 km auseinander, und ihre Bruchstücke fallen im freien Fall zu Boden: Das sind die Boliden. Solche mit mehr als 1 kg Masse schließlich und bis hin zum Rekord von 1000 Mrd. t erreichen den Boden, wo sie explodieren und dabei einen Einschlagskrater erzeugen. Die Überbleibsel der Boliden und der Einschläge werden Meteoriten genannt.

Bis vor rund 10 Jahren verfügte man weltweit nur über rund 3000 Meteoriten, die nach dem Ort ihres Niedergangs benannt waren. Der bekannteste ist ein Körper von 65 000 t, der vor 40 000 Jahren den Meteor Crater mit 1200 m Durchmesser hinterlassen hat. In Australien wurde vor 130 Mio. Jahren ein noch heute als kreisförmige Bergfestung erscheinender Krater von 22 km Durchmesser ausgehoben. Ein Meteorit von mehreren Kilogramm ist direkt ins Wohnzimmer zweier bis dahin eher in Ruhe lebender Amerikaner gestürzt, und erst kürzlich, am 31. August 1991, schlug ein Meteorit von 11 cm pfeifend 3,5 m neben zwei Jungen aus Indiana ein.

Vaca Muerta

Es werden immer neue entdeckt: So haben Astronomen der Europäischen Südsternwarte in Chile 1985 in der Nähe ihrer Teleskope auf dem Wüstenplateau von Vaca Muerta 77 Bruchstücke gefunden. Vor 3500 Jahren herabgefallen, hatte dieser Meteorit eine Größe von über einem Meter und eine Masse von mehreren Tonnen. Ein metallisches Bruchstück von rund 1 t ist um 1860 von den Indianern benutzt worden, um Werkzeuge herzustellen, die man in den Museen wiedergefunden hat.

Selbstverständlich stammen alle diese Erkenntnisse aus Laboruntersuchungen; so hat man gelernt, daß Vaca Muerta aus der Kollision eines kleinen Planeten, der teilweise geschmolzen war und vulkanische Aktivität besaß, mit einem anderen kleinen Planeten stammt, welcher einen Metallkern hatte. In der Folge haben sich die gemeinsamen Überreste zu einer Mischung von zur Hälfte felsigen, zur Hälfte metallischen Mineralien abgekühlt, die wiederum in einen Schwarm von Fragmenten aufbrachen, von dem einige von Zeit zu Zeit die Erde erreichen.

Dieser sehr seltene Typus eines „Mesosideriten" ist nur an rund 30 verschiedenen Orten gefunden worden. Wir wollen im Vorübergehen den Hut ziehen vor dem gewissenhaften, umsichtigen und ausdauernden Geist, mit dem die Geologen über den ganzen Globus hinweg einige Steine ausfindig gemacht haben, welche die Rückverfolgung einer so außergewöhnlichen Geschichte ermöglichen, und diese Einstellung bewundern.

Meteoritentypen

Die grundlegenden Meteoritentypen sind die steinigen, aus Silikaten gebildeten Aerolithe, die Siderite aus Eisen und Nickel und die bezüglich ihrer Zusammensetzung dazwischenliegenden Siderolithe. Die steinigen sind vor allem Chondrite, welche sogenannte Chondren, das sind Kügelchen von einigen Millimetern, deren geologischer Ursprung wenig klar ist, und die Körner von Olivin und Pyroxen einschließen, enthalten. Die Chondrite werden nach dem Ausmaß der wäßrigen und der thermischen Umwandlung klassifiziert, welches sie bis zur Ankunft auf der Erde erreicht haben. Schließlich haben die kohligen Chondrite – von größter Bedeutung für die Bioastronomie − eine Matrix, welche Kohlenstoff enthält, dessen Anteil einen dritten charakteristischen Parameter liefert. Rund 5 % der Meteoriten sind kohlige Chondrite.

Die Mehrzahl der Meteoriten stammt von zerbrochenen und durch Kollisionen untereinander erodierten Asteroiden, von denen manche einen Durchmesser von 100 bis 400 km haben konnten. Sie bringen nicht nur Stücke von Himmelskörpern in unsere Laboratorien, nein, diese datieren auch noch aus der Entstehungszeit des Sonnensystems. Welch wertvolle Boten!

Schon im 19. Jh. zeigten die ersten Untersuchungen der Matrix der kohligen Chondriten, daß sie Kohlenwasserstoffe enthielten, welche mehr oder weniger dem Kerogen ähnelten, einem in den Lagerstätten der schwersten Kohlenwasserstoffe gefundenen Gesteinstyp. In den 50er bis 70er Jahren hat Urey, Nobelpreisträger für Chemie an der Universität Chicago und Doktorvater von Miller, chemische Analysen und Isotopenuntersuchungen vorgenommen, die die Anwesenheit von aromatischen Verbindungen mit gesichertem extraterrestrischen Ursprung zeigten.

John Cronin von der Universität von Arizona verdankt man die wesentlichsten Erkenntnisse über die Anwesenheit von Aminosäuren in seinem bevorzugten Meteoriten, dem am 28. September 1969 in Australien niedergegangenen Murchison. Ich hatte das Glück, im Oktober 1991 zu einer internationalen Sommerschule über Weltraumchemie im Zentrum für Wissenschaft und Kultur von Erice eingeladen zu werden, einer wunderbaren, kleinen, befestigten Stadt, die die Küste Siziliens und die Ägadischen Inseln beherrscht. In diesem traumhaften Ambiente hat Cronin uns seine scharfsinnigen Analysen von Murchison vorgestellt.

Extraterrestrische Aminosäuren

Der unlösliche Anteil der Matrix enthält organische Makromoleküle, wie sie für die Polymere des Kerogen typisch sind. Ihr Aufbau gliedert sich in Blätter aus einem Raster von aromatischen Sechsecken, vermischt mit stickstoffhaltigen Fünfecken, an die sich funktionale Gruppen wie COOH, OH und verschiedene Radikale anlagern. Darüber hinaus hat man auch exotische Kohlenstofformen gefunden: Graphit, Siliziumkarbid SiC und Diamant. Und was den löslichen Anteil betrifft, so enthält er Silikate und eine ordentliche

Portion organischer Verbindungen. Cronin hat darin 74 verschiedene Aminosäuren, 87 aromatische und 140 aliphatische Kohlenwasserstoffe, dazu ein Dutzend polare und vor allem die 5 stickstoffhaltigen Basen der DNA identifiziert! Unter den Aminosäuren finden sich 8 bei den 20 wieder, die das irdische Leben zur Herstellung seiner Proteine verwendet, so das Glycin, das Alanin, das Valin und das Leucin. Bestimmte extraterrestrische Aminosäuren enthalten im Gegensatz zu den unsrigen bis zu 8 Kohlenstoffatome, haben 2 oder 3 Radikale statt einem, ein zyklisches Radikal statt einem linearen oder 2 saure funktionale Gruppen COOH anstelle von einer.

Nach Cronin überrascht insbesondere die Strukturvielfalt und die Tatsache, daß bis hin zu 5 Kohlenstoffatomen alle prinzipiell möglichen Verbindungen gefunden werden. Die Gesamtheit ist racemisiert, d. h. die linken und rechten Isomeren kommen in vergleichbaren Proportionen vor, ein Gegensatz zum irdischen Leben, welches nur eine Form verwendet. Cronin hat auch Vorläufer der Aminosäuren gefunden, die durch chemische Reaktionen zu diesen hinführen können, wie die Carbonamide:

$$R\text{-}C\text{-}NH_2$$
$$\|$$
$$O$$

Im Labor ist die Darstellung der Aminosäuren durch die Strecker-Synthese mit Hilfe von Blausäure HCN in Gegenwart von Ammoniak NH_3 und Wasser H_2O möglich: $R\text{-}CO\text{-}H \rightarrow R\text{-}CH(NH_2)\text{-}CN \rightarrow R\text{-}CH(NH_2)\text{-}CO\text{-}NH_2 \rightarrow R\text{-}CH(NH_2)\text{-}COOH$. So erhält man für den einfachsten Fall, daß R ein Wasserstoffatom ist, ausgehend vom Formaldehyd H_2CO das Glycin $H_2\text{-}C(NH_2)\text{-}COOH$.

Eine heiße Spur zum Leben

Nach Cronin „kann man mit etwas Anstrengung aus den interstellaren Molekülen Aminosäuren herstellen, und die interstellaren Vorläufermoleküle sind diejenigen, welche man für die Synthese der in den Meteoriten gefundenen organischen Verbindungen benötigt." Infolgedessen kann man die Tabelle der interstellaren Präkursoren, der in den Meteoriten gefundenen Verbindungen (Bausteine des Lebens) und der die Grundlage des Lebens darstellenden Biopolymere erstellen:

Vorläufer	Bausteine des Lebens	In Meteoriten gefunden	Biopolymere
RCHO, HCN, NH$_3$, H$_2$O	Aminosäuren	Ja	Proteine
HCN, H$_2$O	Purine	Ja	Nukleinsäuren
HCN, H$_2$O, CHCCN	Pyrimidine	Ja	Nukleinsäuren
H$_2$CO	Ribose	Nein	Nukleinsäuren
PN, CP?	Phospate	Ja	Membranen
PAK?, Polyine?	Fettsäuren	Ja	Membranen

Die Mikrometeoriten

Aber kann das, was man im Labor erreichen kann und was in dieser Tabelle zusammmengefaßt ist, auch ausgehend von Meteoriten entstehen? In jüngster Zeit haben sich neue Perspektiven in dieser Richtung ergeben, und zwar durch das Studium nicht von Meteoriten, sondern von Mikrometeoriten. Bis 1984 konnte man diese nur – mit Schwierigkeiten – in der Stratosphäre oder aber mit Hilfe von Magnethebern in den Meeressedimenten sammeln. Seither aber hat Michel Maurette vom Zentrum für Kern- und Massenspektroskopie von Paris in Orsay sie in den polaren Eismassen gesammelt, zunächst im Schlamm der Schmelzwasserseen von Grönland, dann in der Antarktis, wo sie sich unter maximalem Schutz bietenden Bedingungen anhäufen.

So hat er bei einer der letzten Exkursionen nahe der französischen Station Dumont d'Urville durch Schmelzen von 100 t Eis ganze 10 g Sedimente (nicht mehr!) gewonnen, die 5000 nicht geschmolzene Mikrometeoriten mit Durchmessern zwischen 50 und 200 µm enthielten. Sie hatten also die schwierige Probe bestanden, in unsere Atmosphäre einzudringen, ohne Schaden zu nehmen. Nach seinen eigenen Worten hatte er die „reinste Goldgrube von extraterrestrischen Mikrometeoriten, die jemals auf Erden gefunden wurde, mit chondritischen Körnern in gutem Zustand darin."

Mit viel Geduld hat er am Mikroskop daraus eine katalogisierte Sammlung von 300 Körnern zusammengestellt. Sie waren alle extrem porös und sind offensichtlich aus einer Anlagerung von kleineren Bausteinen von weniger als einem Mikrometer entstanden. Diese bestehen aus Silikaten, aus Oxiden und Schwefelerzen, und vor allem aus Verbindungen, die auf die kohligen Chondriten wie den Meteoriten Murchison hinweisen, ja zum Teil sind sie noch kohlenstoffreicher als dieser. Daher das außergewöhnliche Interesse an dieser Minikollektion. Er hat bewiesen, daß diese Objekte extraterrestrisch(en Ursprungs) waren und daß sie weder chemisch verändert noch biologisch kontaminiert waren.

Übrigens ist es der organische Anteil, der beim Eintritt in die Atmosphäre den Effekt eines Hitzeschildes bewirkt, indem er wie die pyrolytischen Verbundwerkstoffe der Weltraumindustrie agiert.

Die präbiotische Aussaat

Die Mikrometeoriten der Größe derer, die Maurette untersucht hat, stellen der Masse nach den wichtigsten Teil dessen, was die Erde aufsammelt, dar: 20 000 t pro Jahr gegenüber höchstens 100 t für Meteoriten mit mehr als 5 cm. Es tut sich hier also ein neuer Ausblick auf die massive Aussaat von extraterrestrischen organischen Verbindungen auf. Um so mehr, als vor 4 Mrd Jahren, gegen Ende des Bombardements, als unser Globus bereits abgekühlt war, die Einschlagsrate tausendmal größer gewesen sein kann. Unsere Uratmosphäre, dichter und dicker vielleicht als heute, könnte eine sanfte Landung begünstigt haben.

Stellen wir uns also das von Maurette vorgeschlagene Szenario vor: In 1000 Jahren entfallen auf 1 m² Boden 1 Mio. Mikrometeoriten. Jeder fällt auf verschiedenes Gelände und vielleicht in eine vorteilhafte Pfütze. Jedes Körnchen ist eine Mikroumwelt von einem Millionstel Kubikzentimeter und enthält verschiedene Zutaten in hoher Konzentration und Katalysatoren. Der kurze Hitzestoß, der beim Eintritt in die Atmosphäre entsteht, hat möglicherweise reaktive chemische Verbindungen erzeugt. Dieses Minizentrum hat dank seiner Mikroporen, seiner Bläschen und Hohlräume bis hin zu molekularen Dimensionen eine enorme spezifische Oberfläche. Falls er auf ein Gebiet feuchten und heißen Deckgesteins fällt, wird er zu einem Minilaboratorium, das vielleicht eine präbiotische Chemie entwickelt, welche nach den von Cronin zusammengefaßten Hoffnungen zur extraterrestrischen Synthese der Bausteine des Lebens führt ....

Das Stadium primitiven Lebens

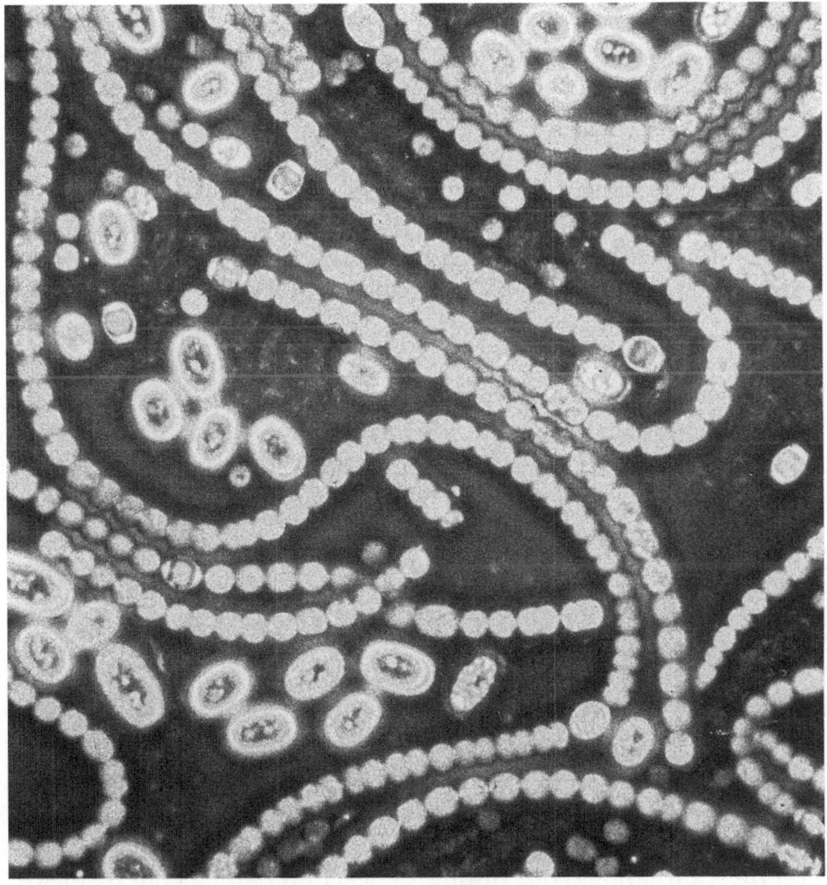

Blaualgen, eine der frühesten Lebensformen auf der Erde, sind hier in der Mikrophotographie mittels negativem Phasenkontrast sichtbar gemacht. (Quelle: Carl Zeiss Jena GmbH)

Hier sind wir also, an der Schwelle zur vierten Stufe der bioastronomischen Forschungen, jener, in der endlich das Leben auftritt.

4.1 Vom leblosen Kosmos zur lebendigen Erde

Ganz zu Anfang dieses Buches habe ich das neue Paradigma vorgestellt, welches unsere Vorstellungen vom Kosmos beherrscht: Von einer physikalischen Welt sind wir in ein biologisches Universum gewechselt. Die Biochemie durchsetzt den gesamten Raum, vom interstellaren Vakuum mit seinen organischen Molekülen bis ins Innerste der Kometenkerne, und ebenso die gesamte Zeit seit dem *Urknall*, ausgenommen die ersten paar 100 Mio. Jahre, während derer sich die Sterne mit Kohlenstoffatomen in ihrem Inneren und Planeten in ihrer Umgebung gebildet haben.

Eine neue kritische Etappe begann, als sich aus dem Leblosen das Leben erhob. Der Ort? Die Erde, denn wir kennen das Universum noch nicht gut genug, um besser auf diese Frage zu antworten. Die Zeit? Das war vor sehr langer Zeit, rund 4 Mrd. Jahre in die Vergangenheit zurück. Diese so ferne Epoche ist doch recht genau durch zwei Ereignisse bestimmt: Zum einen durch das Ende des intensiven Bombardements, welches die Bildung der Erde mit vollendete, und zum anderen durch das Auftauchen der ersten irdischen, lebenden Fossilien. Zwei Fakten, das eine kosmisch, das andere biologisch.

Die Mondproben

Recht oft bekommt man zu hören, daß die Erforschung des Mondes für die Wissenschaft nichts gebracht hat, daß die paar hundert Kilo Gestein, welche die Apolloastronauten mitgebracht haben, seit 20 Jahren nichts tun, als in unzugänglichen Panzerschränken zu ruhen. Das ist falsch, denn dank ihrer hat man die Intensität und die Chronologie des prämordialen Bombardements rekonstruieren können. Auch der Mond war diesem Bombardement ausgesetzt; aber seine Einschlagskrater haben nicht die geologischen oder atmosphärischen Katastrophen durchgemacht, welche die Erde trafen. Das Studium seiner Krater gestattete daher einen Einstieg in diese Problematik. So ist ein Krater, der auf einem anderen sitzt, notwendigerweise jüngeren Datums als dieser; und ein großer Krater ist dem Einschlag eines gewichtigen Körpers zuzuordnen. Die Stratigraphie der Mondkrater hat es in Verbindung mit Laboruntersuchungen ermöglicht, eine relative Chronologie aufzustellen.

Aber es fehlten ihr zeitliche Anhaltspunkte, und es waren gerade die vom Mond mit zurückgebrachten Felsbrocken, die eine Bestimmung dieser zeitlichen Eichpunkte ermöglichten. Wenn die 12 Männer von Apollo an 6 verschiedenen, sorgfältig ausgewählten Stellen landeten, wenn sie sich zunächst zu Fuß und später mit einem Fahrzeug fortbewegten, so geschah dies mit einem wohldefinierten Ziel: Es ging darum, vor Ort, von Hand und nach wohlüberlegtem Auswählen die Bodenproben einzusammeln, welche dazu bestimmt waren, nach der Rückkehr in den Laboratorien analysiert zu werden. Ihre radioaktiven Isotopen haben es so erlaubt, ihr genaues Alter zu berechnen, wie man es für die irdischen Felsen macht. Selbstverständlich hat man die vom Mond durchlaufene Einschlagsrate für den Fall der Erde umrechnen müssen, denn man mußte die Tatsache berücksichtigen, daß unser Planet mehr Objekte anziehen mußte als der Mond, da er massereicher ist, und die Anwesenheit von Objekten im interplanetaren Raum am Ort der beiden Himmelskörper gleich wahrscheinlich ist.

Das Initialbombardement

Nach einer einfachen Gravitationsberechnung hat man die Kurve erhalten, welche die Anzahl der Objekte mit Größen zwischen einem Meter und rund dreißig Kilometern angibt, welche im Verlauf der Zeit von vor 4,5 Mrd. Jahren bis vor knapp 100 Mio. Jahren auf die Erde gefallen sind. Diese Kurve ist in 2 Abschnitte aufgeteilt: Zwischen 4,5 und 3,8 Mrd. Jahren eine steile und stetige exponentielle Abnahme um einen Faktor 100, danach eine viel langsamere Verringerung gerade mal um einen Faktor 10 seit praktisch 3 Mrd. von Jahren bis in unsere Tage. Diese beiden Bereiche entsprechen dem Ende des Initialbombardements, welches die Bildung der Planeten abschloß, und einer abschließenden Reinigung des interplanetaren Raumes.

Vor recht kurzer Zeit hat diese Kurve, in Verbindung mit der Größenverteilung der Meteoriten, als Grundlage für vertiefte Berechnungen über die Abnahme des Bombardements gedient. Diese haben eine sehr große Bedeutung für die Fragestellung, die uns beschäftigt: Wann hatte das Leben genügend Ruhe, um ungestört zu gedeihen?

Man weiß, daß es vor 4,25 Mrd. Jahren noch wiederholt Einschläge von 500 km großen Objekten gab, von denen jedes einzelne imstande gewesen wäre, die Ozeane vollständig verdampfen zu lassen, ohne auch nur die kapitalen, der Atmosphäre dadurch zugefügten Schäden in Betracht zu ziehen. Erinnern wir uns in diesem Zusammenhang daran, daß vor 65 Mio. Jahren das Ende der Dinosaurier möglicherweise durch den Einschlag eines Objektes von nur 10 km verursacht wurde. Danach, bis vor 3,8 Mrd. Jahren, empfängt die Erde noch Objekte von bis zu 100 km Durchmesser, von denen jedes in der Lage ist, die gesamte vom Licht erreichte Zone der Ozeane zu verdampfen, d. h. gerade die ersten 200 m unter der Oberfläche, in denen das Leben am ehesten eine Chance hatte aufzutreten; man schätzt, daß solche Einschläge zwischen 3,9 und 3,8 Mrd. Jahren alle 10 bis 20 Mio. Jahre erfolgt sein müssen.

Es scheint also, daß sich das Leben wegen dieser bewegten Erdzeitalter definitiv nicht früher als vor 3,8 Mrd. Jahren etablieren konnte. Möglicherweise ist es zuvor mehrmals aufgetreten und jedesmal entwicklungshemmenden Verheerungen ausgesetzt gewesen. Nach Norman Pace von der Universität von Indiana sind bestimmte Formen möglicherweise bis zum Boden der Ozeane diffundiert, in die Nähe von unterseeischen heißen Gas- und Wasserquellen, wo sie dank deren Energie unter dem Schutz der Wassermassen überleben konnten, um in ruhigeren Zeiten aufs neue zur Oberfläche zu diffundieren .... Kurzum, es scheint, daß das Schlüsselereignis des Übergangs vom Leblosen zum Leben, ohne daß es notwendigerweise einen klar definierten, einmaligen Anfang gegeben hat, vor weniger als 3,8 oder 3,9 Mrd. Jahren erfolgt ist.

Die Stromatolithen

Und wann spätestens? Hier wird uns die Grenze durch die ältesten identifizierten Fossilien geliefert. An dieser Stelle kommen die Stromatolithen ins Spiel. Diese aus der chemischen Aktivität mikroskopischer, einzelliger Lebewesen hervorgegangenen Kalksteinformationen existieren auch heute noch; sie bilden in bestimmten australischen Küstengebieten geringer Tiefe Kolonien von Domen, welche mehrere Dezimeter Durchmesser haben und Kissen oder mehr oder weniger schwammartigen Hockern ähneln. Sie resultieren aus der Anhäufung von feinen, gekrümmten Lamellen, zwischen denen sich mineralische Körner eingeschlossen finden. Die Mikroorganismen, welche sie aufbauen, sind Zyanophyzeen, wie z.B. die Blaualgen, photoautotrophe Prokaryoten, d.h., sie ernähren sich durch Photosynthese, ausgehend von leblosem Material der Umgebung. Dank der Lichtenergie der Sonne verwandeln sie im wesentlichen das Wasser H_2O und das Kohlendioxid der Atmosphäre CO_2 in Sauerstoffmoleküle O_2 und Kohlenhydrate, wie die Zucker $(CHOH)_n$, um. Diese Ketten sind aus n Wiederholungen der Grundstruktur H_2CO, dem bereits mehrfach zitierten Formaldehyd, zusammengesetzt. Für $n = 5$ erhält man die Pentosezucker, und darunter insbesondere die Ribose und die Desoxyribose, die Grundelemente der Skelette von RNS und DNS; wir weisen im Vorübergehen kurz darauf hin, daß sich die Kette der Kohlenstoffatome bei diesen Ribosen zum Teil in eine fünfeckige zyklische Struktur zurückgefaltet haben, die aus 4 Kohlenstoff- und 1 Sauerstoffatom besteht.

Die fossilen Stromatolithen bilden seit dem Archaikum beeindruckende Bodenteppiche; in der Tat sind die ältesten, fast sicher datierten Funde jene von North Pole im Nordwesten Australiens, einem der angeblich heißesten Orte der Welt! Ihr Alter beträgt rund 3,5 Mrd. Jahre. Man hat sogar geologisch ihren Lebensraum rekonstruieren können, eine Küstenlagune in einer marinen Vulkanlandschaft, reich an Sulfaten, die vielleicht aus der Oxidation von Schwefel durch den von der Photosynthese dieser ältesten Vorfahren freigesetzten Sauerstoff entstanden.

Erstes Intervall

Halten wir schon einmal fest, daß sich der Spielraum für den Übergang vom Unbelebten zum Lebendigen einengt; es bleibt jetzt nur noch das Intervall 3,5 bis 3,9 oder 3,8 Mrd. Jahre. Aber es wurden noch interessantere Resultate geliefert, vor allem dank der Arbeiten von Manfred Schidlowski vom Max-Planck-Institut für Chemie in Mainz. Seit langem hatte man den Verdacht, es gäbe noch ältere Fossilien, bis hin zu 3,8 Mrd. Jahren, was die Spanne für den

Ursprung des Lebens auf beunruhigende Weise einschränkt. Leider sind diese fossilen Spuren sehr umstritten.

Auch Schidlowski hat das Problem über die Kohlenstoffisotope angegangen. Das aus 6 Protonen und 6 Neutronen gebildete ^{12}C ist der am häufigsten in der Natur vorkommende stabile Kern; danach kommt 90mal weniger häufig ^{13}C mit einem zusätzlichen Neutron. Man findet auch Spuren des radioaktiven ^{14}C, das durch die Wirkung der kosmischen Strahlung entsteht; und dieses letztere dient für archäologische Datierungen.

Die biologische Verteilung der Isotope

Nun, der Metabolismus des Lebens auf der Erde bevorzugt aufgrund kinetischer Effekte die Verwendung von ^{12}C, dem leichtesten Isotop. Erstens, wenn die autotrophen Mikroorganismen das CO_2 der Atmosphäre an ihren aktiven Siedlungsgebieten verwenden, so diffundiert das mit ^{12}C gebildete CO_2 schneller zu diesen Stätten, da es leichter ist; und zweitens, bei den Reaktionen der Karboxylgruppenbildung, d. h. bei der Bildung von Molekülen der Form R-COOH, die von der Zelle mit dem CO_2 vorgenommen wird, ist das ^{12}C noch stärker begünstigt.

Im Endeffekt erhält man, wenn man das Verhältnis von ^{13}C zu ^{12}C in den gegenwärtig lebenden Systemen mißt, eine Verarmung von 2 bis 3 % relativ zu den Mineralien, wie den Karbonaten nichtbiologischen Ursprungs in den Meeressedimenten. Diese Feststellung gilt auch für die Meeressedimente biologischen Ursprungs, im wesentlichen das Kerogen (schwere, komplexe Polymere aus abgestorbenem Material und ihre graphitartigen Derivate); auch sie sind um 2 bis 3 % verarmt.

Mehr als 10 000 Messungen des Verhältnisses von ^{13}C zu ^{12}C sind weltweit an Sedimenten aller Altersklassen durchgeführt worden. Bei ihrer Analyse hat Schidlowski festgestellt, daß von den zeitgenössischen Sedimentationen bis hin zu denen von vor 3,5 (und nicht 3,8) Mrd. Jahren sich erstens die Proportionen für die mineralischen Kohlenstoffe der Karbonate nicht geändert haben, sie sich zweitens auch für die Kerogene nicht geändert haben, und drittens vor allem sich das Verhältnis von organischen Kohlenstoffen zu mineralischen ebenfalls nicht geändert hat, sondern stets in der Gegend von 20 blieb.

Die biologische Fülle

Die biologischen Implikationen dieser Folgerungen sind enorm. Die Tatsache, daß es seit 3,5 Mrd. Jahren, seit so kurzer Zeit nach dem Erscheinen des Lebens, immer 20 % organischen Kohlenstoff mit lebendem Ursprung gegeben haben soll, erklärt sich aus dem Prinzip des biologischen Überflusses: Das Leben vermehrt sich exponentiell bis zur Grenze der Ressourcen, über die es verfügt. Man vermutet, daß die Beschränkung seines Aufblühens auf die Bereitstellung von Phosphor zurückgeht, der ebenfalls fundamental für den Aufbau des Skeletts von DNS und RNS ist. Man erlebte also bereits vor 3,5 Mrd. Jahren eine globale biotische Sättigung durch ein Ökosystem sich schnell vermehrender Mikroben. Und das ist in Übereinstimmung mit den gigantischen fossilen Lagerstätten von Stromatolithen in der ganzen Welt.

Gegenwärtig sind diese Blaualgen in der Lage, 10 g Sauerstoff pro Quadratmeter und pro Tag zu produzieren, wenn man sie mit Material und Energie versorgt und sie beschützt. Das ist das produktivste aller Ökosysteme, und es hat während des ganzen Präkambriums auf der ganzen Erde geherrscht. Bedauerlicherweise schlug für diese Bakterien die Stunde, als sie genug Sauerstoff produziert hatten, um die mehrzelligen Lebewesen auftreten zu lassen, die auf einem viel effizienteren Metabolismus der Verbrennung mit Hilfe eben dieses Sauerstoffs aufbauten. Ihre immensen lebenden Teppiche wurden nun von Gasteropoden verwüstet, und in unserer Zeit findet man Stromatolithen nur noch in bestimmten Rückzugsgebieten, in übersalztem Wasser wie z. B. im Toten Meer. Ohne diese Gasteropoden aber wären wir nicht hier und könnten uns nicht diese Fragen stellen.

Das Leben in weniger als 100 Mio. Jahren?

Schidlowski ist aber nicht an dieser Stelle stehengeblieben. Im Bemühen, die Frage nach eventuellen noch weiter zurückliegenden Formen des Lebens zu lösen, hat er seine Analysen bis hin zu den ältesten bekannten Sedimenten ausgedehnt, denen von Isua in Westgrönland, die 3,76 Mrd. Jahre alt sind. Er hat entdeckt, daß die organischen Sedimente um 1 % weniger verarmt sind als die aus jüngster Zeit, während die mineralischen Sedimente um 0,2 % gegenüber denen aus jüngster Zeit verarmt sind. Diese kleinen Variationen mit unterschiedlichen Vorzeichen sind nach seiner Meinung auf eine Gesteinsänderung bei mehr als 600 °C zurückzuführen, die es den unterschiedlichen Proportionen der Isotope 12 und 13 gestattete, sich teilweise wieder auszugleichen. Bis 3,76 Mrd. Jahre in die Vergangenheit hinein hätte sich der reale ^{13}C-Anteil also nicht verändert. Als Konsequenz hätte bereits zur damaligen Zeit ein ähnliches und insbesondere photoautotrophes Leben existiert. Wir kommen so zu unserer zweiten Grenze: Das Leben existierte vor 3,8 Mrd. Jahren bereits. Also spielte sich das Auftreten und der Beginn der Evolution des Lebens auf der Erde zwischen der Zeit von 3,9 bis 3,8 und 3,8 Mrd. von Jahren ab. Das verfügbare Intervall hat einen Umfang von weniger als 100 Mio. Jahren. Es ist erstaunlich klein.

Vom Leblosen zum Lebendigen

Nach einem Interview mit A. Brack und F. Raulin weiß man seit Pasteur, daß das Leben eine Geschichte hat: Es ist eine Episode in der Geschichte der organischen Moleküle, d. h. der mit Kohlenstoff, Wasserstoff, Stickstoff, Sauerstoff, Schwefel und Phosphor aufgebauten Moleküle, die viel einem mirakulösen Lösungsmittel verdankt, dem flüssigen Wasser. Zu einem bestimmten Zeitpunkt der Erdgeschichte vor rund 4 Mrd. Jahren haben sich bestimmte organische Moleküle daran gemacht, Kopien von sich selbst zu produzieren, die Fehler beinhalteten. Sie waren fast gleich gebaut, aber eine geringe Rate von Fehlern hat die Evolution durch Mutation ermöglicht. Der Chemiker muß also diese primitive Kopiermaschine rekonstruieren; er ist ein bißchen in die Lage eines Weinkosters versetzt, von dem man verlangt, den Jahrgang, den Beitrag des Klimas, des Bodens usw. anzugeben. Was das Jahrtausend angeht, so haben wir Elemente einer Antwort, Anknüpfungspunkte, denn die Stromatolithen, Kolonien von Bakterien, sind fast mit Sicherheit datiert worden: Sie reichen bis 3,5 Mrd. Jahre zurück. Was die organischen Moleküle anbetrifft, so sind wir im Vergleich zum Weinkoster benachteiligt; wenn der ein Problem mit seinem Gedächtnis oder mit seinen Geschmacksknospen hat, so wendet er sich an den Winzer und fragt ihn nach dem Jahrgang, der sorgfältig in seinen großen Büchern eingetragen ist. Der Chemiker hat diese Möglichkeit nicht, denn alle Spuren der organischen Moleküle sind verwischt worden, im wesentlichen durch das Leben und auch durch ein Nebenprodukt des Lebens, den Sauerstoff der Atmosphäre. Aufgrund des Fehlens jeglicher Spur von solchen Molekülen muß man seine Zuflucht zu Modellannahmen und gemäß ihnen durchgeführten Experimenten nehmen. Diese entspringen der eher fruchtbaren Imaginationsgabe der Wissenschaftler und sind entsprechend zahlreich.

Das klassische Szenario wurde vor nunmehr über 50 Jahren von dem sowjetischen Biochemiker Oparin eingeführt: Er nimmt an, daß sich die wunderbare Kochkunst der chemischen Evolution, um bei der Verwendung kulinarischer Terminologie zu bleiben, sich in einer Ursuppe entwickelt hat, welche beständig von den in der Atmosphäre gebildeten organischen Ingredienzen genährt wurde. Wasserflächen müßten auf der Oberfläche der Urerde im Überfluß vorhanden gewesen sein, und sie können diese Rolle gespielt haben. Auch ist es notwendig, daß diese Suppe Ingredienzen hatte, und das Modell von Oparin nimmt an, daß es die Uratmosphäre ist, verschieden von der heutigen Atmosphäre, die die abiotische Synthese, d. h. die Synthese in Abwesenheit von Leben und von organischen Verbindungen auf Basis des Kohlenstoffs, ermöglicht haben könnte. Also sollten eine atmospharische organische Chemie plus flüssiges Wasser für eine gute präbiotische Chemie ausreichen. Irrweg eines Theoretikers? Sicherlich nicht, denn dieses Modell ist in den Jahren 1952–53 experimentell getestet worden, und zwar in einem seither berühmten, von Stanley Miller entwickelten Experiment. Bei diesem Versuch hat er eine gasförmige Mischung von Methan, Ammoniak, Wasserstoff und Wasserdampf elektrischen Entladungen ausgesetzt, d. h. einer in einer Atmosphäre plausiblen Energiequelle – denken wir an Blitze – und am Ende mehrerer Tage des Experimentierens hatte er in seinem Kolben mehrere organische Verbindungen bilden können, insbesondere Aminosäuren, d. h. die Grundbausteine der Proteine des Lebens. Diese Art von Experiment ist seither im großen Stil weiterentwickelt worden, und man hat die zugrundeliegenden Mechanismen studiert. Damals dachte man nicht, daß es so leicht wäre, ausgehend von einer Mischung extrem einfacher Verbindungen die Bausteine des Lebens zu bilden. Das war eine Überraschung, aber man hat die Ergebnisse überprüft, und man hat diese Art von Erfahrung ganz und gar bestätigt. Man hat so zeigen können, daß die Mehrzahl der Bausteine des Lebens unter solchen Bedingungen gebildet werden konnten: Die Aminosäuren, die Purin- und Pyrimidinbasen, die Bausteine der Nukleinsäuren RNS und DNS. Ja, es

wurde sogar klar, daß ein paar kleine, sehr einfache Verbindungen
wie die Blausäure, das Formaldehyd, das berühmte Formalin der
Apotheker, genügen, um so gut wie alles zu synthetisieren, was für
die Strukturen des Lebens benötigt wird.

Ausgehend von einer kleinen Zahl sehr einfacher, aber sehr re-
aktiver organischer Moleküle wie der Blausäure mit gerade einmal
3 Atomen oder dem Formaldehyd mit 4 Atomen, welche die Eigenschaft haben, spontan zu reagieren, sobald man sie ins Wasser
bringt, gelingt es, alles, was man zum Formen des Lebens braucht,
zu fabrizieren, vorausgesetzt, man hat genug von diesen Ausgangs-
stoffen, und man verfügt über das Wunderlösungsmittel, das Wasser.

Indessen, diese Bausteine des Lebens bilden noch keine Mauern.
Es mußte daher gelingen, aus all diesem eine Kopiermaschine zu
bauen, die in der Lage ist, eine Information zu verstärken und sie in
einer Weise auf andere Systeme zu übertragen, daß sich ein wirklich
lebendes System ergäbe. Auch diesmal wieder ging man von einer
Modellvorstellung aus, da man keine fossile Spur rudimentärer Ko-
piermaschinen besaß. In Analogie zum zeitgenössischen System hat
man sich ganz simpel an eine Zelle zu halten gesucht. Man dachte
tatsächlich, daß die rudimentäre oder Urkopiermaschine der ersten
lebenden Systeme einer Zelle ähnelte, daß sie mit einer Membran
ausgestattet war, welche es gestattete, das System von der wäßrigen Umgebung zu isolieren, damit sich Moleküle und Informationen
nicht in den Ozeanen zerstreuen. Außer den die Membran bildenden Molekülen mußte man noch die Moleküle zurückhalten, welche
die chemische Energieversorgung der Zelle sicherstellen können, was
tatsächlich von Enzymen, einer Unterfamilie der Proteine geleistet
wird, und schließlich eine dritte Kategorie von Molekülen, die infor-
mationstragenden Moleküle, welche Information speichern und auf
Tochtermoleküle übertragen können, Funktionen, die heute von den
Nukleinsäuren DNS und RNS gewährleistet werden. Es wurde sehr
schnell klar, daß die uns bekannten Moleküle sehr kompliziert sind
und daß ihr Erscheinen auf der primitiven Erde wenig wahrscheinlich war; als Konsequenz mußte man die Komplexität verringern und
Modelle mit wesentlich einfacheren Molekülen mit einbeziehen.

Was die Membranen anbetrifft, so sind die neuen Modelle nicht
sehr gut: Wenn bestimmte Fettsäuren, aus welchen diese bestehen,
Bläschen bilden, so erfordert ihre Synthese auf der primitiven Erde
wenig plausible Temperaturen von 450 bis 500 °C. Was die katalytischen Moleküle angeht, in gewisser Weise die Ahnen der En-

zyme, sind die Neuigkeiten eher gut; es ist gelungen, vereinfachte Modelle von Enzymen aufzustellen, von denen man bestimmte Eigenschaften erhalten hat, indem man viel kürzere Ketten nahm. Sie umschließen nur 10 Maschen und sind mit einer beschränkten Zahl von Aminosäuren fabriziert. Anstatt die 20 Aminosäuren zu benutzen, die man in den zeitgenössischen Proteinen findet, genügt es, 2 verschiedene davon zu nehmen. Mit 10 Aminosäuren gelingt es, die Arbeit von Proteinen zu erbringen, welche 200 Bausteine erfordern; der Übergang von 200 auf 10 ist eine interessante Reduktion. Was die Arbeit der Moleküle für die Informationsspeicherung anbetrifft, so sind die Neuigkeiten diesmal schlecht: Die Moleküle sind sehr komplex, und die Chemiker haben sich nach 25 oder 30 Jahre dauerndem Bemühen eingestanden, daß ihre Synthese unter den einfachen Bedingungen eines Laboratoriums nicht möglich ist. Es möchte scheinen, als wäre diese Chemie zu komplex, um auf der primitiven Erde abgelaufen zu sein: Das Leben hätte nicht mit einer Zelle begonnen, die Nukleinsäuren hätten nicht an der ersten Maschine mitgewirkt, die Kopien lieferte. Der Übergang von den organischen Molekülen zum Leben, dieses Starten der Kopiermaschine ist wahrscheinlich ohne die Hilfe der Nukleinsäuren erfolgt.

Die Versuche von Miller schienen eine heiße Spur zu sein, aber nunmehr muß man mit der Zusammensetzung der Uratmosphäre der Erde spielen. Wenn Miller eine Mischung aus Methan, Ammoniak, Wasserstoff gewählt hat, so geschah dies, weil man damals dachte, daß die Uratmosphäre die gleiche Zusammensetzung wie die der Riesenplaneten, insbesondere Jupiter und Saturn, hatte. Seither ist klar geworden, daß es zum einen niemals viel Ammoniak in der Uratmosphäre der Erde gab, weil der Ammoniak ein Molekül ist, welches recht schnell von der ultravioletten Strahlung der Sonne zerstört wird; zum anderen ist der Wasserstoff ein sehr leichtes Molekül, welches leicht von einem so kleinen Planeten wie der Erde entweichen kann. Nunmehr sind also 2 der von Miller gewählten Bestandteile ausgeschlossen. Es bleibt das Methan. Man muß deutlich sagen, daß man keinen direkten Hinweis auf die Zusammensetzung der Uratmosphäre der Erde hat; man kann nur Modelle aufstellen und sehen, ob ihre Entwicklung zur gegenwärtigen Atmosphäre führt. Was, wie wir gesehen haben, für Ammoniak und Wasserstoff nicht der Fall ist. Ebenso ist die Mehrheit der Geochemiker der Ansicht, daß die Uratmosphäre niemals viel Methan enthalten hat. Außerdem hat die Erde zwei fast zwillingsähnliche Planeten, Venus und Mars, in deren Atmosphären der Kohlenstoff in Form von Kohlendioxid überwiegt. Die irdische Uratmosphäre wäre also aus Kohlendioxid, oder Kohlensäuregas, Wasserdampf und Stickstoff zusammengesetzt gewesen. Bestimmte Laborversuche haben bereits die Natur der organischen Verbindungen gezeigt, die man als Funktion der anfänglichen Zusammensetzung des Gasgemisches erhält. Um Bausteine des Lebens zu erhalten, muß die Mischung Methan und nicht Kohlendioxid enthalten. Der präbiotische Chemiker ist äußerst verärgert; das Modell von Oparin und Miller paßt nicht mehr. Von nun an muß man eine andere präbiotische Nische suchen, in der sich diese Urkocherei abgespielt haben kann, um zu den Bausteinen der Moleküle des Lebens zu gelangen. Die vor rund 10 Jahren entdeckten heißen, unterseeischen Quellen stellen eine Möglichkeit dar: Man findet in ihrer Nachbarschaft gasförmige Emanationen bei sehr hoher Temperatur und mineralische Salze, die ausreichend reduzierend sind, um die präbiotische Chemie begünstigt zu haben. Dies ist eine Spur, die zu verfolgen interessant ist, aber bis heute handelt es sich nur um eine Hypothese, und man hat praktisch kein experimentelles Modell, welches sie bestätigt. Man kann sich genau so gut dem Weltraum zuwenden. Seit rund 20 Jahren hat man in der interstellaren Umwelt per Radioastronomie über 50 organische Moleküle nachgewiesen, von denen das größte 13 Atome besitzt. Für Biochemiker ist das wenig. Aber wenn man bedenkt, daß die Blausäure mit 3 Atomen eine Rolle beim Ursprung des Lebens gespielt hat, so ist es ermutigend. Man wird in zunehmendem Maße weiterentwickelte Moleküle finden, in zunehmendem Maße komplexere.

Jedenfalls sind die Aminosäuren sehr schwer nachzuweisen, da sie keine passenden Eigenschaften haben; sie sind ein bißchen versteckt, und bis jetzt hat man die Bausteine der Proteine nicht im interstellaren Raum gefunden. Außerdem ist nicht gut einzusehen, wie die organischen Moleküle des interstellaren Raums aus so großer Ferne zur Erde gekommen sein sollen. Aber die Erforschung des Kometen Halley hat uns gelehrt, daß die Kometen mit organischen Molekülen gespickt sind: Der Kern ist bereits schwarz, was darauf hindeutet, daß er sicher von Kohlenwasserstoffen und organischen Verbindungen bedeckt ist; das Gas und der Staub sind von auf den Sonden mitgeführten Massenspektrometern analysiert worden. Die Kometenkörner sind danach sehr viel reicher an organischer Materie, als man von der Erde aus voraussehen konnte. Wenn man nach den Einschlagskratern auf dem Mond urteilt, war die Erde zu Beginn ihrer Geschichte einem intensiven Bombardement durch Meteoriten und Kometen von beachtlicher Größe ausgesetzt; noch näher bei uns gibt es die Meteoriten, die man in seinem Garten aufsammeln kann, wenn man das Glück hat, einen herabfallen zu sehen. Die meisten von ihnen schließen kein organisches Material ein, aber einige unter ihnen enthalten bis zu 5 % Kohlenstoff, und die Feinanalyse dieser Meteoriten enthüllt die Anwesenheit so gut wie aller organischer Moleküle, von denen man nur träumen kann; man ist heute bei mehreren 100 verschiedenen angelangt. Dort findet man 90 verschiedene Aminosäuren, von denen 8 in unseren Proteinen vorkommen, mit einem ganzen Sortiment von analogen Verbindungen. Auch die in der Antarktis gesammelten Mikrometeoriten liefern neues Material, welches vor allem unter dem Gesichtspunkt der Zusammensetzung an organischer Materie analysiert werden wird.

Der Fall des Mars ist interessant, weil sich heute herausstellt, daß dieser Planet zu Beginn seiner Geschichte von Wasser in flüssigem Aggregatzustand bedeckt war. Wenn er flüssiges Wasser an seiner Oberfläche und denselben Regen von organischen Molekülen wie die Erde gekannt hat, hat man allen Anlaß zu der Vermutung, daß sich das Leben in einer rudimentären Form dort entwickelt hat. Ansonsten könnte der Weg, den das Leben auf dem Mars genommen hat, sehr verschieden von der irdischen Entwicklung sein. Das ist ein Grund mehr, auf den Mars zu reisen. Was Titan betrifft, so ist er der einzige Mond des Sonnensystems, der eine Atmosphäre hat. Nicht irgendeine, denn der Atmosphärendruck an seiner Oberfläche ist 1,5mal so groß wie der auf der Oberfläche unseres Planeten herrschende. Diese Atmosphäre besteht aus Stickstoff und Methan. So kommt es, daß man auf Titan insbesondere Blausäure HCN nachgewiesen hat, die Basis der präbiotischen Chemie auf der Erde, und viele andere organische Verbindungen. Auch wenn es ihm an flüssigem Wasser fehlt, und wenn die Temperatur zu niedrig ist, glaubt man, dort nicht das Leben, aber eine bereits sehr weit entwickelte, präbiotische Chemie zu finden. Ist das nur eine Utopie? Sicher nicht, denn gegenwärtig ist eine Mission in Vorbereitung, die im Jahre 1997 von der NASA und der ESA gestartet werden soll: Sie wird eine Sonde in die Atmosphäre von Titan schicken und einen Orbiter in Umlaufbahnen um Saturn und um Titan. Ab 2004 werden wir direkte Informationen über diese Chemie haben. Für uns ist Titan ein echtes Laboratorium im Planetenmaßstab, ein grundlegendes

Mittel, um zu verstehen zu versuchen, was sich beim Auftreten des Lebens in den ersten Erdzeitaltern abgespielt hat.

Die vier Akte des Szenarios

Das Auftreten des Lebens hat sich in 4 aufeinanderfolgenden Etappen abgespielt:

1. Akt: Einfache organische Moleküle, die aus Synthesen in der Atmosphäre oder im Weltraum oder nahe unterseeischer Vulkane stammen, entwickeln mit dem Wasser als Lösungsmittel die präbiotische Chemie.

2. Akt: Die primitive Kopiermaschine, der ihre Fehler gestatten, sich durch Mutation weiterzuentwickeln, entsteht, unterstützt durch Tone oder durch Proteinmembranen; das ist die Prä-RNS-Welt.

3. Akt: Eine einfache Ribonukleinsäure, die ihr eigenes Enzym, das „Ribozym", ist, faßt mit ihren Funktionen von Information und Katalyse Fuß und versieht sich durch Evolution mit neuen Funktionen wie der, Membranen und damit Protozellen auszubilden; das ist die RNS-Welt.

4. Akt: Die ersten Mikroorganismen treten auf und mit ihnen unser erster Vorfahr, der „Progenot", dessen Abkömmlinge vor rund 2,3 Mrd. Jahren den 3 grundlegenden Reichen das Leben schenkten: den Archäobakterien, den Eubakterien und den Eukaryoten. Ein gutes Stück später gingen 2 Zweige der Eubakterien, die Mitochondrien und die Chloroplasten, eine Symbiose mit den Eukaryoten ein, die ab etwa 0,7 Mrd. Jahren vor unserer Zeit zu den Pflanzen, den Tieren, zu den Pilzen, den Protozoen und den Archäozoen führte ..., die gegenwärtige Welt!

Welcher dieser Akte war es, der das Leben wirklich entstehen ließ? Ohne Zweifel der zweite und der dritte. André Brack neigt zum zweiten und lädt zur Suche nach dem Molekül, das sich selbst reproduziert, ein! In der Tat sind mehrere Versuche unternommen worden, diese Frage anzugehen.

Die Auflösung des Geheimnisses

In Anbetracht dieser Probleme hat Gérard Spach von der Universität Rouen vorgeschlagen, das Zucker-Phosphat-Skelett der Nukleotiden durch einfachere Ketten zu ersetzen, in denen die Ribose, ein geschlossener, pentagonaler Ring, durch Glyzerol mit offenem Ring ersetzt wird. Yves und Eliane Merle von der gleichen Universität haben auf diese Weise „Glyzerotide" synthetisiert, von denen sie durch Dehydrierung auf Ton kurze Oligomere erhielten; sie könnten die Polimerisation der Nukleotiden mit einem Enzym, welches keine Kondensationsmatrix benötigt, ausgelöst haben.

Marie-Christine Maurel, Dozentin an der Universität Pierre und Marie Curie in Paris, ändert nicht die Ribose in Glyzerol, sondern studiert die Perspektiven, die sich mit einem modifizierten Adenosin (Adenin + Ribose) aus präbiotischer Synthese eröffnen, bei dem die Ribose, statt wie im normalen biologischen Fall am Stickstoff Nr. 9 des hexagonalen Rings der Base befestigt zu sein, am Stickstoff Nr. 6 befestigt ist, eine Form, die bei der Kondensation des Adenins mit der Ribose bevorzugt wird. Sie hat gezeigt, daß dieses Nukleotidskelett „N6-Ribosyladenin" sich wie ein richtiger, wenn auch langsamer Katalysator verhält.

Diese Spur scheint darauf hinzudeuten, daß die Proteine und die Nukleinsäuren nicht 2 getrennte Welten darstellen, von denen die eine auf Katalyse- und die andere auf Informationsfunktionen spezialisiert ist. Der Nobelpreis 1989 ist T. Cech und S. Altman zugesprochen worden, die entdeckt haben, daß die RNS eine katalytische Aktivität haben kann. Die Frage, ob die DNS oder aber die Proteine zuerst entstanden, hat ihren Sinn verloren: Eine primitive RNS ging ihnen voraus. Das so oft für das Auftreten des Lebens evozierte Problem zu wissen, wer von Henne und Ei zuerst da war, stellt sich nicht mehr. Immer weiter getriebene, biochemische Experimente und das Studium eines eventuell auf dem Mars möglichen Lebens werden ein besseres Verständnis gestatten.

4.2 Eine primitive Biologie auf dem Mars

Die marsianischen Dreifüßer

„Niemand hätte in den letzten Jahren des 19. Jh. geglaubt, daß die Angelegenheiten der Menschen auf das durchdringendste und aufmerksamste von Intelligenzen beobachtet würden, die uns überlegen und dennoch sterblich wie wir sind. Bei der Opposition von 1894 wurde ein großer Lichtschein auf der Marsscheibe beobachtet, erst vom Lick-Observatorium, dann von Perrotin in Nizza. Dann kam die Nacht, in der der erste Meteor fiel. Man sah ihn am frühen Morgen über Winchester hinwegfliegen, eine nach Osten laufende Flammenspur, sehr hoch in der Atmosphäre. Ogilvy, der das Phänomen gesehen hatte, war überzeugt, daß irgendwo auf dem Land ein Meteor zu finden sein müßte. Er machte sich also auf den Weg und fand ihn tatsächlich. Ein enormes Loch war durch den Einschlag des Projektils ausgehoben worden. Der unbedeckte Teil sah aus wie ein riesiger, von einer Kruste überzogener Zylinder. Plötzlich überlief ihn ein Schauer, als er bemerkte, daß sich graue Schlacken vom oberen kreisförmigen Rand lösten. Jetzt nahm er wahr, daß das kreisförmige Oberteil sich ganz langsam um sich selbst drehte. Der Zylinder schraubte sich auseinander! Mit einem Schlag verband er Das Ding nach einem plötzlichen Gedankensprung mit der auf der Marsoberfläche beobachteten Explosion."

Erste Etappe, das marsianische Raumschiff trifft auf der Erde ein. Zwei Nächte später: „Die Donnerschläge, die ohne Unterbrechung mit schrecklichem Krachen aufeinanderfolgten, schienen eher von einer gigantischen, elektrischen Maschine als von einem gewöhnlichen Unwetter zu stammen. Dann wurde meine Aufmerksamkeit plötzlich durch etwas gefesselt, das ungestüm auf mich zukam; ich glaubte, das nasse Dach eines Hauses zu sehen, aber ein Blitz gestattete mir festzustellen, daß Das Ding mit schneller Rotationsbewegung ausgestattet war. Was für ein Schauspiel! Wie soll man es beschreiben? Ein monstruöser Dreifüßer, höher als ein paar Häuser, schritt durch die jungen Tannen und fegte sie dabei hinweg; eine mobile Maschine aus glitzerndem Metall rückte über die Heide vor; gegliederte Stahlseile hingen an den Seiten, der betäubende Lärm ihres Gangs mischte sich mit dem Dröhnen des Donners. Ein Blitz stellte sie lebhaft dar, im Gleichgewicht auf einem ihrer Anhänge, die beiden anderen in der Luft. Stellen Sie sich ein dreibeiniges Tischchen vor, das sich um sich selbst und von einem Bein auf das andere dreht und sich so in wilden Sprüngen vorwärtsbewegt! Aus der Nähe gesehen war Das Ding unvergleichlich fremdartig, denn es war nicht einfach eine Maschine, die geradeaus ihren Weg ging. Und doch war es eine Maschine, mit mechanischem Gang und metallischem Scheppern, mit langen flexiblen und glänzenden Tentakeln – einer von ihnen hielt eine junge Tanne – , die sich lärmend um diesen fremdartigen Körper hin- und herbewegten. Sie wählte ihre Schritte beim Fortschreiten, und eine Art Deckel aus Erz, der sie überragte, bewegte sich in alle Richtungen und suggerierte so unvermeidlich einen Kopf, welcher sich umschaut. Als es nahe bei mir vorbeikam, stieß das Monster eine Art wildes Geheul aus: Alouh! Alouh! Ich fing an, mich zu fragen, was das wohl sein könnte. War es eine intelligente Maschine? Oder saß ein Marsmensch darin, der es steuerte und dirigierte, so wie das Gehirn des Menschen seinen Körper steuert und dirigiert? Ich versuchte, diese Dinge mit menschlichen Maschinen zu vergleichen; ich fragte mich, welche Vorstellung sich ein weniger intelligentes Lebewesen von einer Dampfmaschine oder einer Rüstung machen könnte." Und da ist der marsianische Dreifüßer gelandet, so wie es Herbert-George Wells in einem der ersten und besten Science-Fiction-Romane, dem 1898, also vor fast einem Jahrhundert veröffentlichten *Krieg der Welten* erzählt.

Die ersten Landungen

Ironie des Schicksals oder glücklicher Lauf der Dinge für die Irdischen: Sie sind es und nicht die Marsianer, die auf ihren Nachbarplaneten Dreifüßer abgeworfen haben! Am 20. Juli und am 3. September 1976 landeten die Sonden Viking 1 und 2 weich auf den wüsten Ebenen von Chryse und Utopia. Diese der NASA zu verdankende, technologische Großtat enthüllte der Menschheit die ersten Panoramabilder vom Mars und krönte 10 Jahre amerikanischer wie sowjetischer Bemühungen. Nach erkundenden Überflügen durch die amerikanischen Marinersonden von 1965 bis 1969 landeten die Sowjets 1971 zwei Kapseln weich auf dem Boden, die aber leider keine Signale senden konnten; auch 1973 ein Mißerfolg für die Sowjets: Eine Kapsel geht im Weltraum verloren, und die andere sendet keine Daten zurück. Darunter befand sich, so haben uns die Sowjets erst kürzlich wissen lassen, auch ein Landfahrzeug! Die Eroberung des Mars ist schwierig gewesen, denn die folgenden Sonden, die beiden sowjetischen Phobos von 1989 sind halbe Fehlschläge gewesen, oder halbe Erfolge. Und man wird bis 1994 warten müssen, um von neuem zu starten .... Und wann kommen Menschen auf den Mars?

Die erste bewohnbare Welt

Mars hat schon immer eine starke Anziehung auf die Menschheit ausgeübt. Alle 2 Jahre verschwindet er vom Himmel, um in einer spektakulären Wiedererscheinung von neuem das hellste rote Gestirn am Firmament zu werden. Dieser blutrote Glanz hat an Terror und Krieg denken lassen. Erst seit den theoretischen Arbeiten des Kopernikus und seit den Beobachtungen von Galileo zu Beginn und am Ende des 16. Jh. ist Mars in die Welt der anderen Welten eingetreten. Kopernikus hat gezeigt, daß dieser rote „Stern“ in der Tat um die Sonne läuft, genau wie unsere Erde, und zwar auf einer nunmehr als planetarisch bestimmten Umlaufbahn, und Galileo hat, indem er erstmals ein Fernrohr für die Himmelsbeobachtung verwendete, gesehen, daß der Mars genau wie unser Zuhause eine Kugel ist. So wurde dies Gestirn ein vollwertiger Planet. Als Liebhaber alter astronomischer Bücher, wenn auch sehr eingeschränkt durch deren meist ebenfalls astronomische Preise, besitze ich die französische Übersetzung der *Neuen Abhandlung über die Vielzahl der Welten des verstorbenen Mr. Hughens, vorgenannter von der königlichen Akademie der Wissenschaften.* Diese Ausgabe von 1702 ist mit einem Vorwort von Monsieur Fontenelle von der Académie Françoise versehen, der dort in lobender Anerkennung schreibt: „Ich habe auf Anweisung des Herrn Kanzlers das vorliegende Manuskript gelesen & ich habe geglaubt, daß die Öffentlichkeit nicht fehlen könnte, mit Vergnügen & Nutzen die Übersetzung des letzten Werkes eines so großen Menschen wie des verstorbenen Herrn Huygens aufzunehmen.“ Fontenelle selbst hatte 1686 seine berühmten *Unterhaltungen über die Vielzahl der Welten* veröffentlicht, und es ist erfreulich zu sehen, wie ein großer Philosoph ohne Umschweife die Verdienste eines großen Astronomen anerkennt.

Meudon und das extraterrestrische Leben

Dieses Interesse am Mars und der Frage seiner Bewohnbarkeit fand sich im Verlauf des 19. Jh. durch die Indienststellung großer Linsenfernrohre verstärkt. Das von Meudon, mit dem Durchmesser seines lichtstarken Objektivs von 83 cm weltviertes, ist ein vollkommenes Beispiel. Anläßlich der öffentlichen Sitzung der Fünf Akademien vom 24. Oktober 1896 hat sein Direktor Jules Janssen „das extraterrestrische Leben, außerhalb der Erde" behandelt sowie „Welten, die der unseren mehr oder weniger ähnlich sind. [...] Jede wissenschaftliche Untersuchung über das extraterrestrische Leben muß mit dem Studium der Planeten beginnen. [...] Ihre Scheiben zeigen Anzeichen von Kontinenten, von Wolken, von Atmosphären. [...] Diese Ähnlichkeiten des physischen Aufbaus sind erfaßbare, bewiesene Tatsachen. [...] Die unerwartete Entdeckung einer neuen Untersuchungsmethode erlaubt es uns seit kurzem, einen neuen und entscheidenden Schritt in dieser Frage zu tun. Wir wollen über die Entdeckung der Spektralanalyse sprechen. [...] Ein französischer Physiker (in der Tat ist er selbst gemeint) hat auf einer Reise zum Ätna, die er unternommen hat, um sich von den störenden Wirkungen der irdischen Atmosphäre zu befreien, die Anwesenheit von Wasserdampf in der Atmosphäre des Mars festgestellt. [...] Diese Ähnlichkeit belegt eine noch allgemeinere Ähnlichkeit als der gesamte physische Aufbau dieser Gestirne."

Und so lancierte dieser Pionier der Spektroskopie von Planetenatmosphären die Idee, daß das Grundelement für das Leben, das Wasser, auf dem Mars existieren könne. Im ersten Band der Annalen des Observatoriums von Meudon erinnert Janssen an „die Möglichkeit, das Studium der chemischen Zusammensetzung der Planetenatmosphären aufzunehmen und dadurch einen neuen und entscheidenden Schritt in der großen Frage der Bewohnbarkeit der Welten und des extraterrestrischen Lebens zu tun" und schreibt weiter: „Frankreich kann nicht auf einem Weg innehalten, auf dem es so glücklich gestartet ist. [...] Unsere öffentlichen Kräfte haben dies begriffen und aus Sorge um die Ehre der französischen Wissenschaft die Schaffung eines Observatoriums beschlossen, welches speziell der physikalischen Astronomie gewidmet sein soll." So entstand also für die schönen Augen der Außerirdischen vor einem Jahrhundert an den Hängen von Meudon eines der größten Observatorien der Erde. Fünfhundert Personen arbeiten heute dort!

Eine irdische Schwester?

Diese Marslegenden waren bereits durch Beobachtungen des 19. Jahrhunderts mit viel weniger riesenhaften Fernrohren als dem von Meudon ermutigt worden. Mars stellte sich als ein Globus dar, der halb so groß wie die Erde war, mit einem Jahr doppelt so lang wie das unsrige, mit Tagen von fast 24 Stunden, mit einer Inklination, die fast mit der unseres Globus identisch ist, und somit auch mit vier Jahreszeiten wie hier, mit zwei im Rhythmus der Jahreszeiten zu- und abnehmenden Polkappen, mit Kontinenten, die ockerfarbigen Wüsten ähneln und sogar mit „Meeren" von einem je nach den Polschmelzen mehr oder weniger tiefen Blaugrün.

Eine Traumwelt! Das führt dazu, daß im Bereich der Möglichkeiten bescheidener Teleskope Mars zu den Lieblingsobjekten der Amateurastronomen gehört. Ein guter, 8fach vergrößernder Feldstecher genügt, um sich am Anblick der Mondkrater zu ergötzen. Es reichen auch zwei schlechte Linsen; wenn man eine Lupe in die Achse eines Brillenglases für Weitsichtige bringt und fokussiert, kann man sie flau und verwaschen erkennen. Für Mars braucht man ein gutes Fernrohr mit gut 10 cm Öffnung oder ein 20-cm-Teleskop der Marke Celestron, gut eingestellt und mit Hilfe einer guten Montierung gut aufgestellt, an einem guten Beobachtungsort, ohne Luftverschmutzung oder atmosphärische Turbulenz. Vor allem muß man sein Auge bereits geübt haben und Ausdauer besitzen. Denn die Scheibe des Mars im Okular ist selbst bei 200facher Vergrößerung immer noch sehr klein; außerdem ist er nur zart eingefärbt, die Ocker- und Blau-Grün-Töne kontrastieren nur wenig, und die Polkappen sind recht klein. Aber man kann dafür entschädigt werden. Selbst Berufsastronomen können Vergnügen daran finden, Mars unter diesen Bedingungen zu „sehen", trotz der unendlich überlegenen Aufnahmen, welche uns die Raumsonden schicken.

Während der Opposition von 1986 hat mir ein gutes Fernrohr von 10 cm Öffnung erlaubt, die südliche Polkappe schmelzen und den Nordpol sich mit einer Nebelkappe bedecken zu sehen, einen Sandsturm zu verfolgen, der in den Tiefen (7000 m!) des großen Einschlagsbeckens Hellas entstand und, während 8 Tagen, seinen Weg nach Westen und seine Entwicklung bis zur zweifachen Fläche Frankreichs zu beobachten ....

Wasserspuren

Die Suche nach Wasser auf dem Mars hat zahlreiche Astronomen angeregt. Audouin Dollfus, wohlbekannter Astronom des Observatoriums von Meudon, hat die Tradition fortgeführt und die Kühnheit besessen, sich unter einer Traube von 100 Wetterballons in einer von ihm selbst konstruierten dichten Kugel in die Stratosphäre zu katapultieren; sein Ziel war, genau wie das Janssens, sich vom Wasserdampf unserer Atmosphäre zu befreien, um zu versuchen, jenen des Mars nachzuweisen. Ich spreche ihm meine Hochachtung aus, denn, als ich bei Louis Leprince-Ringuet arbeitete, verwendete ich diese Ballons in kleinen Trauben von einem halben Dutzend, um einige Kilogramm von für die Beobachtung der kosmischen Strahlung bestimmten Instrumenten auszusenden, und oft genug wurde mir, auf Kosten der Instrumente, nicht auf meine, klar, wie fragil diese sind!

Die Raumsonden haben definitiv gezeigt, daß der Anteil des Wasserdampfes in der Marsatmosphäre nur 0,03 % beträgt. Wenn man diesen Anteil kondensierte, würde er am Boden eine Schicht von einem Zehntel Millimeter bilden; ein recht flacher Ozean! Indessen hat das Wasser auf dem Mars eine teilweise wunderbare Folklore bewirkt. Insbesondere verdankt man dem Amateurastronomen, Maler und Wissenschaftsschriftsteller Lucien Rudaux großartige Landschaftsbilder. Dieser Weltpionier der astronomischen Malerei hat lange vor der Eroberung des Weltraums astronautische Szenen dargestellt, die zahlreiche Berufungen bewirkten und dieses zukunftsträchtige Gebiet vorangebracht haben. So der Überflug von Phobos, von einem sich dem Planeten Mars nähernden Raumschiff aus gesehen, welchen man in seinem Meisterwerk von 1937 sehen kann, das sehr zu Recht den Titel *Über den anderen Welten* trägt.

Die biologischen Messungen der Vikingsonden

Die Hypothese vom Leben auf dem Mars war eine Rechtfertigung für die dreifüßigen Vikingsonden. Jede Sonde nahm ein dreifaches Biochemielabor mit, das die Aufgabe hatte, die Stoffwechselprozesse einer primitiven Biologie aufzuspüren; eine kleine Baggermaschine deponierte in ihrem Innern von der Oberfläche aufgehobene Proben, feine, vom Wind abgelagerte Partikel. Dies waren die ersten Bodenarbeiten, die durch unsere Zivilisation auf einem anderen Planeten realisiert wurden! Man hat diese Proben genährt und in Behältern mit verschiedenen Substanzen, radioaktiv markiert oder nicht, inkubiert; die Unterprodukte wurden darauf durch Pyrolyse, durch Gasaustausch und Entgasen der Markierungsstoffe analysiert. Diese Instrumente von unerreichter Komplexität sollten obendrein auch noch in ein Volumen von weniger als dreißig Litern passen. Trotz der unzähligen, im voraus simulierten Szenarien sowie solcher, die unter marsähnlicheren Bedingungen durchgeführt wurden, ist die Interpretation der Ergebnisse äußerst schwierig gewesen. Das Oberflächengestein enthält oxidierende Bestandteile, aber keinerlei organische Verbindungen. In diesen zwei Marswüsten gibt es also kein organisches Leben. Indessen stellt das Fehlen organischer Verbindungen ein Problem dar, denn das andauernde, wenn auch beschränkte, Meteoritenbombardement sollte welche deponieren. Also müßten zerstörende Prozesse an der Oberfläche jede Spur von Leben verwischt haben. Man kann also nicht sicher sein, daß es auf dem Mars niemals Leben gegeben hat. Muß man anderswo suchen als in diesen wüstenhaften Ebenen, die die vorsichtigen Ingenieure der NASA ausgewählt haben? Muß man stärker diversifizierte Gebiete wie die Polregionen untersuchen oder die tieferen Schichten des Unterbodens?

Eine öde Landschaft

Die die Landeplätze der Vikingsonden umgebende Landschaft ist kalt, öde, trocken; die Atmosphäre ist dünn, windreich, schädlich, erstickend. Die Wetterstationen der Vikingsonden haben in 2 Marsjahren täglicher Beobachtungen (4 Erdjahren) je nach Jahres- und Tageszeit von -30 bis $-90\,°C$ variierende Temperaturen, und Drücke von 7 bis 10 Hektopascal ermittelt, genau die Umgebungsbedingungen eines Flugzeugs im vollen Flug. Bei ruhigem Wetter liegt die Windgeschwindigkeit zwischen 10 und 25 km/h, aber die Stürme bringen sie bis auf 70 und sogar 400 km/h bei den Sandstürmen, die dicke Vorhänge aufwirbeln, welche die Sonne auf Wochen bedecken; manchmal braucht es Monate, bis die Atmosphäre wieder klar wird.

Sie besteht in der Tat zu 95 % aus Kohlendioxid, mit 3 % Stickstoff und nur 0,1 % Sauerstoff, perfekt ungeeignet für jegliches tierische Leben. Der Boden ist eine mit Sand überzogene Steinwüste, wo je nach Windstärke Staubkörner wie Graupeln vorbeiwehen oder kleine Kiesel hüpfen. Von all diesem kann man auf Erden nur ein schwaches Abbild etwa in den Wüsten der Hochebenen von Chile, in der Umgebung der europäischen Südsternwarten oder in den Eiswüsten des Ross-Eisschelfs in der Antarktis finden.

Wasser auf dem Mars!

Trotz ihrer Desillusionierung haben die Astronomen nicht den Mut verloren. Die Erkundung anderer Marslandschaften durch die Orbiter, welche die Landefähren bis zur Umlaufbahn um den Mars begleitet haben, brachte eine gewaltige Überraschung. Diese Orbiter haben 51 000 Bodenaufnahmen gemacht, von denen einige eine Auflösung von 10 m erreichen. Stellen Sie sich vor, daß Mars von durchdringenden Augen überwacht wird: Die kleinste Kirche, das kleinste Schiff wären auf diesen Bildern sichtbar. Wir wollen an dieser Stelle auch die damalige amerikanische Technologie würdigen: All dies geschah vor 15 Jahren und wurde über eine Entfernung von 300 Mio. km gesteuert und zurückübertragen. Diese auf Magnetbändern an die führenden Institute der Welt verteilten Photographien haben es erlaubt, die gesamte Marskugel zu studieren. Ihr allgemeiner Anblick ist der einer mineralischen, kalten und wüstenhaften Welt. Aber man findet Vulkane, von denen Olympus Mons mit einer Basis von 700 km und einer Höhe von 27 000 m den Größenrekord für das gesamte Sonnensystem hält. Ein gigantischer Cañon, Valles Marineris, ist ein gewaltiger Riß der Rinde von 9000 km Länge, 100 km breit und 6000 m tief. Es gibt enorme Einschlagsbecken wie Argyre mit 600 km Durchmesser und 1000 m Tiefe.

Aber die Überraschung kam vor allem von ausgetrockneten Flußbetten, manchmal 15 km breit und mit einer Flußrate, die vermutlich beim 1000fachen der des Amazonas, unseres größten Flusses, gelegen hat! Wenn flüssiges Wasser in solchen Mengen auf dem Mars existiert hat, sollte es dann nicht eine dichtere Atmosphäre und somit ein milderes Klima gegeben haben, welches eventuell das spontane Auftreten des Lebens begünstigt hätte?

Kasei Vallis

Der schönste ausgetrocknete Fluß ist Kasei Vallis. In seinem Bett finden sich Inseln, die von der Flut in Form von ausgefransten Tränen modelliert worden sind; in einer 90°-Kurve ist die Flüssigkeit über die Ufer getreten und hat auf der angrenzenden Ebene charakteristische Auswaschungen hinterlassen. Der Abfluß entsteht plötzlich, breit und vollständig ausgeformt, am Anfang eines Durcheinanders, eines gewaltigen, durch Bodensenkungen entstandenen Komplexes von 40 km Kantenlänge, mit Felsblöcken, zwischen denen Stücke des Plateaus intakt geblieben sind. Man vermutet, daß ein großes, unterirdisches Reservoir von flüssigem oder gefrorenem Wasser sich plötzlich ergossen hat, befreit durch benachbarte vulkanische Aktivität. Man kennt ähnliche Fälle auf der Erde, im Osten des Staates Washington, in Montana, wo das Abschmelzen eines den Missoula-See zurückhaltenden Eisdammes eine Flutwelle von 120 m Höhe mit dem 100fachen Fluß des Amazonas über mehrere Tage freigesetzt hat. Sie hinterließ aufgrund massiver Erosion Kanäle von 200 m Tiefe.

Ausgehend von diesem Chaos laufen die Fluten längs einer wenig markanten Depression von 300mal 1500 km hinab. Dann verliert sich der Verlauf von Kasei Vallis in der Ebene um Chryse, 9000 m tiefer, wo sie übrigens mit anderen Zuflüssen zusammentreffen. Durch Zählung von Einschlagskratern hat man das Alter solcher Systeme zwischen 3 und 3,5 Mrd. Jahren festlegen können, vielleicht mit gelegentlichen Überflutungen in wesentlich jüngerer Zeit.

Die Kanäle

Andere Abflußtypen sind wesentlich klassischer: Die Fluten sind auf deutlich abgesetzte Flußbetten beschränkt, gewunden, schmal, tief, mit Verzweigungen und Zusammenflüssen; sie entsprechen Abflüssen von Wasser, das durch Anzapfen eines unterirdischen, flüssigen oder gefrorenen Wasserreservoirs erhalten wurde. Die Geländeform muß flußaufwärts fortgeschritten sein, wobei das Wasser mit schwacher Strömung auf der Oberfläche dahinfloß. Man findet diese Kanäle auf altem Gelände, und sie könnten viel eher als die katastrophenbedingten Ströme auf die Existenz eines gemäßigten Klimas auf dem Mars vor 3 Mrd. Jahren hindeuten. Aber nicht alle Astronomen sind sich in diesem Punkt einig.

In dieser neuen Umgebung der „water connection" muß man einen Blick auf die 51 000 Photographien der Orbiter werfen. Stellen wir uns vor, daß wir uns dem Mars an Bord eines dieser Orbiter nähern: Wir überfliegen die verwüstete Landschaft und sehen sich am Horizont die dünne Atmosphäre abzeichnen, in der einige Schichten von Höhenwolken schweben. Dann überfliegen wir einen Zyklon, eine großartige Nebelspirale mit einer Regelmäßigkeit wie im Meteorologielehrbuch; tief am Grunde der Cañons oder Depressionen schweben leichte Morgennebel. In größerer Entfernung bewegt sich eine monströse Staubmasse, die der Sturm mitgetragen hat, in großen Wirbeln weiter und wirft ihren klaren Schatten auf den Boden; fast möchte man meinen, die furchterregende Front ähnlicher Galoppaden auf den Wüstenebenen von Burkina Faso zu sehen. Wir können uns der Lebhaftigkeit der Marsatmosphäre kaum entziehen; es fehlt nicht viel, daß wir uns gehenlassen und die Bullaugen öffnen, um sie in vollen Zügen einzuatmen.

Der gefrorene Untergrund

Und von neuem bezaubert uns die „water connection": Dank der Arbeiten von François Costard vom Laboratorium für Geophysik in Meudon-Bellevue entdecken wir gelappte Einschlagskrater. Stellen Sie sich vor, daß Sie einen Pflasterstein in einen fast ausgetrockneten, schlammigen Morast werfen: Er wird einen Krater erzeugen mit einer Aureole von Auswürfen, die sich ringsum anordnen, ohne sich sehr weit zu ergießen. Auf dem Mars hat F. Costard 2000 solcher Krater festgestellt, deren Lappen der aus einem gefrorenen Unterboden stammende Auswurf sind, eines Permafrostbodens, der durch die beim Einschlag freigesetzte Wärme geschmolzen wurde, um sogleich an der Oberfläche von neuem zu gefrieren. Je größer der Durchmesser des Kraters ist, um so stärker war der Einschlag, und um so tiefer ist das Projektil in den Boden eingedrungen. Indem man das Volumen des ausgeworfenen Permafrost als Funktion der erreichten Tiefe bestimmt, kann man die Stärke der gefrorenen Unterbodenschicht bestimmen. Die Obergrenze des marsianischen Permafrost liegt am Äquator in 300 m Tiefe und in mittleren Breiten bei 100 m; an bestimmten Stellen, wie auf Chryse Planitia, wo die

Bildung des Permafrost durch katastrophenhafte Ergüsse begünstigt worden sein mag, wäre sie sogar nur in 60 m Tiefe. Dort müßten die Menschen ihr Wasser schöpfen. Was die Dicke anbetrifft, so kann man sie in Abhängigkeit vom geothermischen Gradienten schätzen, der auf dem Mars vielleicht einer Temperaturerhöhung von einigen Grad pro 100 m Tiefe entspricht. Das ergibt einen gefrorenen Unterboden von mehreren Kilometern Mächtigkeit, das Doppelte dessen in Nordostsibirien, ein enormes Wasserreservoir.

Dieser Permafrost besteht aus einer Mischung von zerklüfteten Felsen, loses Deckgestein und die Zwischenräume füllendem Eis: sie ist typisch für die trockenen, periglazialen Klimate. In der Dicke des Permafrost können Taschen oder Schichten flüssigen Wassers eingelagert sein, die ab 4 km Tiefe häufiger werden. Als Schlußfolgerung bedeutet dies, daß, wenn es ein Leben auf dem Mars gegeben hat, man dieses im gefrorenen Unterboden suchen muß.

Die Polkappen

Ohne notgedrungen sehr tief zu graben, wird man in den Polgebieten bessere Chancen haben. Denn die Polkappen sind wichtige Agenten der „water connection". Die Orbiter haben uns Ansichten von ihnen in außergewöhnlichem Detailreichtum geliefert. Die beiden Kappen sind sehr verschieden, denn Mars, dessen Bahn recht elliptisch ist, kommt der Sonne näher, wenn auf der Südhalbkugel Sommer ist.

Die Südkalotte ist einem heißen Sommer und einem langen Winter ausgesetzt, was eine größere maximale Ausdehnung und eine kleinere minimale Ausdehnung gibt als die der Nordkappe. Am Ende des Winters reicht sie bis zu einer Breite von 50° hinab, und am Ende des Sommers bleibt ihr nur noch eine Ausdehnung von 350 km. Ihre Sommerstruktur ist aufgrund der spiralförmigen Terraingestalt wirbelförmig, mit verbliebenen Frostresten auf den Kraterböden oder den Südhängen. Im Jahre 1969 ist sie sogar vollständig verschwunden. Die nördliche Restkappe hat 1000 km Durchmesser und spiralt regelmäßig längs der Flanken von einige hundert Meter tiefen Tälern.

Während ihrer Winter werden die Polkappen aus Kohlensäureschnee (gefrorenem CO_2) gebildet und können 50 cm Dicke erreichen. Im Sommer besteht die Restkalotte im Norden wahrscheinlich aus Wassereis, aber es ist schwer, dieses Reservoir zu bewerten.

Das instabile Klima

Das Zurückweichen der Südkalotte erfolgt schnell, was zusammen mit dem Einfluß der tiefen Einschlagskrater in dieser Region das Entstehen großer Sandstürme begünstigt. Dies könnte zum Teil die Verschiedenheit der beiden Kalotten erklären, denn das Kohlendioxidgas der Atmosphäre gefriert auf den Staubkörnern der Stürme, und so kommt es zu seinem Transport von Süden nach Norden. Die Nordkalotte ist schmutzig, was das vollständige Schmelzen ihres Kohlendioxideises im Verlauf ihres Sommers begünstigt.

Diese komplexen Nord-Süd-Wechselwirkungen zwischen Kohlendioxidgas, Staub, Wind und Bahnelliptizität kehren sich in dem Maße um, in dem sich die Rotationsachse des Planeten wie ein schwankender Spielzeugkreisel alle 25 000 Jahre hin und her bewegt. Darin muß man den Ursprung der Schichtstruktur des Geländes in den Polarregionen finden: Auf den abgetauten Abhängen der Täler des Nordens erkennt man feine Schichten von jährlichen Staubablagerungen, jede einige 10 m dick, und deren Gesamtstärke mag mehr als einige Kilometer betragen. Diese Ablagerungen erzählen von den Klimavariationen des Mars im Verlauf der letzten Millionen Jahre. Man hat sie ausgehend von den Variationen der Bahnelliptizität und der Inklination der Marsachse auf dem Computer simulieren können, wie man es für die Eiszeiten der Erde gemacht hat.

Die Resultate sind umwerfend, und man kann sich nur beglückwünschen, daß uns solche Klimaveränderungen noch nicht begegnet sind. Alle 1,2 Mio. Jahre schwankt der Druck zwischen 1 und 40 Hektopascal mit zusätzlichen starken Oszillationen alle 100 000 Jahre; das Kohlendioxidgas kann vollständig an den Polen gefrieren und so die Atmosphäre bis zum Nichts reduzieren. Dazu müssen noch Treibhauseffekte kommen, Ausbrüche von Sandstürmen und Absorptionsvorgänge der Gase im losen Deckgestein, welche man noch nicht erklärt hat. Wenn gegenwärtig der Nordpol das Geröll ansammelt und so seine Geländeschichten verstärkt, so wird sich dieses in einigen Jahrhunderten mit schwer vorhersagbaren Konsequenzen ändern.

Darüber hinaus ist es möglich, daß sich die Kruste des Globus über dem Mantel – bezogen auf die Rotationsachse – verschiebt. Viel ältere Schichtablagerungen lägen dann anderswo, näher beim Äquator. Diese sind es, die uns eines Tages an Erosionsflanken die Fossilien primitiven Lebens auf dem Mars enthüllen können, wenn wir unsere mobilen Roboter dorthin entsenden.

Nach Chris McKay vom Ames Research Center der NASA wären andere Orte günstig: insbesondere von alten Seen erzeugte Sedimentablagerungen, älter als 3,8 Mrd. Jahre, die dicke Karbonatsequenzen darstellen, vor allem im Vulkangebiet Tharsis und in der Valles Marineris genannten Zone von Cañonsystemen.

Wir können also nunmehr zur Suche nach dem Leben auf dem Mars aufbrechen. Es würde sich offensichtlich um ein primitives Leben handeln, für das uns auf der Erde die Stromatolithen ein wunderbares Beispiel liefern, diese von einzelligen Lebewesen hinterlassenen Konkretionen, welche den Jahrmilliarden trotzen, über Zeiträume hinweg, die 10mal ausgedehnter waren als jene, die die Dinosaurier kannten, die Vorkämpfer der Mehrzelligkeit, und 1000mal ausgedehnter als die, welche die Menschen durchschritten haben, sie, die Vorkämpfer der Informationsverarbeitung und durch sie die Vorkämpfer dessen, was man Intelligenz nennt.

Die irdischen Entsprechungen

Um uns weiter zu bringen, kommen uns viele Wissenschaftler aus verschiedenen Disziplinen dank ihrer Arbeiten über mögliche irdische Entsprechungen zu Hilfe. So haben z. B. Spezialisten für Permafrost wie D. A. Glichinsky vom Institut für Bodenkunde und Photosynthese der ehemaligen Sowjetunion und E. Bock vom Institut für Allgemeine Botanik in Hamburg im gefrorenen Unterboden von Sibirien in 35 m Tiefe stickstoffliefernde Bakterien in Aktivität gefunden, wobei diese Schicht mehrere Millionen Jahre alt ist; diese mikrobischen Ökosysteme haben einen verlangsamten Stoffwechsel in beweglichem Wasser, das sich in Blasen, Poren und dünnen Schichten des arktischen Permafrost findet. Unter diesen schwierigen Bedingungen leben die Bakterien eingekapselt seit 3 Mio. Jahren in Kryobiose und nehmen wieder einen normalen Rhythmus an, sobald sie wieder günstige Bedingungen finden. Diese Forscher hoffen, indem sie den viel älteren, antarktischen Permafrost studieren, diese Ergebnisse bis auf 30 Mio. Jahre auszudehnen und dann mit Hilfe extrapolierter Modelle die Chancen einer langfristigen Erhaltung auf dem Mars abzuschätzen.

L. I. Hochstein vom Ames Research Center der NASA hat in alten Salzablagerungen hyperhalophile Bakterien gefunden, Reste verdampfter, saliner Umgebungen aus dem Trias oder dem Perm. Er meint, daß das Wachstum solcher Bakterien auf dem Mars bei Anwesenheit von Wasser möglich sei. Für ihn sind diese Organismen mögliche Modelle für Leben auf dem Mars und müßten eine wichtige Rolle bei seiner Erforschung und Simulation spielen.

A. H. Segerer vom Lehrstuhl für Mikrobiologie in Regensburg interessiert sich für die in vulkanischen Habitaten lebenden hyperthermophilen Mikroorganismen; für diese Lebewesen liegt die optimale Temperatur bei über 80 °C, und sie leben bei bis zu 110 °C. Es sind Chemolithoautotrophe (d. h. sie ernähren sich selbst durch die Gesteinschemie), deren Stoffwechsel auf der Oxidation von Wasserstoff und reduzierten Schwefelverbindungen basiert; sie sind somit unabhängig von jeglicher Sonnenenergie und könnten in Gegenwart von Wasser und Vulkanismus selbst außerhalb der solaren Ökosphäre leben. Man findet diese Organismen in den Stämmen von Bakterien und Urbakterien sowie in ihrem gemeinsamen Ahnenstamm; die Hyperthermoephilie ist somit eine sehr alte Eigenschaft, welche sich in den unterseeischen Vulkanen vergleichbaren Umgebungen zugunsten der Entstehung des Lebens auf der Erde auswirken kann.

Ein anderes interessantes, terrestrisches Umfeld wird durch die in den Tälern der trockenen und kalten Wüsten der Antarktis gelegenen, gefrorenen Seen geliefert. Obwohl die Durchschnittstemperatur dieser Wüsten bei −20 °C liegt, bewahren die tiefen Seen unter ihrer dauernd gefrorenen Oberfläche flüssiges Wasser. Nach C. P. McKay und L. R. Doyle vom SETI-Institut in Kalifornien können diese Seen Modelle marsianischer Habitate liefern, in welchen das primitive Leben überdauern könnte.

Welches Leben soll man auf dem Mars suchen?

Nach diesen Verteidigern des Lebens auf dem Mars muß man nach allen möglichen Formen suchen: Mikrofossilien, Zellmaterial, modifizierte, organische Verbindungen, Mikrostrukturen von der Art der

Stromatolithen, Biomineralisationen. Alles in allem bestehen zwei Drittel der Marsoberfläche aus altem Gelände, das zugänglich, wenn auch stark mit Kratern übersät ist, und die Photos der Vikingorbiter haben die Identifikation möglicher Lagerstätten von Sedimenten aus Seen und Teichen ermöglicht.

Diese starken Ideen für die Suche nach Leben auf dem Mars sind noch sehr neu. Ich erinnere mich, daß beim Ende 1989 vom CNES in Paris organisierten, internationalen Kolloquium über die ersten Resultate der sowjetischen Phobossonden V. I. Moroz vom Institut für Weltraumforschung in Moskau seine Pläne für die nächsten Etappen vorstellte, insbesondere jenen, der Erdbohrer vorsah, die in den Marsboden abgesenkt werden sollten. Obwohl jeder 50 kg wog, war nichts daran für die Detektion biologischer Aktivität vorgesehen. Seither hat in den sowjetischen Projekten das Interesse für die Bioastronomie zugenommen.

Marssimulationen

Die Deutsche Forschungsanstalt für Luft- und Raumfahrt in Köln (DLR) besitzt eine Weltraumsimulationskammer, in der seit 1987 die Oberfläche von Kometenkernen unter realen Bedingungen untersucht wird. Diese große Kammer, ein Zylinder von 2,5 m Durchmesser und 5 m Länge, unter Vakuum gesetzt und mit flüssigem Stickstoff auf −190 °C abgekühlt, setzt Bodenproben von 80 cm Durchmesser einer Strahlungsleistung von 65 kW aus, was ungefähr der Strahlungsleistung entspricht, die sie von der Sonne empfangen würden, wenn sie ihr auf 1/5 AE nahekommen. Diese Kammer erlaubt, die zukünftige Kometenmission Rosetta in natürlicher Größe zu präzisieren und selbst das Verhalten ihrer Harpune oder ihres Bohrers abzuschätzen. Heute muß die DLR zur Simulation des Marsbodens mit den passenden Mineralien, Temperaturen und Kohlensäureatmosphären übergehen.

A. Banin von der Universität von Israel in Rehovot hat ein Modell des Bodens geliefert. Die Vikingsonden haben insbesondere gezeigt, daß das lose Deckgestein des Mars sich durch wäßrige Oxidation primitiven Basaltgesteins entwickelt hat, welches der Atmosphäre ausgesetzt, zu Staub reduziert und durch die globalen Stürme homogenisiert wurde. In Anbetracht der Beobachtungsmöglichkeiten, die sich beschränken auf Farbe, Reflektivität, chemische Zusammensetzung (wobei Siliziumdioxid den Hauptanteil liefert), Mikroskopie und Magnetisierung, wird dieses feine Granulat gut durch eine Mischung aus Tonerde, wie dem Montmorillonit, und amorphe Eisenoxide wie Fe_2O_3 vertreten. Wahrscheinlich wird es diese Zubereitung sein, die in die Kammer der DLR kommt. So wird man den Eindringgrad der tödlichen, solaren UV-Strahlung studieren oder aber das Verhalten des Wassereises: Kondensation, Diffusion, Rekristallisation, Reaktionen auf das Bombardement der kosmischen Strahlen.

Exobiologische Simulationen

Im Bereich der Exobiologie werden Simulationen ausgeführt werden, um mehrere Koordinaten zu präzisieren: die Suche nach Spuren von Leben, sei es vergangen oder gegenwärtig, der Schutz des Planeten gegenüber Ausbeutung, die Schaffung künstlicher Ökosysteme und das Studium analoger, terrestrischer Umgebungen.

Diese Projekte werden von Gerda Horneck vorangetrieben, Direktorin am Institut für Flugmedizin der DLR, die bereits eine langjährige Erfahrung auf diesem Gebiet hat, insbesondere durch Experimente, bei denen Bakteriensporen an Bord der LDEF (Long Duration Exposure Facility) dem Weltraum ausgesetzt wurden. Dieser Satellit, der für eine Rückholung zum Boden durch die Raumfähre am Ende einer einjährigen Exposition vorgesehen war, hat nach dem Challengerunglück 6 Jahre im Weltall bleiben müssen. Es war daher nötig, die zum Kontrollvergleich dienende Sporenprobe im Laboratorium der DLR 6 Jahre lang zu erhalten und die für sie bekömmliche Temperatur- und Sonneneinstrahlungsbedingungen sicherzustellen. Dann hat man festgestellt, das 90 % der Sporen von *Bacillus subtilis* unter den extremen Bedingungen des Weltraum überlebt hatten, wenn sie durch eine Schicht von Glukose oder einfach von ihresgleichen geschützt waren. Das Marsklima wird in seinen verschiedenen charakteristischen Zuständen simuliert werden, um die Grenzfaktoren für das Leben zu präzisieren. Dazu wird man variable Bedingungen der Atmosphärenzusammensetzung, des Drucks, der Temperatur, der Sonneneinstrahlung sowie der Porösität und Dichte des losen Deckgesteins benutzen. Man rechnet auch stark auf die europäische Weltraummission Eureka, im Verlauf derer andere Weltraumexpositionen verwirklicht werden sollen.

Die biologische Erkundung des Mars

Die biologische Erkundung des Mars basiert auf der Idee, daß das Leben auf diesem Planeten vor 4 Mrd. Jahren aufgetreten sei. Danach wäre es entweder vor 3,8 Mrd. Jahren verschwunden (deshalb sucht man Fossilien), oder es hätte sich an die gegenwärtige Umwelt angepaßt (man sucht also nach ökologischen Nischen). Besondere Aufmerksamkeit wird man dem Studium der Bedingungen am Rand der nördlichen Polkappe widmen, wo im Sommer eine Sublimation des Restwassers erfolgt. Man wird im Labor das Verhalten (des) organischen Materials an der Oberfläche mit dem Ziel analysieren, die negativen Resultate der Vikingsonden zu verstehen. Das Anwachsen ausgewählter, in spezielle Nischen eingeimpfter Mikroorganismen (in spezielle Nischen wie z. B. Salzkristalle), wird den Prozeß der Chemolithoautotrophie erhellen. Diese Simulationen werden die Raumfahrzeuge zu den vielversprechendsten Zonen führen und helfen, ihre Beobachtungen zu interpretieren.

Die Marsautos

Es sind die Geländewagen, die uns auf dem Mars vorwärts bringen müssen. Die Vikinglandefahrzeuge haben eine Erkundungsaufgabe erfüllt, aber sie konnten sie nur für einige Meter im Umkreis erfüllen, da sie immobil waren. Um anderswo zu beobachten, sieht man kleine, in einem Netz verbundene, immobile Stationen mit Eindringsonden vor. Aber es ist noch mehr nötig: Man muß sich auf der Suche nach der besonderen Probe fortbewegen, auf der Suche nach dem lokalen Rosettastein, der gut versteckt hinter einem großen Block liegt oder sich jenseits einer Spalte der Sonde entzieht.

Wenn sich die Apolloastronauten auf dem Mond am Lenkrad eines zusammenklappbaren Geländewagens mit Bordtelefon fortbewegen konnten, um den besonderen Felsen zu holen und in unsere Labors zurückzubringen, so sind es die Sowjets, die mit den ersten extraterrestrischen Geländewagen, den Lunochodfahrzeugen, diese Arbeit per Fernsteuerung vollendet haben. Diese Fahrzeuge von 700 kg Gewicht haben mit ihren 8 Rädern und ihren stereoskopischen Kameras 10 km auf dem Mond durchfahren, ferngelenkt von einem in der UdSSR gelegenen Weltraumzentrum.

Marsochod

Keine Überraschung also, daß ihr Nachfolger den gleichen Ursprung hat: Nach den Fehlschlägen seiner Brüder von 1971 soll Marsochod 1994 zum Mars abreisen. Dieses außerordentliche Fahrzeug rollt und geht gleichzeitig: Seine 6 unabhängigen Räder können sich drehen und heben. Jedes hat eine zylindrisch-konische Form, die maximalen Bodenkontakt gewährleistet, ob der nun locker oder hart sei. Das Gliederchassis verrenkt sich, um sich der Geländeform anzupassen, und kann sich verlängern oder verkürzen wie eine Schmetterlingsraupe. Zum Beispiel kann es seine 4 Hinterräder festsetzen und mit seinen beiden Vorderrädern das Erdreich trassieren, um über ein Hindernis fortzuschreiten; danach zieht es sein Hinterteil nach.

Marsochod wiegt nur 100 kg, jedes Rad verbraucht nur 4 Watt, und es legt 500 m/h zurück. Ich habe einen bei seinen Probefahrten auf den steinigen Böden der Kamtschatka aufgenommenen Film gesehen. Das ist beeindruckend! Wie ein Rüsselkäfer aus Metall schmiegt er sich an den Boden, paßt sich Buckeln und Gräben an und klebt an ihnen wie ein Insekt mit Saugnäpfen an den Füßen. Beim Anblick dieses Fahrzeugs hätten die Marsianer Schwierigkeiten, sich unsere Rolls Royce, Jumbojets oder ICEs vorzustellen.

Das Fahrzeug trägt einen Bohrhammer, dessen Gesamtgewicht 4 kg beträgt; mit 5 Schlägen pro Minute gräbt er jedesmal 6 cm^3 des Bodens 12 mm tief aus. In lockerem Boden kann er bis 2 m tief bohren. Die Proben werden in Analysegeräten deponiert, darunter ein Gaschromatograph, der samt seinem Pyrolysator weniger als 2 kg wiegt und die organischen und flüchtigen Verbindungen analysieren kann. Marsochod hat also endlich eine Nase, um eine eventuelle biologische Aktivität zu riechen!

Wenn es auf seinem Weg gegen eine Mauer stößt oder am Rand einer Spalte anlangt, wird das Hindernis durch auf dem Vorderteil angebrachte Sensoren erkannt; es fährt zurück, dreht ein wenig und fährt von neuem los; wenn es durchkommt, nimmt es den vorherigen Kurs wieder auf, wenn nicht, beginnt es von vorn. Diese Vorgehensweise ist teuer, was Zeit und Energie betrifft. Aber man darf nicht vergessen, daß man diese elementaren Manöver im Gegensatz zu Lunochod, ganz nah auf dem Mond, nicht von der Erde aus steuern kann; im Gefahrenfall würde es 20 Minuten dauern, bis wir davon erführen, und genauso viel, um ihm Direktiven zu geben, denn die Radiowellen laufen nur mit Lichtgeschwindigkeit. Deshalb hat

das französische Zentrum für Weltraumstudien (CNES) den Sowjets
vorgeschlagen, die Sonde mit stereoskopischer Sicht und einem Gehirn auszustatten, bestehend aus 2 Kameras und einem Rechner, die
ihr erlauben sollen, eine Reliefkarte des vor ihr liegenden Geländes
zu erstellen und den besten Weg für die Erfüllung ihrer Mission zu
wählen, nach den Wünschen der Erdbewohner und gemäß seiner
unmittelbaren lokalen Wahrnehmung.

Der Geländewagen des CNES

Dieser Beginn künstlicher Intelligenz auf dem Marsauto wird den
Weg für zukünftige Fortschritte freimachen. Francis Rocard, Leiter
des Marsprojektes am CNES und Enkel des Physikers Yves Rocard,
dem ganz besonders die französischen Radioastronomen das große
Radioteleskop von Nançay verdanken, untersucht mit seiner Mannschaft und französischen Wissenschaftlern das Projekt eines komplexen Geländewagens. Mit einer Masse von 800 kg wird er bei einem
Aufenthalt von mehr als 2 Jahren 1000 km weit reisen können. Er
wird die Aufgabe haben, eine große Station vom Typ, wie ihn die
Apolloastronauten auf dem Mond absetzten, am Boden zu instal-
lieren mit Seismograph, Magnetometer, Wetterstation, Solarpanels
und Zentrallabor, und dann noch zwei kleinere. Dann wird er in die
Umgebung aufbrechen, um geophysikalische Profile im Unterboden
mittels Radar sowie gravimetrischer und magnetischer Sondierung
aufzuzeichnen. Sein tragbares Labor gestattet ihm dank zweier mit
Sehvermögen, Sensoren und verschiedenen Werkzeugen ausgestatte-
ter Arme, chemische und mineralogische Analysen sowie Datierungen durchzuführen.

Seine künstliche Intelligenz wird ihm erlauben, seinen Weg am
besten zu suchen und die Proben auszuwählen, zu sammeln und zu
analysieren. Als Test sieht man die Simulation einer Tour von mehreren hundert Kilometern quer durch die alten Wasserabflußbecken
vor, die zu Kasei Vallis führen, mit Abstechern zu Gegenden von
geophysikalischem oder geomorphologischem Interesse. Fünf speziell der Exobiologie gewidmete Instrumente, darunter der berühmte
Chromatograph, werden uns vielleicht die Enthüllung des nächsten
Jahrhunderts bringen.

Man kann verstehen, daß die mobilen Roboter auf dem Mars für
Francis Rocard eine der schönsten technologischen Herausforderun-

gen darstellen, die es gibt, vermengen sie doch Fragestellungen der künstlichen Intelligenz und der Mechanik.

Marsmeteoriten

Um diese Marssaga, die uns so weit in den Weltraum und in die Zukunft führt, abzuschließen: „Wissen Sie eigentlich, daß man vielleicht Marsstücke auf der Erde gefunden hat? Haben Sie schon von SNC reden hören?" Das sind vom Mars gekommene Meteoriten: Bis heute kennt man 9 von ihnen. Die Benennung nach den ersten Fundorten als Shergottite, Nakhlite und Chassignite führte zu dieser Abkürzung. In den letzten 10 Jahren hat man in der Sammlung von einigen tausend Meteoriten, über die wir verfügen, eine kleine Gruppe ausgewählt, bei der die Isotopenanalyse des Sauerstoffs und die Verhältnisse von Spurenelementen beweisen, daß sie vom selben Himmelskörper stammen. Außerdem ist das Kristallisationsalter dieser Meteoriten erstaunlich gering: zwischen 160 Mio. und 1,3 Mrd. Jahre, während alle Meteoriten während der Epoche ihrer Bildung vor 4,5 Mrd. Jahren kristallisierten. Die erst kürzliche Bildung der SNC impliziert, daß ihr Mutterkörper kein Asteroid ist, weil keiner vor so kurzer Zeit einen wichtigen Verschmelzungsvorgang durchlaufen haben kann. Sie können nicht vom Mond kommen, denn dessen jüngste Gesteine sind mehr als 3 Mrd. Jahre alt. Der Mutterkörper hat also die Größe eines Planeten, der auch noch erdähnlich ist, während die großen Planeten überwiegend gasförmig sind.

Im Innern der SNC hat man Einschlüsse entdeckt, wo das Verhältnis der Argon- und Xenon-Isotope charakteristisch für die in der Marsatmosphäre gemessenen Werte ist. Die SNC kommen also von dort! Darüber hinaus ähnelt ihre chemische Zusammensetzung der des Bodens in der Umgebung der Vikinglandefähren. Schließlich hat man als letztes Faktum Indizien für die Auswirkungen von wahrscheinlich durch Einschläge erzeugten Schockwellen an ihnen entdeckt, von denen einige weniger als 30 Mio. Jahre zurückzuliegen scheinen.

Und die Untersuchung geht weiter: Wie sind diese kleinen Marsstücke auf die Erde gelangt? Die beste Erklärung ist, daß beim Einschlag großer Meteoriten vor relativ kurzer Zeit auf dem Mars Stücke aus seiner Oberfläche in den Weltraum hinausgeschleudert wurden, wo sie wie ganz kleine Planeten um die Sonne umliefen. Manche von ihnen sind schließlich auf die Erde gefallen.

Um noch weiter zu gehen, hat man auf den Photographien der Orbiter nach länglichen Einschlagskratern gesucht, denn um in den Weltraum befördert zu werden, müssen diese Stücke durch einen Stoß mit flachem Einfallswinkel vom Boden gerissen worden sein. Das Außergewöhnlichste ist, daß P. J. Mouginis-Mark von der Universität Hawai 8 solche Gebilde gefunden hat, alle in der Vulkanregion von Tharsis. Die interessanteste Stelle befindet sich am Fuß der Nordflanke von Ceraunis Tholus, einem Vulkan mit 120 km Basislänge und 6000 m Höhe. Dieser Einschlag hat einen länglichen Krater von 18mal 34 km hinterlassen, der übrigens gelappt ist, was auf die Gegenwart von Permafrost im Unterboden hindeutet. Diese interessante Eigentümlichkeit scheint durch das Studium der in den SNC enthaltenen Mengen flüchtiger Verbindungen bestätigt zu werden. J. L. Gooding vom Johnson Space Center der NASA hat 1990 aus seinen Messungen abgeleitet, daß sich geochemische Prozesse in wäßriger Phase auf dem Mutterkörper abgespielt haben müssen, die Mineralien oxidiert und so Karbonate und Sulfate gebildet haben. Die „water connection" wird hier noch bestätigt.

Hört diese unglaubliche Spionagegeschichte damit auf? Unter Verwendung der an den SNC durchgeführten Messungen der Isotopenverhältnisse von ^{13}C und ^{18}O, so wie Schidlowski es für die Stromatolithen gemacht hat, macht M. V. Iwanow vom Institut für Mikrobiologie in Moskau eine Annäherung mit seinen eigenen Studien zur Methangenese, bei der das Methanobacterium formicum in seinem Stoffwechsel das Methan in Kohlensäure umwandelt. Er leitet daraus ab, daß diese mikrobische Methanerzeugung die isotopische Zusammensetzung der SNC erklären kann. Diese sensationelle Neuigkeit, die einer Bestätigung durch andere Laboratorien bedarf, wäre von fundamentaler Bedeutung für die Existenz von Leben auf dem Mars. Das geht so weit, daß beim Workshop über Marssimulation, der 1992 in Bad Honnef stattfand, L. M. Mukhin vom Institut für Weltraumforschung in Moskau vorgeschlagen hat, die Mitteilung Iwanows mit dem Titel *Erste Anzeichen von Leben auf dem Mars* zu versehen!

Zweiter Teil

Die Außerirdischen
Das SETI-Programm

Kapitel 5

Die Intelligenz

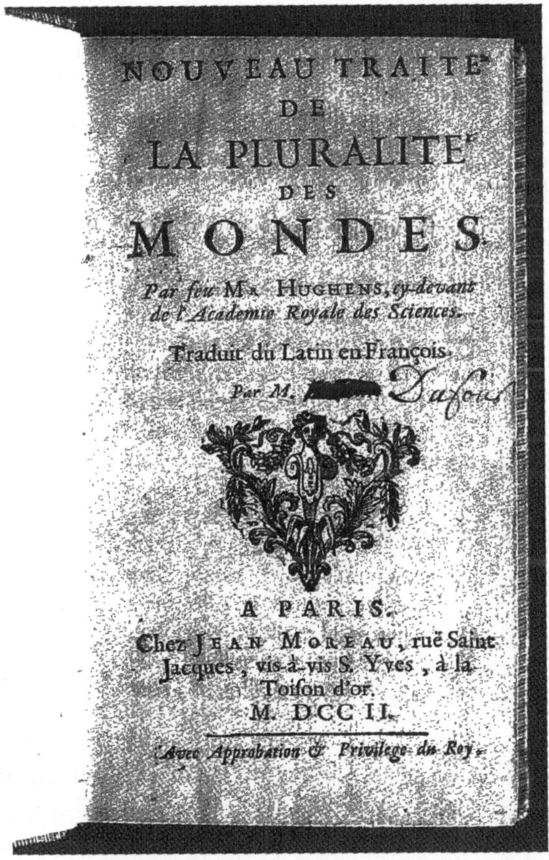

Schon zur Zeit der Gründung des Observatoriums von Paris interessierte man sich für das außerirdische Leben. Einer seiner ersten Astronomen, Christian Hughens, schrieb das Buch *Neue Abhandlung über die Vielzahl der Welten*, und Fontenelle versah es mit einem lobenden Vorwort. (Quelle: J. Heidmann)

Mit dem Planeten Mars und der Hoffnung, dort Spuren primitiven
Lebens zu finden, verlassen wir den vierten Teil der Suche nach dem
Leben im Universum, nämlich dem primitiven biologischen Leben.
Jetzt sind wir bereit, den letzten Teil anzugehen, den der Suche nach
dem „höher entwickelten" Leben und nach der Intelligenz. Wir haben gerade gesehen, wie das Leben im engeren Sinne am Ende einer
Kette noch nicht aufgeklärter komplexer Zwischenzustände aufgetaucht ist. In letzter Instanz sind sie es, die das Leben auf der Erde
definieren. Das Gleiche gilt für die Intelligenz. Gehen wir auch hier
von dem Fall aus, der am weitesten entwickelt und bis heute der
einzige bekannte ist: von der menschlichen Intelligenz. Schließlich
war sie auch der Ausgangspunkt der Wissenschaftler, als sie SETI
ausgearbeitet haben. SETI ist die Abkürzung für *Search for Extra-
Terrestrial Intelligence*, also die Suche nach außerirdischer Intelligenz. Auf die Gefahr hin, weniger entwickelte Fälle wie die Intelligenz der Delphine oder gar der Papageien oder parallel gelagerte
wie die künstliche Intelligenz anzugehen, mit der man die Marsro-
boter zu versehen sucht.

In jedem Fall muß man erkennen, daß die Paläontologie des Menschen eher die technischen Etappen unserer Entwicklung offenbart
als die unserer Intelligenz. Aber für SETI ist die Situation vergleichbar: Man hofft, Anzeichen von Intelligenz durch Zeugnisse technologischer Entwicklungen nachzuweisen. SETI ist bisher nichts als die
Suche nach extraterrestrischen Technologien. Unsere Vorfahren liefern uns also Lehren von höchster Bedeutung dafür, unser Thema
von allen Seiten anzugehen.

5.1 Das Auftauchen des Menschengeschlechts

Nach David Pilbeam hat die Sequenzanalyse der Aminosäuren in
der DNS der gegenwärtigen Hominoiden, der Schimpansen, Gorillas, Menschen, Orang-Utans und Gibbons, eine Revolution für den
Aufbau unseres Stammbaums gebracht. Dank ihr denkt man, daß
sich vor 10 Mio. Jahren die Linie der Gibbons abgespaltet hat, dann
die der Orang-Utans und daß es erst 5 Mio. Jahre her ist, daß die
Linie der Schimpansen von der unseren abgewichen ist. Die große
Überraschung bestand darin, diese sehr enge zeitliche wie auch gene-

tische Verwandtschaft kennenzulernen, denn wir unterscheiden uns von den Schimpansen nur durch 1 % unserer Erbsubstanz. Wie sie sind wir afrikanische Affen! Auch die Gorillas stehen uns sehr nahe, da ihre Abspaltung vor wenig mehr als 5 Mio. Jahren stattfand.

Aber vor allem durch die Verhaltensforschung an Menschenaffen haben wir Fortschritte in der Kenntnis unseres ersten Vorfahren gemacht: des Australopithecus. Er war der erste, der aufrecht ging, und zwar in Ostafrika. In seiner Form Afarensis verfolgt man ihn bis vor 3 Mio. Jahren zurück. Dann spaltet er sich auf: bis vor 2 Mio. Jahren in den Zweig Australopithecus Africanus, danach Robustus bis vor 1 Mio. Jahre, und in einen Zweig Homo: zuerst Habilis bis vor 1,6 Mio. Jahren, darauf Erectus bis vor 300 000 Jahren und schließlich Sapiens bis heute. In seinen Anfängen hatte Sapiens eine archaische Gestalt, deren bekannteste Vertreter die Neandertaler Europas und des westlichen Asien sind. Von vor 130 000 bis vor 30 000 Jahren haben sie zunehmend der am weitesten fortgeschrittenen Form Platz gemacht, zu der auch wir noch gehören. Neandertaler und Sapiens haben zusammengelebt, genau wie der letzte Seitenzweig Australopithecus mit den Anfängen des Zweiges Homo, genau wie wir selbst noch zusammen mit unseren entferntesten Vettern, den Menschenaffen, leben. Wenn wir nicht auf sie aufpassen, werden auch sie aussterben, wir werden allein bleiben und wie große Dummköpfe die Ermordung unserer Cousins beweinen.

5.2 Das Verhalten unserer Vorfahren

Für unsere SETI-Sicht ist es essentiell, die Verhaltensweisen unserer sukzessiven Vorfahren zu bestimmen. So wird man besser verstehen können, wie die Technologie, dann die Intelligenz auftreten konnten. Als erstes muß man – immer noch nach D. Pilbeam – die Hauptzüge aufdecken, die den Menschen vom Affen unterscheiden: der aufrechte Gang, die Zweifüßigkeit, die Befreiung der Hände, die Herstellung von Werkzeugen, ein großes Gehirn, komplexe und vor allem erlernte kulturelle Verhaltensweisen, die Sprache, die Jagd nach Tieren und das Sammeln von Pflanzen, die Benutzung einer festen Basis als Ausgangspunkt für Tagesexpeditionen und Sammel-

punkt für verschiedene Aktivitäten, die Beeinflussung der Umwelt
und vor allem die Beherrschung des Feuers.

Australopithecus wurde mehr gejagt, als daß er jagte, und sein
Einzel- wie auch Sozialverhalten war das eines Affen. Er lebte
mehr in Savannen und in bewaldetem Gelände als in Wäldern. Ob-
schon Zweifüßer, konnte er noch auf die Bäume klettern, um sich
zu ernähren, zu schützen und auszuruhen. Er konnte auch Wanderungen von einer Nahrungsquelle zur anderen bewerkstelligen,
mit einem Wirkungsgrad der Bewegung, der dem des Schimpansen weit überlegen war. Sein Speisezettel basierte auf Pflanzen, vor
allem Früchten und getrockneten Körnern. Dieser Vegetarier lebte
in kleinen Gruppen von Frauen und Kindern mit einem erwach-
senen Männchen. Um seine Nahrung zu gewinnen und seine An-
griffslust zu demonstrieren, benutzte er Steine, Holzstücke, genau
wie es die Schimpansen tun. Ohne Zweifel war er ohne Sprache.
Genauere Kenntnisse über die Kommunikation zwischen Schimpansen in natürlicher Umgebung wären uns in diesem Zusammenhang
wertvoll. Warum ist er Zweifüßer geworden? Zweifelsohne hat ihm
die Savanne längere Wege aufgezwungen, um Nahrung und Sexual-
partner zu finden, um sein Territorium zu verteidigen und auch, um
die Nahrung zur Familie zu bringen.

Mit Homo Habilis macht man Fortschritte: Die Beine werden
länger, das Kreuz gelenkiger; die Basislager treten auf, in denen man
grobe Werkzeuge, wie die zerbrochenen Steine herstellt; das Fleisch,
verlassene Kadaver und Kleinwild, kommt auf den Speisezettel.
Homo Habilis verläßt Afrika und verbreitet sich bis Westasien.

Homo Erectus schließlich besitzt ein Gehirn, das zweimal so
groß ist wie das von Australopithecus: Er beginnt den Wettkampf
mit den Fleischfressern um seine Nahrung, als Aasfresser oder vielleicht schon als Jäger; er beherrscht das Feuer; seine Werkzeuge sind
ebenmäßiger und lassen entwickeltere manipulatorische wie mentale
Begabung erkennen. Dagegen ist seine Technologie während einer
Million von Jahren praktisch die gleiche geblieben, ein Anzeichen
für ein erstaunlich stabiles Verhalten.

Der Neandertal-Mensch seinerseits hat vielfältigere Werkzeuge,
aufbauend auf feineren Splittern, wie Lanzen und Messer; dank seines massigen und stark muskulösen Körpers ist er zu großer Aktivität in der Lage; er ist ausdauernd im Laufen und erjagt Kleinwild
im Sprint oder durch Ermüdung; vom Aasfresser wird er zum Klein-
wildjäger.

Endlich findet der Übergang zum modernen Menschen statt, vor 35 000 Jahren in Europa, vor 100 000 bis 200 000 Jahren anderswo. Malerei, Plastik, Sprache, hochentwickelte Werkzeuge, organisierte Jagd von Großwild, Wohnbasen mit vielfältigen zugeordneten Aktivitäten gestatten ein Anwachsen der Bevölkerung an Dichte wie an Ausdehnung. Homo Sapiens hat den Planeten erobert und verändert, nachdem mit Ackerbau und Viehzucht diese kritische Stufe vor 10 000 Jahren in der Neusteinzeit erreicht war.

Wie David Pilbeam sagte: „Es gibt keinen festen Punkt, von dem ab wir Menschen geworden sind. Viele ‚menschliche‘ Eigenschaften scheinen sich erstaunlich spät entwickelt zu haben. [...] Mensch werden war ein Wachstumsprozeß mit vielen Etappen, darunter her ausragende Ereignisse – Sprache, Zweifüßigkeit, Fleischverzehr, Verwendung des Feuers, kurze Schwangerschaft; alle diese mußten sehr wenig wahrscheinliche Ereignisse und sicherlich nicht unumgänglich sein." Veranlaßt uns all dies nicht, bei unseren Vorstellungen von Intelligenz und ihren Formen sehr bescheiden zu sein und uns auf außerordentliche Entdeckungen einzustellen für den Fall, daß wir von außerirdischen Intelligenzen stammende Signale empfangen sollten? Das Beispiel des Menschen zeigt, daß die Entwicklung der Intelligenz kein geradliniger Prozeß ist. Im Nachhinein ist es leicht zu sagen, daß ein grandioser Plan verfolgt wurde und zu einem Wunder führte. Wie für die Entwicklung des Kosmos seit dem *Urknall* und für die des irdischen Lebens seit dem Ende des Bombardements muß man im Gegenteil einsehen, daß die Entwicklung der Intelligenz zum Teil unerwartete Wege ging, die durch die Selektion des Besten bestätigt oder eliminiert wurden.

Ein gutes Beispiel für diesen oft unerwarteten Wegverlauf liefert der afrikanische Ursprung des Menschengeschlechts. In der Tat „scheint es" – nach Yves Coppens – „immer klarer, daß der Urahn des Menschen tatsächlich Australopithecus ist, und daß Australopithecus unzweifelhaft Afrikaner ist. [...] Wir haben fast eine Vorführung der Evolution der Hominiden zwischen dem Rift-Tal und dem Indischen Ozean [...] und die Fakten für den Beweis unserer Vetternschaft mit den Gorillas und Schimpansen." Aber warum Afrika und dieses Gebiet im besonderen?

Vor rund 10 Mio. Jahren erstreckte sich der äquatoriale Urwald quer durch ganz Afrika, vom Atlantik bis zum Indischen Ozean. Dann störte der große Bruch des Rift aufgrund der Hebung seiner Ränder durch aus dem Erdinnern aufsteigendes Magma die Verteilung der Regenfälle und führte das Verschwinden des Waldes auf der Ostseite herbei. Ein Klimawechsel, der die Landschaft veränderte, wäre also für das Erscheinen der Hominiden verantwortlich. „Gorilla und Schimpanse könnten die Nachfahren derer unserer Vorfahren darstellen, die sich in einer bedeckten Landschaft belassen vorfanden; Australopithecus und Mensch, diejenigen unserer Ahnen, die durch einen tektonischen Zufall, welcher zu einer ökologischen Barriere wurde, isoliert wurden, sich mit einem ständig schlechter werdenden Klima konfrontiert sahen und gezwungen waren, sich an eine offene Landschaft anzupassen." Ist das nicht wieder eine schöne, außergewöhnliche und unerwartete Geschichte?

5.3 Homo Erectus und SETI

Y. Coppens konstatiert, daß „der Faustkeil, eine Erfindung des Homo Erectus, einen zunehmenden Platz eingenommen und über mehr als eine Million Jahre behalten hat. [...] Obwohl sich dieses Werkzeug im Verlauf der Jahrtausende verändert [...], darf man nicht vergessen, daß dieser Fortschritt der von 10 000 Jahrhunderten ist!" Die Langsamkeit dieser Entwicklung bzw. die Beständigkeit dieser Technologie sind besonders gut durch die systematische, vollständige Ausgrabung der Grotte von Chou-Kou-Tien nahe bei Peking belegt worden, welche seit 1978 von chinesischen Wissenschaftlern durchgeführt worden ist. Sie wurde von Erectus, von Sinanthropus, zwischen 460 000 und 230 000 Jahren v. Chr. bewohnt; 20 000 Steinstücke sind analysiert worden und zeigen eine einfache Werkzeugherstellung basierend auf mehr oder weniger bearbeiteten Splittern, die zu rudimentären Werkzeugen, zu Schabern führte; das Material wechselte allmählich vom leicht zu bearbeitenden Sandstein vor allem zum Quarz, dann teilweise zum schwierigeren Feuerstein; ein ziemlich bescheidenes Voranschreiten.

In der Tat betrifft der einzige festgestellte Fortschritt die Größe der Werkzeuge: Sie gehen im Mittel von einem Gewicht von 50 g und einer Länge von 6 cm zu einem Gewicht von weniger als 20 g und einer Länge von weniger als 4 cm über. Diese Leute hatten aber schon ein relativ ordentliches Leben, von Anfang an unter Verwendung des Feuers, mit einer energiereichen Fleischnahrung, mit eingerichteten

Höhlen. Eine so geringe Evolution in einem Zeitintervall von 2000 Jahrhunderten, also rund 7000 aufeinanderfolgenden Generationen, bringt einen ins Grübeln ....

Nach meiner Ansicht hat ein solcher Sachstand eine große Bedeutung für SETI, wenn es darum geht, welche Vorstellung man sich von der Dauer der gesuchten Zivilisationen machen kann. Diese Dauer ist ein Urparameter für die Erfolgsaussichten von SETI, denn je länger eine Zivilisation andauert, um so größer ist die Chance, sie nachzuweisen ..., falls sie nachweisbar ist. Der gegenwärtige Rhythmus unserer technologischen Entwicklung mißt sich an der Elle einer Generation, sagen wir von 10 bis 100 Jahren. Eine so kleine Maßeinheit hilft uns nicht, uns Zivilisationen vorzustellen, die sich über eine Million von Jahren hinweg erstrecken. Aber die Höhle von Peking ist dazu da, uns zu zeigen, daß dies möglich ist. Um solche Zeiträume plausibel zu machen, hat man sich oft auf ein mögliches Desinteresse der Außerirdischen gegenüber dem Fortschritt berufen oder auch auf eine Entscheidung zum Nullwachstum. Man kann sich auch einen regressiven Übergang von einer erreichten Kulturstufe in den Bereich des Angeborenen vorstellen, der die intelligente technologische Evolution stoppen und zugunsten einer wesentlich langsameren genetischen Evolution, z.B. beim Bau von Nestern und Termitenhügeln, aufgeben würde.

Aber eine Kultur kann auch ein unüberschreitbares konzeptionelles Niveau erreichen. Schließlich lag es vielleicht außerhalb der Reichweite von Erectus, daß man noch bessere Werkzeuge herstellen könne: In seinem Kopf fehlte ganz einfach das entsprechende „Feld", der entsprechende „Höcker", mit welchen sein Nachfolger, der Neandertaler, nach langem Warten ausgestattet worden ist. Zumindest liefern sie SETI ein Beispiel für eine Zivilisation, die sich über eine Million Jahre erstreckt, eine unentwickelte zwar, das ist wahr, aber intelligent und technologisch engagiert.

5.4 Die Intelligenz der Tiere

Gerne hätte man wesentlich mehr Details über die Entwicklung der Intelligenz des Menschen gehabt, als die Anzeichen der Entwicklung seiner Technologie liefern können. Glücklicherweise sind seit rund 20 Jahren seriöse und kontrollierte Studien zur tierischen Intelligenz durchgeführt worden; ausgehend von der Beobachtung des Verhaltens der Tiere sind Methoden mit dem wichtigen Ziel entwickelt worden, sich nicht durch anthropologische Vorurteile ablenken zu lassen, welche ihren Wert für das Studium der übrigen Arten verfälschen könnten. Die essentiellen Probleme liegen auf dem Niveau der Signalerkennung und ihrer Dekodierung.

Die Delphine liefern in dieser Beziehung hochinteressante Elemente, so groß sind die Komplexität und Formbarkeit ihres Verhaltens, genau wie ihre Fähigkeit zur Kommunikation durch Symbole, und dies ausgehend von Entwicklungswegen, die völlig verschieden von den vom Menschen eingeschlagenen sind. Unser Entwicklungsweg zur Intelligenz ist also nicht der einzige: Das ist ein fundamentaler Aspekt für SETI.

Die Delphine haben ein großes Gehirn, ein ausgeprägtes Sozialverhalten, und sie tauschen Signale untereinander aus, nicht nur akustische, sondern auch visuelle, taktile, gestenhafte und vielleicht Geschmackssignale. Mit Hilfe einer Klaviatur mit 9 Tasten, die gewohnten Gegenständen (Ball, Ring ...) entsprechen und jede einen unterschiedlichen Ton auslösen, hat Diana Reiss von der State University in San Francisco ihnen beigebracht, an diese Gegenstände heranzukommen, indem sie selbst die entsprechenden Töne ausstoßen, ohne den Umweg über die Tastatur. Die Delphine sind also in der Lage, neue Kommunikationscodes zu lernen und zu benutzen. Diese intelligenten Verhaltensweisen, die die Gene und die Umwelt ins Spiel bringen, haben einen adaptiven Wert und erlauben es, auf neue Situationen zu reagieren, vergangene Erfahrungen zu nutzen, Konzepte und Verallgemeinerungen zu bilden und so schnelle integrierte Reaktionen zu zeigen, ohne Zuflucht zu unglücklichen Versuch/Irrtum-Erfahrungen zu nehmen.

Diese Fähigkeiten, die man dem Menschen und vielleicht einigen nicht menschlichen Primaten vorbehalten glaubte, sind sogar bei Vögeln nachgewiesen worden. Irene Pepperberg von der North Western Universität Illinois studiert seit 1977 das Verhalten von Alex, einem ein Jahr zuvor geborenen Graupapagei aus dem Gabun. Alex lebt frei im Laboratorium, kommt nachts in einen Käfig und verfügt ständig über Wasser und Körner. Bei seiner Ausbildung belohnt man ihn mit Früchten, Gemüse und „Spielzeug".

Irene Pepperberg wendet 3 Methoden an: Entweder ist Alex Zeuge eines demonstrativen Lernvorgangs zwischen 2 Forschern;

oder man wiederholt für ihn ein Wort in wechselndem Kontext; oder aber, wenn er einen Fehler macht, nutzt man dies, um ihm ein neues Zeichen beizubringen. Die Ergebnisse sind erstaunlich und haben nichts mit denen gemeinsam, die man mit einem gelehrigen Zirkustier erhalten würde: Alex hat die Bezeichnungen von 35 Objekten oder Handlungen erlernt, von 7 Farben und von 5 Formen; er benutzt Sätze wie „Komm hierher, ich will X, ich will nach Y gehen"; er versteht den Gebrauch von „nein"; er macht Kombinationen, um zu identifizieren, zu erbitten, zu verweigern, zu klassifizieren, zu zählen; er besitzt Vorstellungen von Kategorien, von Ähnlichkeit und Unterschied, die eine Begabung zur Abstraktion aufdecken; er versteht nach Beschreibung zu suchen.

Alex besitzt also komplexe kognitive Fähigkeiten, obwohl sein Hirnaufbau beträchtlich von dem der Meeres- und Landsäugetiere abweicht. Andere Formen von Intelligenz, spezialisiert auf Aufgaben, die wir erst noch entdecken müssen, sind also möglich. Noch ein gutes Argument für SETI!

5.5 Technologie ohne Intelligenz

Bis zu welchem Niveau kann man hoffen, Zeichen von Intelligenz zu finden? Unter den sozialen Insekten verwenden die Bienen den Tanz, um Informationen über die Position einer Nahrungsquelle auszutauschen. Darüber hinaus sind sie in der Lage zu lernen, wie es ein Experiment gezeigt hat, bei dem man die Nahrungsquelle jeden Tag um die gleiche Strecke versetzte: Am Ende begaben sie sich zum extrapolierten Ort. D. M. Raup, Professor an der Universität von Chicago, hat einen extremen Ansatz gewählt: Die Klimatisierung und der Aufbau der Termitenhügel, die elektrischen Signale bestimmter Fische und die magnetische Navigation bestimmter Vögel sind Beispiele tierischer Technik, die funktionale Resultate liefern, welche denen der humanoiden Intelligenz nahekommen. Aber sie sind als Folge einer langen Darwinschen Evolution genetisch verankert.

Die Verhaltensweisen mit Anschein von Intelligenz sind nicht auf die intelligenten Organismen beschränkt, so daß man nach D. M. Raup von einer nichtbewußten Intelligenz sprechen könnte. Vielleicht ist der Ausdruck nichtintelligente Technologie vorzuziehen. Jedenfalls steht fest, daß man die Möglichkeit in Betracht ziehen kann, daß auch nichtintelligente Arten Radiotechniken verwenden, um untereinander zu kommunizieren. Dies ist auf der Erde nicht bewiesen, aber auch nicht ausgeschlossen worden. Diese Perspektive kann das Feld von SETI ausweiten: Solche Kommunikationen innerhalb einer Art können in der Tat aufgrund ihres Darwinschen Ursprungs lange fortbestehen und auch interessante Ausgangsleistungen erreichen, falls solche Arten sich in ihrem Milieu stark ausbreiten. Erinnern wir uns an das Prinzip des Überflusses, welches Schidlowski in Bezug auf die Stromatolithen anwandte.

5.6 Vorläufer des Bewußtseins

Was die Vorläufer des Bewußtseins anbetrifft, so kennt man die berühmten Versuche, welche W. Köhler 1915 mit Schimpansen vornahm: Mit dem Problem einer an der Decke aufgehängten Banane konfrontiert und ausgestattet mit einer Kiste und einem Stab regt sich der Schimpanse, zunächst frustriert, auf. Plötzlich erhellt sich sein Gesicht: Er stellt bald die Kiste unter die Banane, klettert auf sie, ergreift den Stab und erhält so die Frucht seines Eureka. Hier liegt ein einsichtiges Verhalten vor, das der menschlichen Schwelle bewußten Überlegens nahekommt. Hier gibt es überhaupt keinen Bedarf, auf gut Glück nach Versuch/Irrtum zu verfahren: Es genügt, das Problem in Gedanken zu simulieren. Eine solche Technik erlaubt es nach W. H. Calvin von der Universität von Washington in Seattle, komplexe Szenarien auszuwerten. Dafür braucht man ein Puffergedächtnis, das zufällige Folgen von Szenarien speichern kann, und ein Gedächtnis, welches die Erinnerungen an vergangene Einzelerfahrungen enthält. Durch Vergleich dieser zwei Inhalte kann man die Szenarien nach ihren Vorteilen klassifizieren, um ein Problem zu lösen.

Die neuronale Maschinerie ist enorm. Sie hat sich während des Auftretens der Jagd mit Wurfgeschossen, die unseren Vorfahren einen ordentlichen Vorteil verschaffte, entwickeln und durch Darwinsche Evolution perfektionieren können. Einen Stein zu werfen erfordert die Verwendung von 80 Muskeln in kontrolliertem Ablauf mit einer Zeitauflösung, welche deutlich feiner ist als die normalen Reaktionszeiten von Zehntelsekunden. Der ganze Wurfprozeß muß schnell, vollständig und im Detail unmittelbar vor dem kritischen Augenblick seiner Auslösung ausgearbeitet werden, sonst erreicht der Stein das Wild nicht.

Diese Arbeit wird durch das geleistet, was W. H. Calvin die „Darwinsche Maschine" nennt, welche auch für das zur Herstellung von Werkzeugen notwendige Hämmern wichtig gewesen ist. Während ihrer Ruhezeiten stand die Maschine zur Verfügung, um Begriffe, Symbole oder Wörter in Folgen anzuordnen, die neue Möglichkeiten für zukünftige Fortschritte auf unsere Intelligenz hin eröffneten. Calvin merkt an, daß diese Möglichkeiten des Werfens und Hämmerns nicht mit dem Beginn des aufrechten Gangs und dem Freiwerden der Hände auftauchen, sondern gut 2 oder 3 Mio. Jahre später. Sie treten während der Eiszeiten auf, einer Reihe von Klimaschwankungen von jeweils rund 100 000 Jahren Dauer, welche Habilis und Erectus einem intensiven Selektionsdruck aussetzten, der größere Fortschritte bei den Überlebenden begünstigte. Noch schnellere Effekte haben regional begrenzt im Anschluß an heftige Änderungen der Meeresströmungen auftreten können. So nahm in Europa vor 11 000 Jahren innerhalb von 10 oder 20 Jahren die Temperatur um 7 °C und der Regen um 50 % zu: Die Selektion wechselnder Verhaltensweisen für die Sicherung von Nahrung, Obdach, Fortpflanzung, alles Aufgaben, die die „Darwinsche Maschine" möglich gemacht hatte, fand sich begünstigt. Hier erfaßt man noch einmal die Zufälligkeit der menschlichen Intelligenz, die unverhofften Möglichkeiten anderer Wege, die auch hätten eingeschlagen werden können, und die gewaltigen Horizonte, auf die SETI sein Lauschen richtet.

5.7 Die Schritte des Australopithecus

Indessen wird nach der ernstzunehmenden Meinung zahlreicher Paläoanthropologen das beeindruckendste Zeugnis der menschlichen Entwicklung durch die Spuren der Schritte geliefert, welche die ersten aufrecht gehenden Hominiden hinterließen. 1978 entdeckte Mary Leakey, die seit 1935 ihre Arbeit Ausgrabungen in Ostafrika gewidmet hat, an einem Laetoli genannten Ort in einer auf 3,7 Mio.

Jahre datierten Aschenschicht des Vulkans Sadiman von Tansania 3 Spuren von 25 m Länge, welche von Australopithecus hinterlassen wurden.

Diese außergewöhnliche Konservierung ist einer unwahrscheinlichen Verkettung glücklicher Umstände zu verdanken, wie D. Johanson darlegt, der zusammen mit Yves Coppens und Maurice Taieb das Skelett von Lucy entdeckte: „Es war nötig, daß Sadiman eine recht spezielle Sorte Asche ausspuckte. Es war nötig, daß es fast unmittelbar darauf regnete. Es war notwendig, daß die Hominiden dem Regen auf dem Fuße folgten. Es war notwendig, daß die Sonne schnell zum Vorschein kommt und ihre Eindrücke aushärtet. Und dann war es notwendig, daß eine neue Eruption von Sadiman kommt, um sie zuzudecken und zu schützen, bevor ein neuer Wolkenbruch sie auswischt. [...] Das alles passierte zu Beginn der Regenzeit, bei vereinzelten Wolkenbrüchen durchsetzt von vorübergehenden Aufheiterungen mit sengender Sonne." Die linke Spur wurde von einem kleinen Australopithecus hinterlassen und die rechte, sehr wahrscheinlich doppelte, von einem großen, gefolgt von einem mittelgroßen. An diesem fernen Tage folgte ein Weibchen dem Männchen, während das Kleine versuchte, genau so große Schritte zu machen wie seine Eltern. Ein rührendes Zeugnis von Familienleben. Zwischen diesen ersten Schritten unserer Verwandten im aufrechten Gang und unseren ersten Schritten auf einem anderen Himmelskörper, dem Mond, sind 3,7 Mio. Jahre verflossen, d. h. ein Tausendstel des Alters des Lebens auf der Erde. Ein Tausendstel ist in der Wissenschaft eine ganz kleine Spanne. Sogleich sagt man sich, daß man vernünftigerweise ein weiteres winzig kleines Tausendstel in die Zukunft extrapolieren könnte.

In Anbetracht des außerordentlichen Fortschritts, den die Intelligenz seit Australopithecus bis Apollo verwirklicht hat, drängt sich eine Schlußfolgerung auf: Es wäre unvernünftig zu denken, daß die menschliche Intelligenz das Höchste ist, was der Kosmos hat hervorbringen können. Wo werden wir infolgedessen in 3 Mio. Jahren stehen? Leider sind unsere Kenntnisse noch nicht ausreichend, um uns zu leiten: Wir können nur spekulieren. Und dennoch wollen wir wissen. Dies ist die Stelle, an der SETI uns über die möglichen Verläufe der Zukunft aufklären kann, welche uns zugänglich sind. In der Tat ist dies das einzige Beobachtungsmittel, das durch das Sammeln von Informationen über eventuelle außerirdische Zivilisationen in der Lage ist, uns etwas über diese für unsere Zukunft sehr wichtige Frage zu lehren.

Trotzdem muß man einsehen, daß diese Erkenntnis selbst von vielen Wissenschaftlern noch sehr schlecht aufgenommen wird. Ich bin sehr oft auf inneren Widerstand gegenüber der möglichen Existenz einer der unsrigen überlegenen Intelligenz gestoßen. Über Jahrhunderte hinweg hat das menschliche Männchen, von Überlegenheit durchdrungen, den Tieren, ja selbst den Frauen Intelligenz abgesprochen. Und falls es, beeindruckt durch die Naturgewalten, manchmal übergeordnete Intelligenzen anerkennt, so gehören diese zu einer Welt außerhalb der Realität und sind somit außer Konkurrenz.

Dies könnte die Ursache des Widerstands gewisser Leute gegenüber der Idee von außerirdischer Intelligenz sein. Ich wünsche, daß wir uns frei und ungezwungen bewußt werden, welch wesentlichen intellektuellen Einsatz dieses Forschungsgebiet darstellen kann. Versuchen wir nicht, dies zu ignorieren, nur weil uns irrationale Verhaltensmuster dazu treiben.

5.8 Die Superzivilisationen von Kardaschow

Vor rund 30 Jahren, 1964, bereitete ein junger sowjetischer Student seine Dissertation in Radioastronomie vor und hatte keine Angst, sich Intelligenzen vorzustellen, welche der seinen überlegen sind. Seither ist Nikolai Kardaschow zum Direktor des größten Radioteleskopes der Welt für Millimeterwellen geworden, einem Paraboloid von 70 m Durchmesser, welcher in Samarkand gebaut wird. Ausgehend von immer noch gültigen Auswertungen hat er festgestellt, daß der Energieverbrauch der Menschheit bei einer Leistung von rund 10^{13} W (10 000 GW) liegt und seit 60 Jahren um einige Prozent pro Jahr ansteigt. Beschränkt man sich auf eine jährliche Zunahme von nur 1 %, so folgt, daß bei diesem Rhythmus die Leistungsaufnahme in 3200 Jahren die gesamte abgestrahlte Leistung der Sonne erreicht, und in 5800 Jahren die von unserer gesamten Galaxie emittierte. Die von unserer Gesellschaft verarbeitete Informationsmenge wird bei der gegenwärtigen jährlichen Zuwachsrate von 10 % in nur 2000 Jahren um einen Faktor 10^{80} zugenommen haben. Dann würde sie (in Bit gemessen) weit die Zahl der Atome im beobachtbaren Universum übertreffen. Eine solche Informationsmenge könnte daher nicht in einem materiellen Speicher untergebracht werden. Das gleiche gilt für die Bevölkerungsentwicklung: Basierend auf der Verwendung von zehn Tonnen Materie pro Person würde die Bevölkerung bei einem jährlichen Zuwachs von 4 % in 2000 Jahren die Gesamtmasse von 10 Mio. Galaxien benötigen. Es ist erschütternd festzustellen, daß die menschliche Aktivität, extrapoliert über menschliche Zeiträume, zu Aktivitäten von kosmischen Ausmaßen führen kann! N. Kardaschow zieht daraus 2 Konsequenzen. Erstens dürfen wir uns bei der Suche nach außerirdischen Zivilisationen nicht der Existenzmöglichkeit von Superzivilisationen verschließen, die er in 3 Klassen einteilt: I. solche, die Leistungen umsetzen, die mit der durch ihren Planeten von ihrer Sonne empfangenen Leistung vergleichbar sind (10^{13} W); II. solche, die die Leistung ihrer Sonne umsetzen (10^{26} W); und III. solche, die die Leistung ihrer Galaxie benutzen (10^{34} W). Zweitens folgert N. Kardaschow, daß das exponentielle Wachstum, mit dem unsere Zivilisation gegenwärtig versehen ist, unvermeidlich beschränkt werden wird und daß unsere gegenwärtige Dynamik in der Konsequenz eine Übergangsphase darstellt. Im Klartext: Es kann nicht lange so weitergehen!

Was wird geschehen? Sicherlich könnte uns die Eroberung des Weltraums Platz, Energie und Material verschaffen. Aber die Expansion kann die Lichtgeschwindigkeit nicht überschreiten, und aufgrund dieser Tatsache wird ihr Wachstum binnen 1000 Jahren von einem exponentiellen Verlauf zu einem langsameren Verlauf (proportional zum Quadrat der Zeit) übergehen.

Nach N. Kardaschow können nichtsdestotrotz Superzivilisationen existieren, die deutlich weniger gefräßig und gebärfreudig, aber weiter fortgeschritten sind als wir. Deshalb hat er empfohlen, nach verräterischen Anzeichen für diese Astrotechnologien zu suchen, in Form von Emissionen, die von Ingenieurarbeiten im kosmischen Maßstab stammen, oder diese Arbeiten direkt anhand ihrer Ergebnisse zu beobachten. Außergewöhnliche Perspektiven ....

Darüber hinaus ist der Zivilisationszustand, welchen wir in diesem Moment durchschreiten, im kosmischen Maßstab extrem vergänglich. Was sind einige Jahrtausende im Vergleich zu Milliarden von Jahren? Also müssen andere „Zivilisationen" weniger weit fortgeschritten und schwer nachzuweisen sein, wie die Bakterien, die auf der Erde während Jahrmilliarden geherrscht haben, oder im Gegenteil, weiter fortgeschritten und möglicherweise nachweisbar. Aber

Zivilisationen, die der unseren vergleichbar wären, sind wenig wahrscheinlich.

Diese Sichtweise eines Physikers muß durch die von Vertretern anderer Disziplinen ergänzt werden. Man hat an die konzeptionelle Grenze erinnert, die möglicherweise Homo Erectus einschränkte. Ohne das Auftreten des Neandertalers hätte er noch lange das exponentielle Wachstum vermeiden können. Übrigens könnte diese Begrenzung ein allgemeiner Zug sein: Sind wir nicht in gewissem Sinne ein wenig anmaßend, wenn wir bei unserer Suche nach fortgeschrittenen Intelligenzen keine Obergrenze für die in unserem (ich sage ausdrücklich unserem) Universum möglichen Intelligenzen festlegen? Vergessen wir nicht, daß unser Kosmos im Schema des chaotischen *Urknalls* von Linde nur ein Spezialfall sein kann, unter diesem Gesichtspunkt kaum bemerkenswert, und daß es notwendig wäre, eine unbegrenzte Kollektion von Universen in unsere Überlegungen einzubeziehen, um unbegrenzt überlegene Intelligenzen zu finden. Mögliche Begrenzungsfaktoren sind ein apokalyptisches Ende durch Nuklear- oder Umweltkatastrophen, der Verlust des Interesses einer Zivilisation oder die Zerstörung des Planeten durch einen Asteroiden. Vergessen wir nicht, daß es bereits an ein Wunder grenzt, daß wir den Punkt, an dem wir uns befinden, überhaupt erreicht haben, und daß wir eine wahrhaft kosmische Odyssee durchleben.

Kapitel 6

Die Pioniere von SETI

Zehntausend Galaxien erforschen? Louis Leprince-Ringuet, Physiker
Akademie-Mitglied, hat einige in diesem durch die schönsten von i
inspirierten Gemälde versammelt. (Quelle: L. Leprince-Ringuet/J. H
mann)

An einem Pariser Morgen ließ ich meinen Vater auf einem Bahnsteig des Bahnhofs von Saint-Lazare zurück. Ich brach zu einem großen Abenteuer auf. Das Ziel war die angesehene Cornell-Universität, an die mich mein Direktor Leprince-Ringuet für 2 Jahre schickte. In Cornell, an den Ufern des Cayuga-Sees, gab es überhaupt kein SETI. Carl Sagan hatte noch nicht sein Labor dort. Aber es gab Hans Bethe, der den Nobelpreis dafür erhalten hatte, daß er mit seinem berühmten Kohlenstoffzyklus den Ursprung der Sonnenenergie entdeckt hatte. Man schickte mich zu ihm, weil wir bei unseren Studien zur kosmischen Strahlung auf ein verwickeltes Problem der Kernphysik gestoßen waren. Einmal am Ort, half ich auch den Cocconis bei ihren Beobachtungen in den tiefen Wassern des Sees mit dem Ziel, dort Mu-Mesonen zu finden. Jeden Mittwoch wurde ein *Journal Club* abgehalten, bei dem der überwältigende, fesselnde Avantgardist P. Morrison uns mit verblüffenden Ansichten in Atem hielt.

6.1 Erste Hypothesen

Giuseppe Cocconi und Phil Morrison sind die beiden ersten Menschen, die – in einer historischen Abhandlung in der Zeitschrift *Nature* – gezeigt haben, daß es möglich sein sollte, mit den neuen Techniken der Radioastronomie über interstellare Distanzen hinweg mit eventuellen außerirdischen Zivilisationen zu kommunizieren.

G. Cocconi und P. Morrison haben ausgerechnet, daß es anderen Radioastronomen im Universum, wenn sie Radioteleskope und Empfänger hätten, die mit denen von 1959 vergleichbar sind, und über ähnliche Sendeleistungen verfügten wie wir, möglich sein sollte, trotz der kolossalen Entfernungen zwischen Sternen mit uns Radiosignale auszutauschen und somit zu kommunizieren. Sie schlugen auch vor, aus dem enormen Spektrum möglicher Wellenlängen die bei 21 cm von den Wasserstoffatomen emittierte Strahlung zu verwenden. Da der Wasserstoff das bei weitem häufigste Element im Kosmos ist, könnte seine physikalisch bedeutende Emissionswellenlänge von 21 cm nach diesen Autoren als universeller Bezugspunkt für die Gemeinschaft der galaktischen Zivilisationen dienen.

6.2 Erste Horchposten

Im selben Jahr wählte ein junger Amerikaner, Frank Drake, den experimentellen anstelle des theoretischen Wegs und schlug seinem Doktorvater vor, einen speziellen Radioempfänger zu bauen, um sich auf Horchposten für eventuelle Signale zu begeben. Sein Tutor, der aus einer Familie bedeutender Astronomen stammende Otto Struve, unterstützte ihn bei diesem Unterfangen und stellte ihm das noch völlig neue Radioteleskop des National Radio Astronomy Observatory in Greenbank, Virginia, zur Verfügung. Auch Drake hatte die Möglichkeiten der radioastronomischen Techniken für die interstellare Kommunikation ausgewertet, völlig unabhängig von Cocconi und Morrison. Wenn die Zeit dafür reif ist, kann eine Idee an zwei verschiedenen Orten gleichzeitig zutage treten.

Drake verbrachte ein Jahr damit, seinen Empfänger an das Band bei 21 cm Wellenlänge anzupassen, und wählte seine Ziele aus, 2 der nächsten Sterne, die der Sonne am meisten ähneln, tau Ceti und epsilon Eridani. Die relative Nähe dieser Sterne und die Möglichkeit, daß sie Planeten vom terrestrischen Typ haben könnten, welche das Leben begünstigen, erhöhte seine Aussichten. Damals besaß man keine präzisen Hinweise auf die Existenz solcher Planeten, aber es ist amüsant, sich zu einem Text von Camille Flammarion zurückzuversetzen. In *Die Sterne und die Merkwürdigkeiten des Himmels* schreibt er 1882: „Der Stern tau im Walfisch fällt durch seine Geschwindigkeit auf. [...] Er bewegt sich, als ob er in der gleichen Richtung wie wir, aber schneller als wir durch die unendlichen Weiten flöge. Die siderischen Bevölkerungen, welche das System dieser Sonne bewohnen, sind uns vielleicht in der ewigen Vorherbestimmung zugeordnet. Es wäre von größtem Interesse zu versuchen, die [Entfernung] dieses Sterns zu messen." Ein visionärer, packender Text, der zum Abenteuer einlädt; ein Jahrhundert später weiß man, daß tau Ceti 12 Lichtjahre von uns entfernt ist, und daß sein Bruder epsilon Eridani ein guter Kandidat für den Besitz eines Planeten ist.

Während mehrerer Wochen führte Drake sein OZMA getauftes Radiolauschprogramm durch, das erste, das sich auf die Sternenräume richtete. Erster Stern, nichts. Entmutigend. Sein Empfänger war recht primitiv: Er hatte nur einen einzigen Empfangskanal, wie bei den damaligen üblich, was keine effiziente Erforschung der Wellenlängen in der Umgebung von 21 cm gestattete, um genau auf die eventuell emittierte zu stoßen .... Zweiter Stern, Peng! Der Registrierschreiber hängt am rechten Anschlag, so stark ist das Signal!

Genügt es also, daß ein Student nur ein Jahr damit verbringt, einen radioastronomischen Empfänger anzupassen, um eine so enorme Entdeckung zu machen? War das also so einfach? Warum ist man nicht früher darauf gekommen? Welchen wunderbaren Perspektiven hätten wir uns ohne diese kleine Anstrengung verschlossen? Aber Drake bleibt kaltblütig: Das ist zu einfach, um wahr zu sein! Er verbringt Tage damit, das Signal herauszupräparieren, um es zunächst zu verifizieren und danach alle möglichen Quellen banalerer Erklärungen zu untersuchen. Zum Beispiel könnte dieses „außerirdische" Signal ganz einfach auf eine elektrische Einstreuung aus dem Nachbarlabor zurückgehen. Aus wissenschaftlicher Vorsicht bewahrt er sein Geheimnis und wartet ab; dann taucht plötzlich die Erklärung auf: Das Signal stammt von praktisch unsichtbaren Stratosphärenflugzeugen, den berühmten militärischen U2, welche die Aufgabe haben, die Sowjetunion aus 20 000 m Höhe auszuspionieren, was erst enthüllt wird, als eines von ihnen über dem Ural abgeschossen wird.

Eine Enttäuschung, ganz sicher, aber für die Einführung der Methode war das Ergebnis gar nicht so schlecht. Der zukünftige Mensch, der ein tatsächlich außerirdisches künstliches Radiosignal empfängt, wird Frank Drake selbst in Jahrhunderten vermutlich die Ehre erweisen.

6.3 Die drei Grundannahmen

Dreißig Jahre nach den ersten theoretischen und experimentellen Initiativen von Cocconi, Morrison und Drake ist SETI in den USA eine Hundert-Millionen-Dollar-Angelegenheit geworden. Aber die Kritiker sind noch zahlreich. Es ist auch wichtig, seine Argumente gut darzustellen.

Wie bei jeder ernsthaften wissenschaftlichen Unternehmung stellt SETI einige vernünftige Arbeitshypothesen auf, zieht daraus Folgerungen und versucht dann, sie durch Beobachtung oder Experiment zu bestätigen, bevor weiter vorgestoßen wird, und umschifft durch diese Methodologie die verderblichen Klippen wohlfeiler/willkürlicher Spekulation, die zu oft unnütz und schädlich ist.

Erste Hypothese: „Das Leben auf der Erde ist das Ergebnis einer natürlichen Entwicklung physikalischer Prozesse des Kosmos."

Die zu Anfang dieses Buches berichteten Entwicklungen zeigen den vernünftigen Charakter dieser Annahme. „Physikalisch" ist dabei im weiten Sinn der Naturwissenschaften genommen: Chemie, Biologie etc. Auf jeden Fall bedeutet Hypothese nicht Dogma, oder Axiom, oder Prinzip, oder enthüllte Wahrheit. Als ich auf dem Gebiet der Kosmologie arbeitete, mochte ich die berühmten, von manchen ins Feld geführten Prinzipien, wie das Prinzip des Vollkommenen Kosmos, nicht. Warum sollte die Natur *a priori* einem Diktat gehorchen? Wenn eine Hypothese in allen Fällen, wo wir sie testen können, gültig zu sein scheint, so bedeutet dies nicht, daß sie tatsächlich ein Prinzip ist. Recht häufig werden diese falschen Prinzipien, die nur wohlbegründete Tatsachen sind, welche man in Strenge zum Gesetz erheben kann, durch eine neue experimentelle oder beobachtende Untersuchung umgestürzt. Daß nichts die Lichtgeschwindigkeit überschreiten kann, ist experimentell gut gesichert und hat eine hervorragende Theorie zur Beschreibung gefunden, die Relativitätstheorie von Einstein. Aber schon gestatten die Fluktuationen der Quantenphysik unter bestimmten Umständen Überschreitungen, sehr geringe übrigens. Auch wenn das Verständnis des Kosmos von den Mathematikern kraftvoll unterstützt wird, ist die Natur doch kein wandelndes Theorem.

Zweite Hypothese: „Was auf der Erde passiert ist, hat auch an anderen Orten geschehen können."

Im Durchschnitt gibt es zig Milliarden Sterne in jeder Galaxie, und im beobachtbaren Universum, bis zum kosmologischen Horizont bei 15 Mrd. Lichtjahren, gibt es 100 Mrd. Galaxien. Unter diesen 100 Mrd. von zig Milliarden Sternen, das sind 10^{21} Sterne, sind 10 % unserer Sonne ähnlich. Außerdem existiert unsere Erde erst seit 4,5 Mrd. Jahren, während das Universum vor 15 Mrd. Jahren mit dem *Big Bang* begann, und die Mehrzahl seiner Galaxien sich seit einem guten Dutzend von Milliarden Jahren, also dem dreifachen des Alters der Erde, in ihm befinden. Es fehlt also nicht an möglichen „anderen Orten".

Dritte Hypothese: „Die menschliche Intelligenz ist nicht das Nonplusultra dessen, was der Kosmos hat hervorbringen können."

Es bedurfte einer Zeit von 4,5 Mrd. Jahren, um das Stadium zu erreichen, welches wir heute einnehmen. Aber andere sonnenähnliche Sterne existieren bereits deutlich länger; indessen hatten die Sterne vor sehr langer Zeit noch keine schwereren Elemente als das Helium und konnten somit keine erdähnlichen Planeten haben. Eine vernünftige Abschätzung gestattet es, die ältesten sonnenähnlichen Sterne (mit schweren Elementen) auf rund 10 Mrd. Jahre in der Vergangenheit zu datieren. Diese Sterne haben somit uns gegenüber einen Vorsprung von 5 Mrd. Jahren. Erinnern wir uns, daß die gewaltige, von Australopithecus bis zu uns zurückgelegte Evolution nur 3,7 Mio. Jahre gedauert hat: Was ist das, verglichen mit 5 Milliarden? Ein Dreizehnhundertstel! Wie soll man leugnen, daß physikalische Entwicklungsprozesse während Milliarden von Jahren in Milliarden von Galaxien, die Milliarden von Sternen enthalten, zu fortgeschritteneren Ergebnissen geführt haben können als denen unserer kleinen Erde gegen Ende dieses unbedeutenden 20. Jahrhunderts? Niemand kann diese Möglichkeit vernünftigerweise *a priori* leugnen.

Mögliche Konsequenz: „Es könnte im Kosmos fortgeschrittenere Entwicklungsstufen als die unsrige geben."

Ob sie nun den kleinen grünen Männchen oder den Superzivilisationen von Kardaschow entsprechen, ob sie planetarischen und biologischen Ursprungs sind wie wir oder nebulo-magneto-intersideralen Ursprungs wie in *Die schwarze Wolke* von Fred Hoyle, oder ob sie das Ergebnis künstlicher Entwicklungen sind, welche auf einer Computertechnologie aufbauen, die einer fortgeschrittenen Stufe der unsrigen ähnelt, ob sie Gesellschaften aus einer Vielzahl von Organismen entsprechen oder einzelnen Organismen, die man Wesen, Leute, Gesellschaften, Technologien, Zivilisationen, Kolonien, Personen, Individuen nennen müßte, darüber wissen wir absolut nichts. Die einzige Eigenschaft, die wir diesen fortgeschrittenen Entwicklungsstufen zuordnen können, ist die, daß sie – als Nomen wie Adjektiv – Außerirdische sind. Deshalb werden wir diese „An deren" in Zukunft einfach Außerirdische nennen.

Beobachtender Test: *„SETI durchführen."*

SETI ist in der Tat das einzige uns zur Verfügung stehende Mittel, um zu versuchen, durch Beobachtung die Existenz von Außerirdischen nachzuweisen. Man kann versuchen, Aussendungen von ihnen zu empfangen, absichtliche oder unbeabsichtigte, und zwar unter Verwendung der elektromagnetischen Wellen, die relativ einfach für unsere gegenwärtige Technologie zugängliche Informationsträger sind. Wenn man solche empfängt und ihren künstlichen Ursprung nachweist, wird man bewiesen haben, daß die Hypothesen und ihre Konsequenzen gültig sind, und daß wir obendrein nicht allein im Universum sind ....

6.4 Millionen von Außerirdischen

Wieviele Außerirdische gibt es? Ohne Zögern antworte ich, daß es Millionen von ihnen geben kann. Diese Zahl mag übertrieben erscheinen, ist es aber in keiner Weise. Stellen wir uns zur Veranschaulichung vor, daß nur eine Gesellschaft auf 10 000 Galaxien kommt, eine im Vergleich zur heutigen Sichtweise, die auf die Suche nach einer Zivilisation allein in unserer Galaxie ausgerichtet ist, sehr bescheidene Abschätzung. Dies entspricht in der Tat für das beobachtbare Universum 10 Mio. Gesellschaften. Wenn man nunmehr mit einem Ansatz von 10 Mrd. Individuen pro Gesellschaft – wie es bald für die Menschheit der Fall sein wird – die Gesamtzahl der Individuen ermittelt, so erhält man für das beobachtbare Universum 100 Mio. Mrd. Außerirdische! Im Vergleich dazu scheinen Millionen tatsächlich recht bescheiden.

Das bedeutet nicht, daß es genügt, einen einfachen Transistorempfänger einzuschalten, um ihre Nachrichten zu empfangen, da man im Mittel 10 000 Galaxien untersuchen muß, wenn man eine vernünftige Chance haben will, eine „bewohnte" zu finden. Das Studium der Galaxien in unserer Nachbarschaft zeigt, daß sie sich im allgemeinen in Gruppen oder Haufen verteilen. So stellen unser

Milchstraßensystem und die Andromeda-Galaxie zwei der wichtigsten Mitglieder der „Lokalen Gruppe" dar, die insgesamt ein Dutzend Galaxien in einem Umkreis von 3 Mio. Lichtjahren umfaßt. Bis zu einer Entfernung von 30 Mio. Lichtjahren hat der große frankoamerikanische Galaxienspezialist Gérard de Vaucouleurs, Astronomieprofessor an der Universität von Texas in Austin, rund fünfzehn ähnliche Gruppen registriert, und man muß bis zu deutlich größeren Entfernungen gehen, um auf Galaxienhaufen zu treffen: Der Virgohaufen mit mehr als 2300 Galaxien befindet sich in 50 Mio. Lichtjahren Entfernung, der des Haars der Berenike mit rund 1000 Galaxien bei 300 Mio. Lichtjahren und ebenso der Superhaufen im Herkules, der rund 10 Mio. Galaxiensysteme umfaßt.

Die Untersuchung von 10 000 Galaxien erfordert also eine Sondierung des Weltraums bis in eine Tiefe von einigen hundert Millionen Lichtjahren, eine enorme Distanz verglichen mit der maximalen Entfernung von gerade mal 100 Lichtjahren, bis zu der die 1000 Zielsterne des 1992 von der NASA eingeführten Programms liegen.

6.5 Die Gleichung von Drake

Das Problem des Nachweises von Außerirdischen ist durch die berühmte Gleichung von Frank Drake gut formuliert worden:

$$N = R \times S \times P \times E \times L \times I \times C \times V.$$

Aus der Sicht der Mathematik verwendet seine ganz einfache Gleichung nur Multiplikationen. Sie liefert die Anzahl N der Zivilisationen mit einem dem unsrigen vergleichbaren Leben, die allein in unserer Galaxie in der Lage wären, über interstellare Distanzen zu kommunizieren.

Sie enthält kosmische, biologische und technologische Faktoren. Die ersten beinhalten die für die Existenz von Sternen mit das Auftreten des Lebens begünstigenden Planeten notwendigen Bedingungen: die Zahl R der Sterne, die sich pro Jahr in unserer Galaxie bilden; davon der Anteil S der Sterne, die vom Typ der Sonne sind; von diesen der Anteil P derer, die Planeten haben; die Zahl E der Planeten, die jeweils das Auftreten von Leben begünstigende Abstände von ihrem Stern haben. Unter den biologischen Faktoren sind: der

Bruchteil *L* dieser Planeten, auf dem das Leben tatsächlich auftritt; hiervon der Bruchteil *I* der Planeten, auf denen sich eine Intelligenz entwickelt hat. Und schließlich die technologischen Faktoren: der Bruchteil *C* der intelligenten Arten, welcher Kommunikationstechniken entwickelt und die Lebensdauer *V* der kommunikativen Phase in Jahren.

Diese Faktoren sind ganz einfach eine Transkription in Zahlenwerte für die aufeinanderfolgenden notwendigen Bedingungen, um das angestrebte Ziel zu erreichen: Zivilisationen, die der unsrigen ähneln und die kommunizieren können.

Über Jahrzehnte hinweg hat man vergeblich versucht, die verschiedenen Faktoren mit Zahlenwerten zu versehen. Nur die Bildungsrate der Sterne und der Bruchteil vom Typ der Sonne lassen sich bestimmen. Aber man hat noch keine Information über die Anwesenheit von Planeten, geschweige denn über solche, die günstig plaziert wären.

Da sich das Leben auf der Erde rasch entwickelt hat, mag *I* nahe bei 1 liegen; aber wie groß ist *I*, wenn man bedenkt, daß unsere Intelligenz die wahrhaft kosmische Zeit von 4 Mrd. Jahren für ihre Erscheinung gebraucht hat? *C* könnte auch in der Nachbarschaft von 1 liegen, aber wer kann einen Wert für *V* nennen? Für uns existiert die kommunikative Phase erst seit rund 30 Jahren, gefördert durch SETI und dank den Entwicklungen der Radioastronomie.

Wie lange werden wir Lust haben, Nachrichten auszutauschen? Werden wir nicht im nächsten Jahrhundert durch eine Katastrophe verschwinden, sondern wird unsere Technologie wie die – wenn auch unzureichende – von Homo Erectus im Gegenteil über 1 Mio. Jahre hinweg bestehen? Soviel zu den Unsicherheiten, die anzeigen, daß *N* zwischen 10 Mrd., der Anzahl der sonnenartigen Sterne in unserer Galaxie, und 1, dem einzigen bekannten Fall einer solchen Zivilisation, nämlich unserer, liegt. Es ist gerade diese Unmöglichkeit, hier zu einem Schluß zu kommen, welche die Wissenschaftler auf neue Beobachtungswege kommen ließ: hochentwickelte Techniken, um zu versuchen, Planeten von anderen Sternen zu entdecken, und vor allem SETI, um zu versuchen, tatsächlich außerirdische Signale nachzuweisen.

Kapitel 7

Warum Radiowellen?

Das Radioteleskop von Nançay ist das zweitgrößte der Welt für den Empfang von SETI-Wellen. In der Ferne wirft der 200 m große, schwenkbare Reflektor die Wellen auf den 300 m großen sphärischen Spiegel zurück, welcher sie dann auf das zwischen beiden befindliche Fokalsystem konzentriert. (Quelle: Observatorium von Paris)

Wäre es nicht die beste Art, nach den Außerirdischen zu suchen, wenn man von Stern zu Stern nachsehen ginge, ob einer der Planeten Spuren von ihnen erkennen ließe? Ohne daß wir uns notwendigerweise selbst dorthin begäben, würde es genügen, einen der Roboter dorthin zu schicken, die uns in den letzten Jahren ermöglicht haben, die Planeten und Satelliten unseres Sonnensystems von Merkur bis Neptun zu erkunden.

Diese Ausflüge mit Fernsehübertragung, ergänzt durch Detektoren und Meßgeräte aller Art, haben uns Kenntnisse über eine beeindruckende Reihe von Himmelskörpern gebracht: von Merkur bis zu den Satelliten Phobos und Deimos, vom Asteroiden Gaspra und dem Kern des Kometen Halley bis hin zum berühmten Titan, zum ebenfalls mit einer Stickstoffatmosphäre ausgestatteten Triton. Mit ihm endete diese historische Rundreise in 4,5 Mrd. km Entfernung, dem 30fachen der Entfernung Erde-Sonne; das Licht benötigt 4 Stunden, um eine solche Entfernung zu durchlaufen. Warum also nicht fortfahren und wenigstens bis zum nächsten Stern gehen, Proxima bzw. alpha Centauri? Sind wir nicht bereits auf dem Weg, da ja die Voyagersonden und ihre Vorgänger, die Pioneersonden, unser Sonnensystem verlassen haben?

Der Entfernungsrekord wird von dem 1973 gestarteten Pioneer 10 mit 6 Mrd. km gehalten.

Der Streckenrekord wird mit 6 Mrd. km von dem 1973 gestarteten Satelliten Pioneer 10 gehalten. Seit einiger Zeit wird an Studien zum Projekt Tau (das bedeutet Thousand Astronomical Units, 1000 Astronomische Einheiten) gearbeitet, einer Rakete, die das Tausendfache der Entfernung Erde-Sonne im interstellaren Raum erreichen soll, also 150 Mrd. km oder 130 Lichtstunden. Bei Verwendung der üblichen Raketen mit Vortrieb auf der Basis chemischer Treibstoffe würde die Reise 50 Jahre dauern, eine Zeitspanne, die sich die Menschen allmählich für eine wissenschaftliche Erkundung vorstellen können. Aber hier liegt der kritische Punkt: Proxima centauri befindet sich in einer Entfernung von 4 Lichtjahren, was 35 000 Lichtstunden oder dem 300fachen der Distanz, die Tau in einem halben Jahrhundert erreichen würde, entspricht. Die Reise würde also 150 Jahrhunderte dauern. Welcher Wissenschaftler hätte für ein solches Projekt die notwendige Motivation? Welcher Politiker würde einem solchen Unternehmen die notwendige Unterstützung zukommen lassen?

7.1 Die Sonnensegel

Dennoch haben sich Wissenschaftler und Techniker nicht von ihren
Bemühungen, hier neue Wege zu finden, abbringen lassen. Einer der
entsprechenden Vorschläge stammt von Raumfahrtpionier Hermann
Oberth (1894–1989). Mit 30 Jahren veröffentlichte er sein Buch *Die
Rakete zu den Planetenräumen*, in dem er die Grundlagen des Rück-
stoßantriebes im leeren Raum darlegte. Auch am Ursprung des „Ver-
eins für Raumschiffahrt", aus dem später Wernher von Braun (1912–
1977) hervorging, war er wesentlich beteiligt. Der VfR baute nach
den Plänen von Oberth die ersten mit Benzin und flüssigem Sauerstoff angetriebenen Raketen. Über diese bahnbrechenden Arbeiten
hinaus lieferte er aber auch die Idee des Sonnensegels: Wird eine
große reflektierende Fläche im Weltraum der Sonnenstrahlung ausgesetzt, so liefert jedes Photon, welches daran reflektiert wird, einen
gewissen Rückstoß. Bei senkrechtem Einfall und einer Fläche von
1 ha entspricht die Kraft aufgrund dieses Strahlungsdrucks dem Gewicht einer Masse von 10 g. Das ist natürlich sehr, sehr wenig, aber
man kann das Segel ja aus einer sehr feinen Folie herstellen. Für
eine 10 µm dicke mit Aluminium beschichtete Kaptonfolie beispielsweise ergäbe sich ein leichtes und doch stabiles Segel, das durch den
Strom der Sonnenphotonen eine nicht vernachlässigbare Beschleu-
nigung erfahren würde. In einer Umlaufbahn außerhalb der brem-
senden Erdatmosphäre ausgesetzt, könnte ein solches Photonense-
gel eine immer größere Geschwindigkeit erreichen und binnen eines
Jahres die Mondbahn erreichen. Dann wäre es übrigens so weit von
der Erdanziehung befreit, daß eine Reise von einem weiteren Jahr es
bis zum Mars bringen könnte.

Die interplanetare „Segel(raum)schiffahrt" ist geboren: Drei Systeme, ein europäisches, ein amerikanisches und ein japanisches von
je 200 kg Masse sollen von einer Ariane- oder einer russischen Pro-
tonrakete zu einem Wettrennen zum Mond gestartet werden. Wer
als erster ein Photo der Mondrückseite zurückfunkt, soll der Sieger
dieser ersten Weltraumregatta sein.

Dabei ergeben sich zahlreiche Fragestellungen zum Entfalten und
Stabilisieren großer, dünner Flächen – typischerweise von 0,25 ha.
Auch die mit dem Manövrieren verbundenen Probleme sind aufregend; man kann Klappen am Rande einsetzen, die mehr oder weniger geneigt werden, um das Segel „im Wind" auszurichten. Chri-

stian Marchal untersucht das Manövrieren mit magnetischen Effekten: Indem man ein elektrisches Kabel am Umfang anbringt und von einem Strom durchlaufen läßt, wie ihn die normalen Solarpanels liefern, erhält man einen magnetischen Dipol, der sich gemäß dem irdischen oder interplanetaren Magnetfeld ausrichtet.

Noch grandiosere Perspektiven ergeben sich im Hinblick auf Reisen zu den Sternen. Ein Segel von mehreren Quadratkilometern könnte Proxima Centauri in nur 1 oder 2 Jahrzehnten erreichen, vorausgesetzt, daß man mit einem starken Laserstrahl hinein„bläst", denn im interstellaren leeren Raum, fern jeden Sterns, ist es genauso dunkel wie auf der Erde mitten in der Nacht. Dieser Laserstrahl würde, ausgehend von der Sonnenstrahlung, von einem Kraftwerk geliefert werden, welches in der Nachbarschaft der Merkurbahn um die Sonne liefe. Das Raumschiff führt dabei überhaupt keinen Treibstoff mit und bleibt somit unbeschwert von auszustoßenden Massen.

7.2 Die Verwendung von Strahlung

Wenn es für dieses Jahrhundert nicht zur Debatte steht, selbst oder mit schwer zu beschleunigenden Robotern vor Ort nachsehen zu gehen, so kann die Rettung von den Strahlungen kommen. Schließlich funktioniert die Astronomie seit Jahrtausenden so; man beobachtet den Himmel, man photographiert ihn, man zeichnet sein Licht auf oder seine Lichter, ob sie nun sichtbar oder unsichtbar sind, wie die Infrarotwellen, Radio-, UV-, Röntgen- oder Gammastrahlung.

Diese elektromagnetischen Wellen breiten sich im Raum aus, um so leichter als dieser leer ist, und das mit einer Geschwindigkeit von 299 792 458 m/s, der Geschwindigkeit c, die nach der Relativitätstheorie Einsteins kein materieller Körper überschreiten kann. Wenn man einem Körper Energie zuführt, um ihn zu beschleunigen, so müßte man dies in der Tat mit einer mehr und mehr zunehmenden Rate tun, sowie man sich c nähert; das geht soweit, daß man ihm, um c zu erreichen, eine unendliche Energiemenge zuführen müßte. Dies ist der Grund, warum die Photonen, diese den elektromagnetischen Wellen durch die Vorstellung von Wellen-Teilchen der Quantenmechanik zugeordneten Korpuskeln, die sich mit der Geschwindigkeit c fortbewegen, als masselos betrachtet werden, wenn sie in Ruhe wären. Die Geschwindigkeit c ist eine Konstante der Physik, von den relativistischen Theorien bis hin zu den quantenmechanischen. Sie ist sogar eine Naturkonstante, zumindest für das Universum, in welches wir geworfen sind.

Die elektromagnetischen Wellen sollten uns also im Prinzip gestatten, die Außerirdischen aus der Ferne zu „sehen", und dies auf die schnellstmögliche Art, da sie ja die schnellsten Boten sind.

7.3 Die Neutrinos

Aber es gibt nicht nur die elektromagnetischen Wellen. Eine neue Astronomie und somit neue Wege der Wahrnehmung auf große Entfernung sind am 23. Februar 1987 auf spektakuläre Weise geboren worden: Zwanzig Neutrinos sind in verschiedenen Laboratorien auf der Erde genau in dem Augenblick registriert worden, als man das Zusammenstürzen eines Sterns beobachtete, das zur Supernova 1987A führte. Dies spielte sich in der großen Magellanschen Wolke ab, einer unserer nächsten kleinen Nachbargalaxien (die dennoch 170 000 Lichtjahre von hier entfernt ist). Diese Laboratorien zeichneten seit Jahren die aus im Herzen der Sonne ablaufenden Kernreaktionen stammenden Neutrinos auf; 1987A sandte uns Neutrinos aus wesentlich größerer Entfernung.

Die Neutrinos sind die leichtesten Teilchen, die man kennt, so leicht, daß die Bestimmung ihrer Masse noch zu schwierig für unsere Instrumente ist. Sie können sich daher mit einer Geschwindigkeit nahe der Lichtgeschwindigkeit ausbreiten, wenn man ihnen vernünftige Energien erteilt, und können uns somit ebenfalls schnell Informationen aus den Tiefen des Universums liefern. Sie sind es, die es ermöglichen könnten, uns dem kosmologischen Horizont am weitesten zu nähern, denn die Photonen und die elektromagnetischen Wellen bleiben in dem dichten Brei der ersten Augenblicke nach dem *Big Bang* hängen; mit ihnen kommt man daher nicht weiter als bis auf 300 000 Jahre an den Augenblick Null heran, bis in die Zeit, als die ursprünglichen Elektronen und Kerne zu für ihre Ausbreitung relativ durchsichtigen Atomen rekombinierten. Währenddessen stellt der Anfangsbrei für die Neutrinos praktisch keinerlei Hindernis dar; ihre Beobachtung in die Vergangenheit hinein wird nur durch den Moment ihres Auftretens in genügender Anzahl begrenzt, das ist gegen Ende der *Längsten Sekunde*. Leider fällt es uns gerade wegen ihrer gegen Hindernisse so gut wie unempfindlichen Ausbreitung sehr schwer, sie durch Wechselwirkung mit den Materialien unserer Instrumente nachzuweisen. Trotz ihrer beträchtlichen Größe haben unsere Detektoren bei der Explosion der Supernova 1987A nur 20 von ihnen nachgewiesen. Die Technologie der Erkundung des Kosmos mit Neutrinos steckt noch in ihren Kinderschuhen, es sei denn, daß Unternehmungen von außerirdischen Astroingenieuren sie in Mengen produzieren sollten ....

7.4 Die Gravitationswellen

Ich werde nur kurz auf die kosmischen Strahlen verweisen, die astrophysikalischen Ursprung (Sonne, interstellarer Raum, Quasare ...) haben, und die ebenfalls von Einstein vorhergesagten Gravitationswellen nur streifen. Man beginnt, erste Anzeichen für ihre Existenz durch das Studium der Doppelpulsare zu gewinnen, für deren Entdeckung und Erforschung R. Hulse und J. Taylor 1993 den Nobelpreis für Physik erhielten. Auch diese Wellen breiten sich mit Lichtgeschwindigkeit aus.

Sehr aufwendige Instrumente einer neuen Generation sind in Vorbereitung, um zu versuchen, sie systematisch nachzuweisen. So hat die Supernova 1987A bei ihrer Explosion plötzlich die Raumkrümmung in ihrer Umgebung ändern müssen, und diese Änderung hat sich in Form einer Kugelwelle ausbreiten müssen, die beim Vorbeilaufen dem Raum eine kurzzeitige Krümmung aufprägte, so wie ein in einen See geworfener Stein eine Welle von Krümmungen an der Oberfläche erzeugt. Wenn das zukünftige Meßinstrument bereits in Betrieb gewesen wäre, hätte man sie zu gleicher Zeit wie die 20 Neutrinos nachweisen können. Eine andere, in unserer Reichweite befindliche Nachweismethode würde die Pulsare benutzen. Man hat gelernt, alle von einem Pulsar empfangenen Radiopulse zu zählen, ohne einen einzigen auszulassen, und das selbst bei der Kadenz derer, die mit bis zu 1000 Umdrehungen/s rotieren. Außerdem kann man ihre Empfangszeitpunkte genauer als auf $1\,\mu s$ bestimmen. Stellen Sie sich nun vor, daß eine Gravitationswelle den

Weg kreuzt, welchem die Radiowellen vom Pulsar zu uns folgen; wenn diese auf ein Raumstück mit veränderter Krümmung treffen, sind sie gezwungen, eine an diese neue, kompliziertere Krümmung angepaßte Bahn zu nehmen, und ihre Empfangszeit wird leicht verfrüht oder verspätet werden. Man erhofft sich sehr viel von dieser neuen Technologie zum Nachweis von Gravitationswellen. Und da es nicht ausgeschlossen ist, daß eine Superzivilisation durch Astrotechnik sehr hoher Leistung größere Materiebeschleunigungen erzeugt, hätte man hiermit ein Mittel, sie nachzuweisen.

7.5 Elektromagnetische Wellen

Trotzdem, wir wollen realistisch bleiben. Gegenwärtig scheint es der zugänglichste Weg zu sein zu versuchen, von außerirdischen Zivilisationen erzeugte elektromagnetische Wellen zu detektieren. Da kein bekanntes Prinzip der Physik die Existenz dieser Wellen verbietet — eher im Gegenteil, muß man im Hinblick auf die bereits aufgestellten 3 Arbeitshypothesen sagen —, führt uns der Pragmatismus dahin, sie zu suchen.

Alle von gleicher Natur, ist jede von ihnen durch ihre Wellenlänge charakterisiert; die Störungen der elektromagnetischen Felder können in einem einfachen Fall als alternierende Änderungen der Intensität dieser Felder an einem gegebenen Ort dargestellt werden; die Intensität nimmt zu, nimmt ab, nimmt zu usw., periodisch, auf regelmäßige Weise, z. B. 100 Mio. mal pro Sekunde; die Periode ist also eine hundertmillionstel Sekunde. Aber diese regelmäßige Variation an einem gegebenen Ort breitet sich mit Lichtgeschwindigkeit zu anderen Orten hin aus. Der von ihr in einer Sekunde durchlaufene Weg ist also 300 000 km lang, und auf der ganzen Länge dieses Weges beobachtet man Wechsel zwischen Zunahme und Abnahme der Feldstärke, entsprechend zu 100 Mio. Schwingungen. Zwischen den einzelnen Extrema der Feldstärke liegt also eine Länge von 300 000 km geteilt durch 100 Mio., das sind 3 m. Drei Meter ist die Wellenlänge elektromagnetischer Wellen, die mit einem Rhythmus von 100 Mio. mal pro Sekunde oszillieren. Und diese Zahl der Schwingungen pro Sekunde wird die Frequenz der fraglichen Welle genannt, die man in Hertz mißt, hier also 100 Megahertz. Hundert

Megahertz (abgekürzt MHz) ist die Frequenz der von FM-Sendern benutzten Wellen; in Deutschland liegen ihre Frequenzen in dem Band zwischen 87 und 108 MHz.

Ich nutze gleich die Gelegenheit, um eine Vorstellung von der Breite des für SETI wesentlichen Frequenzbandes zu geben. Ganz offensichtlich müssen die FM-Sender verschiedene Sendefrequenzen benutzen, um sich nicht gegenseitig zu stören. Nehmen wir an, daß es 200 sind, die sich das Band von 87 bis 107 MHz teilen müssen; dann verfügt jeder über eine Bandbreite von 0,1 MHz oder 100 kHz. Beim Fernsehen nennt man sie oft „Kanal".

Aber warum sollte man nicht 1000 Sender unterbringen, von denen dann jeder über einen Kanal von nur 10 kHz verfügt? Hier kommt eine Grundidee ins Spiel, die wir bei SETI oft finden werden: Wenn ein Sender über einen Kanal von 10 kHz Breite verfügt, kann er seine Trägerwelle in einem Frequenzintervall modulieren, das von 0 bis 10 kHz reicht; nun ist es gerade die Modulation, die es ermöglicht, Informationen über die Trägerwelle zu transportieren; ohne Modulation hätten die ausgesendeten Wellen eine feste Frequenz, ohne Informationsgehalt, ähnlich einem Dauerpfeifton. Wenn man Geräusche (Sprache, Musik, Bilder) übermitteln will, muß man modulieren, daß heißt mit Änderungen der Frequenzen und Intensitäten der ausgesendeten Wellen arbeiten. Aber dies könnte man im betrachteten Fall nur innerhalb der verfügbaren 10 kHz tun, und somit könnte kein höherer Ton übermittelt werden als einer mit 10 000 Schwingungen pro Sekunde.

Wenn das den Musikliebhabern nicht reicht, muß man weniger Sender zulassen, denn die Breite des verfügbaren Kanals ergibt die maximale übermittelbare Frequenz. In der Tat folgt all dies aus der Informationstheorie und aus der Theorie der Fourier-Transformationen, nach dem berühmten Mathematiker Baron Joseph Fourier, der 1812 die trigonometrischen Reihen einführte, „ein mathematisches Werkzeug von beträchtlicher Bedeutung", wie man im Lexikon nachliest.

7.6 Dezimeterwellen

So wie die FM-Empfänger für elektromagnetische Wellen mit 3 m Wellenlänge empfindlich sind, nehmen unsere Augen Wellen von ca. 0,4 bis 0,8 µm wahr, die sogenannten sichtbaren Wellen, vom Violett bis zum Rot. Ihre Frequenzen liegen im Bereich von Millionen Milliarden Hertz. Die UV-, die Röntgen- und die Gamma-Strahlungen haben noch höhere Frequenzen, während die Infrarotwellen von 1, 10 oder 100 µm (das sind 0,1 mm) den Übergang zu den Millimeterradiowellen darstellen. Ein für SETI besonders interessanter Frequenzbereich ist der der Dezimeterwellen, der von 3 bis 30 cm reicht, und dessen Frequenzen zwischen 10 und 1 GHz liegen.

Warum versucht SETI, Dezimeterwellen zu entdecken? Das ergibt sich aus Problemen der Praxis. Für längere Wellen wird der Himmel plötzlich sehr „hell", denn Sterne aller Art, ob das nun Gasnebel, Radiogalaxien, Quasare, Pulsare, Supernovae oder Reste von Supernovae sind, emittieren natürlicherweise und intensiv im Bereich der Meterwellen und noch längerer Wellen. Zu versuchen, eine Emission von einer Zivilisation im Meterwellenbereich nachzuweisen, liefe daher auf das Gleiche hinaus, als ob man Sterne am hellichten Tag photographieren wollte: Der Himmelshintergrund würde durch seine Intensität den schwachen, von einem Stern stammenden Glanz überdecken. Diesen Effekt des „hellichten Tages" gilt es also zu vermeiden.

Auf der anderen Seite kommt für die Wellen, die kürzer als rund ein Zentimeter sind, ein nachteiliges Phänomen ins Spiel, das mit dem Welle-Teilchen-Dualismus der elektromagnetischen Wellen verknüpft ist. Nach der Quantenmechanik sind jeder Welle Teilchen (die Photonen im weiteren Sinne) zugeordnet, deren Verteilung und Bewegungen im Raum sie bestimmt. Man findet die größte Aufenthaltswahrscheinlichkeit der zugeordneten Photonen dort, wo die Welle am intensivsten ist. Außerdem ist die Energie jedes Photons proportional zur Frequenz der zugehörigen Welle. Folglich gibt es für eine gegebene, von der Welle transportierte Gesamtenergie aufgrund dieses „Quantisierungseffekts" um so weniger Photonen, je höher die Frequenz ist.

Kommen wir zurück zu einer Zivilisation, die Signale aussendet. Wenn sie Wellen hoher Frequenz verwendet, bekommt sie für ihre Sendung bei einem gegebenen Energiebudget unter Verwendung hoher Frequenzen nur eine relativ geringe Zahl verfügbarer Photonen. Nun sind es aber definitiv die Photonen, die die Information übermitteln: Wenn man ein Photon empfängt, notiert man „1", wenn man keins empfängt, notiert man „0"; die Folgen von 0 und 1 bilden die zur Kodierung der Information dienenden Bitsequenzen. Infolgedessen darf eine Zivilisation, die mit einem gegebenen Energiebudget (das ist die dem Sender zur Verfügung gestellte Energie) ein Maximum an Information (und somit an Photonen) übermitteln möchte, keine Wellen hoher Frequenz benutzen.

An dieser Stelle kommt, um die wichtige Frage nach der für SETI günstigsten Wellen abzuschließen, auf unverhoffte Weise der *Big Bang* ins Spiel. Der aus allen Richtungen des Kosmos empfangene Hintergrund an Radiowellen (die kosmische 2,7 K Hintergrundsstrahlung) ist der fossile Überrest der intensiven Strahlung, welche das Universum unmittelbar nach dem *Big Bang* erfüllte. Dieser Himmelshintergrund ist offensichtlich störend, wenn auch schwach, aber unvermeidbar. Wenn man ihn in die Gesamtbilanz mit einbezieht, findet man, daß der „Quanten"nachteil für hohe Frequenzen den Nachteil des „*Big Bang*" nur für Frequenzen oberhalb von rund 30 GHz (Wellenlängen unter 1 cm) übertrifft. Diese drei Effekte, „hellichter Tag", „Quantisierung" und „*Big Bang*" bedingen, daß der günstigste Frequenzbereich für SETI von 1 bis 30 GHz reicht.

Indessen verhindert der in unserer Atmosphäre enthaltene Wasserdampf Beobachtungen vom Boden aus im 20-GHz-Frequenzband. Wenn man diesen „Wasserdampfeffekt" zu den drei vorhergehenden Effekten hinzunimmt, so reicht der für SETI vorteilhafte Frequenzbereich – solange man keine großen Radioteleskope im Weltraum einrichten kann – schließlich von 1 bis 10 GHz, das ist der Bereich der Dezimeterwellen. Da die Radioastronomen Anfänger im Beruf des kosmischen Detektivs sind und darüber hinaus eine pragmatische Gesinnung haben, werden sie an erster Stelle mit deren Hilfe auf die Suche gehen.

7.7 *Schmalbandsignale*

Nachdem man somit das Band der günstigsten Frequenzen für den Beginn von SETI – man nennt es oft auch das SETI-Fenster – ausfindig gemacht hat, muß man untersuchen, unter welchen Bedingungen sich ein Signal so weit wie möglich ausbreitet. Wenn ein Radioastronom, denn ein solcher wird als erster Spezialist für SETI eingestellt, versucht, ein schwaches Signal aufzuzeichnen, werden seine Instrumente durch alle möglichen parasitären Fluktuationen gestört: Die natürlichen Störsignale (Unwetter) oder die menschlichen (Industrie), die ungeordneten Bewegungen der Elektronen in den verwendeten höchstempfindlichen Verstärkerschaltkreisen, die statistischen Fluktuationen der Radioemissionen astrophysikalischen Ursprungs etc. Alle diese mehr oder weniger zufälligen Änderungen ergeben das, was man das „Hintergrundsrauschen" nennt; und genau aus diesem Rauschen gilt es, das Signal herauszuscheiden.

Im Falle eines Signals, das von einer Zivilisation absichtlich mit dem Ziel ausgesandt wurde, weit zu tragen, das also (beispielsweise von uns) auf schwachem Signalpegel empfangen werden könnte, besteht ein Interesse daran, daß die ausgesandte Energie in einem möglichst schmalen Frequenzband enthalten ist. Die Rechnungen zeigen in der Tat, daß das Signal in diesem Fall für eine gegebene Energiemenge stärker ist, und daß die störenden Fluktuationen des Hintergrundrauschens auf die in dem schmalen Band des Signal enthaltenen begrenzt sein werden.

Wenn man also auf der Suche nach Signalen ist, die mit Vorbedacht so entworfen sind, daß sie Informationen in große Entfernungen übermitteln können, so hat man folglich ein Interesse daran, sich auf die Suche nach sehr schmalbandigen Signalen zu beschränken. Dies ist in der Tat der amerikanische Ansatz, den die NASA für ihr SETI-Programm gewählt hat. Aber andere Methoden sind begreiflich, insbesondere die sowjetische Strategie, die stärker auf den Nachweis von astrotechnologischen Ausstrahlungen ausgerichtet sind, welche nicht vorsätzlich erzeugt wurden und nicht notwendigerweise ein schmales Frequenzband haben.

7.8 Die interstellare Dispersion

Indessen kann man die Bandbreite eines absichtsvoll ausgesandten Signals nicht so schmal machen, wie man möchte, denn die Radiowellen sind auf ihrer Bahn Wechselwirkungen mit den Elektronen ausgesetzt, die über den interstellaren Raum verstreut sind. Obwohl wenig zahlreich – man zählt vielleicht $100/cm^3$ – wirken diese Elektronen schließlich auf sehr langen Strecken. Wenn eine Radiowelle ein Elektron trifft, schüttelt sie es vermittels ihres elektromagnetischen Feldes, was zur Folge hat, daß sich die Welle ein wenig ändert, und ihr ein wenig Energie entzogen wird; dadurch nimmt die Frequenz der Welle geringfügig ab. Alles in allem befinden sich Wellen von einigen Gigahertz, die bei der Aussendung alle dieselbe Frequenz hatten, nach einer Strecke von beispielsweise 10 Lichtjahren in einem Frequenzband von der Größenordnung eines Zehntel Hertz.

Diese Dispersion interstellaren Ursprungs macht somit die Ausstrahlung mit Bandbreiten von weniger als 0,1 oder 0,05 Hz unnütz, ebenso wie den Empfang mit Detektoren, deren Kanäle eine Bandbreite unterhalb dieser Grenzen haben. Der SETI-Empfänger mit den schmalsten Kanälen ist der von Harvard mit Breiten von 0,05 Hz. Halten wir fest, daß es einen Interessenkonflikt zwischen der Möglichkeit, weit zu senden, und der, viele Informationen zu übermitteln, gibt; die erste verlangt schmale Kanäle und die zweite breite. So geht es in der Physik!

Aber es ist möglich – ohne in reine Spekulation verfallen zu wollen –, daß eine Zivilisation zunächst versucht, unsere Aufmerksamkeit durch ein sehr schmalbandiges Konzept anzuziehen, dessen einzige Information wäre, durch seine schlichte Anwesenheit zu sagen: „Wir sind da"; danach würde sie uns über eine Breitbandsendung mit geringerer Intensität detailliertere Informationen liefern. Um sie nachzuweisen, müßten wir also höherentwickelte Technologien verwenden. Ihre Wellen würden in diesem Fall in einem zusammengesetzten Band emittiert werden, das aus einer schmalbandigen, kräftigen Spitze der Frequenzverteilung, flankiert von einem breiten Plateau von bescheidener Intensität, bestünde.

7.9 Hundert Milliarden SETI-Kanäle

Jetzt kann man die wahrhaft gewaltige Herausforderung darstellen, der SETI gegenübersteht: Das SETI-Fenster (von 1 bis 10 GHz) enthält 100 Mrd. mögliche Kommunikationskanäle (von 0,1 Hz). Erinnern wir uns, daß Drake bei seinem ersten Horchposten vor 30 Jahren über einen Empfänger mit einem einzigen Kanal verfügte, und daß heute die besten Empfänger der Radioastronomen nur 1000 simultan nutzbare Kanäle haben. Tausend verglichen mit 100 Mrd.! Das ist eine Unterkapazität von einem Faktor 100 Mio.

In den letzten 30 Jahren hat ein gutes halbes Dutzend radioastronomischer Observatorien jeweils einige Wochen dem Lauschen nach Signalen aus der Richtung einiger hundert Sterne gewidmet. Sie haben doch nur einige Fischzüge im immensen Ozean der interstellaren Signale getan, auf der Suche nach einer winzigen Flasche, die vielleicht ein ganz kleines Stück Papier enthält.

7.10 Ruhm den Pionieren!

Wir wollen dennoch die Pioniere würdigen, denn trotz des Bewußtseins, daß ihre Suche fast aussichtslos ist, haben sie sich abgemüht, fortschrittlichste elektronische Systeme aufzubauen, Algorithmen für die Analyse aufzustellen und die Geringschätzung einer sehr großen Zahl ihrer Kollegen zu überwinden, nur um am Ende festzustellen, daß nichts in ihrem Netz zappelte, und daß die Autoritäten ihnen spöttisch jede Unterstützung verweigerten, finanzielle wie auch moralische. Glücklicherweise haben viele dieser Vorkämpfer einen eisernen Willen; die Begeisterung, die sie für dieses außergewöhnliche Unternehmen empfanden, schützte sie vor all diesen Anfechtungen.

Welche Observatorien agieren als Pioniere beim Lauschen nach Radiosignalen? Da ist die Harvard-Universität, verbunden mit dem Smithsonian Institute und der Planetary Society von Sagan, das National Radio Astronomy Observatory in Greenbank, die Universität von Berkeley, die Universität von Ohio, alle amerikanisch. Es ist mir ein besonderes Vergnügen, mit dem Observatorium von Paris-Meudon den französischen Beitrag anzusprechen, wo mein Kollege François Biraud bereits in den ersten Jahren wissenschaftlich und technologisch zum Bau des großen Radioteleskops von Nançay beigetragen hat. Seit 1981 hat er mit dem großen Radioteleskop von Nançay 8 Jahre lang jedes Jahr 10 Tage lang die 300 nächsten sonnenähnlichen Sterne belauscht, darunter natürlich auch die beiden ersten von Frank Drake abgehorchten, tau Ceti und epsilon Eridani. Biraud hat so ein Know-how auf diesem Gebiet erworben, das ihm gestattet hat, Methoden und Strategien auszuarbeiten, elektronische und programmtechnische Prototypen zu erstellen und vor allem die Idee von SETI in Frankreich zu verbreiten: Die französische SETI-Tradition verdankt ihm ihre Grundlagen.

Der Weg ist frei. Aber darf man sich wundern, daß trotz der 100 000 Stunden verzweifelten Fischens noch nie irgendein Signal detektiert wurde? Muß man also SETI aufgeben und damit die begeisternde Hoffnung, jemals eine intelligente, von anderswo stammende Nachricht zu empfangen? Glücklicherweise haben einmal mehr die Abenteurer von jenseits des Atlantik die Herausforderung angenommen, indem sie neue Technologien entwickelten.

Kapitel 8

Die NASA stellt sich der Herausforderung

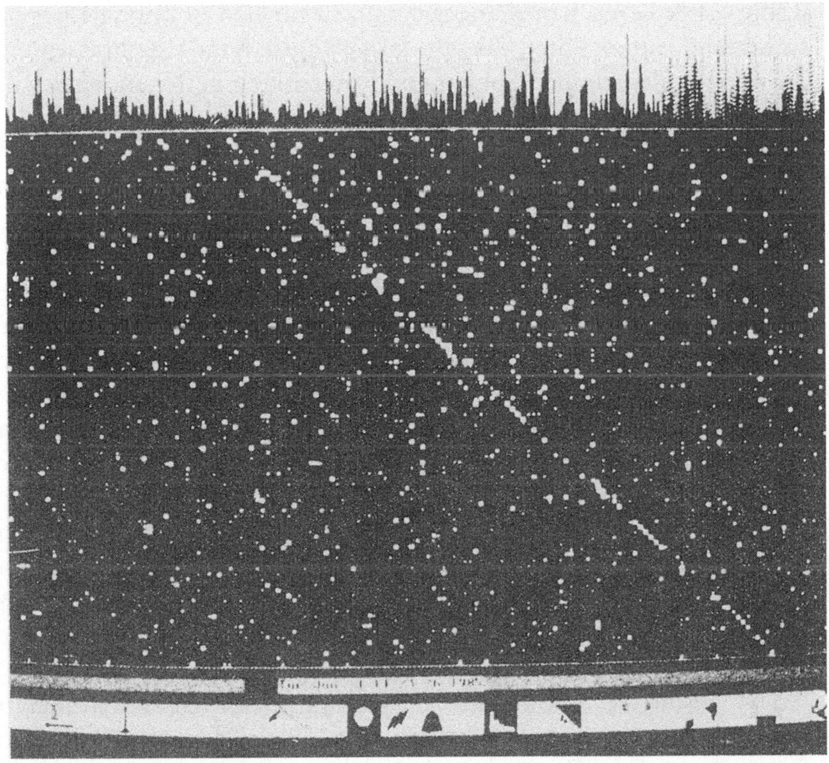

Ein künstliches und ein intelligentes außerirdisches Radiosignal! Der Prototyp der NASA hat den 1-W-starken Sender der Sonde Pioneer 10 detektiert, der sich nach Verlassen des Sonnensystems in mehr als 5 Mrd. km Entfernung befindet. (Quelle: NASA)

Milliarden von Dezimeterwellenkanälen zu erkunden stellt eine gigantische Herausforderung dar. Nichtsdestoweniger hat die NASA vor 10 Jahren entschieden, sich ihr zu stellen. Freilich bedurfte es dazu einer revolutionären Technologie!

8.1 Zehn Millionen Kanäle

Radio- oder Fernsehempfänger benutzen für den Empfang eines bestimmten Senders Filter, die nur das gewählte Band durchlassen und die mit aus elektrischen Spulen und Kapazitäten bestehenden Schaltkreisen aufgebaut sind. Seit rund 10 Jahren verwenden die Radioastronomen Filter, die auf Autokorrelationsschaltungen aufbauen, wobei die Grundidee noch auf Joseph Fourier zurückgeht: Wenn eine Welle wohlbestimmter Frequenz von einem Empfänger aufgefangen wird und, nachdem sie durch einen elektronischen Kunstgriff um mehrere Perioden verzögert wurde, mit der direkt empfangenen überlagert wird, so stimmen die empfangene und die verzögerte Welle überein. Der durch eine sogenannte Verzögerungsleitung bewerkstelligte elektronische Kunstgriff gestattet es also, anhand der beobachteten Korrelation eine Welle gegebener Frequenz zu identifizieren; das System wirkt also wie ein Frequenzfilter. Diese heute gängige Technologie kann rund 1000 Parallelkanäle liefern. Bei noch größeren Kanalzahlen wird sie sehr schwerfällig. Eine andere Technologie hat es in bestimmten Observatorien ermöglicht, bis auf 10 000 Kanälen hinaufzugehen, aber auch diese kann nicht mehr mithalten, wenn man dieses Niveau überschreitet.

Tatsächlich war es das Aufkommen der Großrechner, das es der NASA gestattete, bis an die Anwendungsgrenzen des mathematischen Werkzeugs der Fourier-Reihen zu gehen. Man liest die empfangenen Radiowellen in einen Rechner ein, unterzieht sie einer numerischen Fourier-Transformation und sieht sich das Ergebnis an: Es zeigt uns die Intensität der empfangenen Wellen für alle Frequenzen, die man sich wünscht: bei der und der Frequenz die und die Intensität. Wenn man ein Himmelsgebiet „abhorcht" und ein Signal auf einer bestimmten Frequenz ausgesandt wird, so erscheint es als ein Intensitätsüberschuß bei genau dieser Frequenz, der einen „Peak", ein scharfes Maximum, auf einem Aufzeichnungsgerät verursacht. Wenn das Signal in einem Band von soundsoviel Hertz Breite emittiert wird, erzeugt es einen breiteren Überschuß, einen Buckel in dem fraglichen Bereich auf der Aufzeichnung. Diese Technologie hat keine Grenzen: Die mathematische Operation der Fourier-Transformation ist unendlich mächtig. Nur die Rechenkapazität des Computers bringt Begrenzungen. In dieser Richtung also hat sich die NASA engagiert.

8.2 Der MCSA

Die Fourier-Transformationen benötigen gigantische Berechnungen, zwar einfach in ihrem mathematischen Prinzip, aber sehr spezifisch. Deswegen ist die NASA dazu gebracht worden, den notwendigen Computer selbst zu bauen. Die vom Radioteleskop aufgefangenen Radiowellen werden vom Empfänger verstärkt und in elektrische Ströme umgewandelt, dann werden sie in eine erste Batterie von 112 Fourier-Filtern von jeweils 74 kHz Bandbreite eingeleitet. Die 112 erhaltenen Ströme werden darauf in 112 Batterien von 72 Kanälen mit 1024 Hz Breite eingespeist. Insgesamt verfügt man am Ausgang über 8064 Ströme, die nun alle parallel, immer noch nach Fourier, durch Mikroprozessoren in 1024 Kanäle von 1 Hz Breite überführt werden. Am Ende dieser enormen Verarbeitungskaskade erhält man endlich 8 257 536 Ströme, die die vom Teleskop empfangene Radiointensität in feinen Scheiben von 1 Hz Breite angeben. Diese außergewöhnliche Anordnung ist auf die barbarische Abkürzung MCSA (Multi Channel Spectrum Analyzer) getauft worden.

Die gewählte Architektur mit aufeinanderfolgenden Stufen ist einer konventionelleren monolithischen Architektur mit 8 Mio. Kanälen vorgezogen worden, welche ein Supermikroprozessor für Fourier-Transformation liefern könnte. So war es leichter, einen bescheideneren Prototypen zu realisieren (mit dennoch 74 000 Kanälen, ein Rekord also), indem man eine einzige Untergruppe dieser Elemente verwendete. Diese in hohem Grade modulare Architektur mit einem hohen Niveau paralleler Informationsverarbeitung verringert die Zahl unterschiedlicher Baugruppen und beschränkt den Ausfall eines Elements auf nur einen Teil des analysierten Frequenzbandes. Schließlich ergibt er ein hohes Maß an Flexibilität, da nur durch Wechsel der Einzelkodierungen die verschiedenen aufeinanderfolgenden Transformationsstufen gesteuert werden können. Und vor allem ist das System erweiterbar .... Die Zukunft öffnet sich vor ihm!

Der Prototyp mit 74 000 Kanälen paßt in ein Rack, ein vertikales Regal von der Höhe eines Tiefkühlschrankes; flankiert von seinem Kontroll- und Datenerfassungsrechner, der einer Waschmaschine und dem zugehörigen Trockner ähnelt, stellt er im Jargon der NASA die Ausstattung mit „elektrischen Haushaltsgeräten" des perfekten Kandidaten für SETI dar. Er ist bis nach Arecibo gereist, um die von der gigantischen Schale empfangenen Wellen zu „waschen". Nach diesem Test hat die NASA mit dem Bau des endgültigen MCSA begonnen. Nunmehr wurde es notwendig, zur höheren Stufe der elektronischen Technologie überzugehen. Wenn er wie der Prototyp mit Hilfe von Karten realisiert würde, wie sie in unseren altehrwürdigen Fernsehapparaten enthalten sind, würde der endgültige MCSA rund 20 Racks füllen. Zum großen Glück findet man aber unter allen Schaltkreisen aufgrund der modularen Architektur nur 13 verschiedene; der grundlegende Superprozessor enthält 680 ähnliche davon. Es handelt sich also um einen ausgezeichneten Kandidaten für die Integration im sehr großen Maßstab, die VLSI (Very Large Scale Integration), die es erlaubt, eine ganze Gruppe von Bauelementen, welche einen Quadratdezimeter einnimmt, durch einen Mikrochip von $10\,\mathrm{mm}^2$ zu ersetzen. Die Gruppe hat einen VLSI-Chip entwickelt der, 680mal vervielfältigt, den Platzbedarf und die Kosten erheblich reduziert.

8.3 Der Signaldetektor

Wenn man das aus den empfangenen Intensitäten erhaltene Resultat für jeden der Millionen Kanäle grafisch darstellen möchte, könnte man Aufzeichnungsgeräte benutzen, wie man sie für Elektrokardiogramme (EKGs) verwendet; ein Stift trägt längs eines Papierbandes die in jedem Kanal aufgezeichneten Werte auf und zeichnet so ein sogenanntes Spektrum. Wenn ein Kanal oder eine kleine Gruppe von Kanälen mehr Wellen empfinge als ihre Nachbarn, würde der

Kurvenzug an ihrer Position eine Nadel oder Ausbuchtung aufweisen; der ganze Rest des Spektrums würde wie ein ganz aufgeregter, chaotischer und kapriziöser Kurvenzug erscheinen, der mehr oder weniger der Nullinie folgt und das im wesentlichen fluktuierende und zufällige Aussehen der durch alle möglichen Störungen bei der Übermittlung, beim Empfang oder der Verstärkung erzeugten kleinen Intensitäten zeigt, im Jargon der Elektroniker das Rauschen. Selbst bei Annahme eines Kanals pro Zehntel mm hätte das Papierband eine Länge von rund 1 km und dies für ein einziges beobachtetes Spektrum. Es wäre also undenkbar, eine visuelle Auswertung durchzuführen.

Deshalb mußte sich die NASA an den zweiten Teil des Gerätes heranwagen, ein Signalerkennungsgerät, welches ebenfalls auf mathematischen und elektronischen Technologien aufbaut und einen speziellen, hochentwickelten Computer verwendet. Dieser Signaldetektor ist für eine noch relativ bescheidene Aufgabe entworfen und gebaut worden: Er soll die Existenz eines Signals erkennen, das entweder andauernd ist wie ein Pfeifton oder regelmäßig pulsiert wie ein Tüt-Tüt. Selbst für zwei so primitive Signaltypen wie diese ist die Aufgabe ungeheuer groß.

Um sich darüber klar zu werden, nehmen wir einmal den von der NASA ins Auge gefaßten Fall. Für 1000 s peilt man einen Kandidatenstern an; jede Sekunde nimmt man das Spektrum auf, welches aus seiner Richtung stammt; man hat also 1000 Spektren mit je 8 Mio. Kanälen.

8.4 Ein alptraumhafter Anzeigeschirm

Stellen wir uns vor, daß der Computer das Ergebnis eines Spektrums auf einem Fernsehschirm als horizontale Linie von 8 Mio. aufeinanderfolgenden Punkten darstellt, wobei jeder Punkt je nach der in der betreffenden Sekunde im zugehörigen Kanal empfangenen Signalstärke mehr oder weniger hell angezeigt wird. In den folgenden Zeilen für jede der 1000 s der Beobachtung das gleiche Spiel. Man findet sich also vor einem Bildschirm von 1000 Zeilen mit jeweils 8 Mio. Punkten wieder, also mit 8 Mrd. Punkten (oder Pixeln), alle mehr oder weniger hell. Zum Vergleich, ein normaler Fernsehschirm umfaßt weniger als 1 Mio. Bildpunkte.

Wenn auch die Helligkeit in Zahlen erfaßt wird, konfrontiert uns die Beobachtung mit einem Bildschirm, der 100 Mrd. Elementarinformationen (oder Bits) enthält. Ausgehend von dieser Datenflut muß man sofort die Entscheidung treffen, ob es ein Signal gibt oder nicht, und dies innerhalb der halben Stunde bis zur nächsten Beobachtung. Denn es steht völlig außer Frage, diese 800 Mrd. Bit auf einem Magnetband oder einer optischen Speicherplatte aufzuzeichnen, um sie später zu analysieren; das würde einen sich nur weiter von der Lösung entfernen lassen.

Außerdem muß man sofort davon informiert werden, wenn die Beobachtung eines Sterns ein Signal liefert, damit man so bald wie möglich beginnen kann, es zu untersuchen, und nicht riskiert, daß dieses Signal aus irgendeinem Grunde aufhört. Außerdem muß man sich darüber im klaren sein, daß der gigantische und alptraumhafte Schirm aufgrund des Rauschens statistisch mit einer Vielzahl mehr oder weniger heller Pixel übersät ist, wovon Ihnen Ihr Fernsehschirm eine Miniversion bietet, wenn er bei Sendeschluß nur noch den wohlbekannten „Schnee" zeigt, der ebenfalls von allen möglichen Fluktuationen herrührt. Da die NASA in Anbetracht der kolossalen zu überbrückenden Entfernungen auf der Suche nach vermutlich recht schwachen Signalen ist, wird ein Dauerton oder ein Tüt-Tüt vollständig darin untergehen.

8.5 Die Signalgewinnung

So besteht ein Tüt-Tüt aus einer Folge von Punkten in regelmäßigen Abständen auf dem Bildschirm; für Pulse, deren Periode 10 s beträgt, wären 100 Punkte unter den 8 Mrd. Pixeln verloren; außerdem würden sie sich von Mal zu Mal durch den Dopplereffekt um mehrere Kanäle seitlich verschieben, und zwar aufgrund der mit der Beobachtung verbundenen Geschwindigkeitsvariationen (der irdische Empfänger bewegt sich mit der Erde und der außerirdische Sender ebenfalls). Der Signaldetektor muß also nach einer unbekannten Anzahl von eher schwachen Punkten suchen, die längs einer unbekannten Linie in unbekannten Abständen angeordnet sind. Er muß also Rechnungen durchführen, die relativ einfach in ihrer mathematischen Formulierung, aber erschreckend in der außerordentlichen Vielzahl der zu untersuchenden Kombinationen sind, um sein endgültiges Urteil binnen der halben Stunde zu fällen. Man hat Algorithmen entwickelt, um solche Punktanordnungen ausfindig zu machen; um den bei solchen Rechnungen auftretenden exzessiven Speicherbedarf zu bekämpfen, verwendet man Komprimierungsverfahren; und man muß seine Zuflucht zu mehreren hundert Mikroprozessoren nehmen, von denen jeder einen Teil des Spektrums von 100 kHz bearbeitet. Auch hier drängt sich die VLSI auf; die sehr spezialisierten Prozessoren, welche auf per Inhalt adressierbaren Speichern aufbauen, enthalten jeder 50 VLSI-Chips.

Dank dieser wichtigen technologischen Entwicklungen ist die Schranke von rund 10 Mio. parallelen Kanälen erreicht. Man beginnt bereits in Richtung auf 100 Mio. oder 1 Mrd. Kanäle zu schauen. In den Schlußfolgerungen, die Frank Drake am Ende des Symposiums von Val Cenis 1990 dargelegt hat, wies er nachdrücklich auf die Tatsache hin, daß seit seinem ersten Horchversuch nicht nur die Zahl der Kanäle von 1 auf 10 Mio. und bald 100 Mio. angestiegen ist, sondern daß sich darüber hinaus die Empfindlichkeit der Empfänger um einen Faktor 1000 erhöht hat. Diese Fortschritte haben während der letzten Jahrzehnte einen erstaunlichen exponentiellen Verlauf gezeigt und eröffnen eine ungeheure Zukunft. Die Schranken werden überrannt werden, und SETI wird ein Ergebnis erreichen müssen.

Warum dann nicht noch abwarten, um SETI im großen Stil zu starten? Eine müßige Frage, denn wenn Drake vor 30 Jahren mit seinem einzigen Kanal OZMA nicht diejenigen gefolgt wären, die die Fährte mit 100, dann 1000, dann 100 000 Kanälen aufnahmen, wären die technologischen Fortschritte fromme Wünsche geblieben, und der an seinen Signaldetektor gekoppelte MCSA würde nicht existieren. Schon 1992 wird er es ermöglichen, in einer Lauschminute das zu schaffen, wofür OZMA 100 000 Jahre benötigt hätte. Ja, dies ist der Faktor, der uns verbindlich in den „kosmischen Heuhaufen" einführt, um dort im richtigen Moment, im richtigen Kanal, vom richtigen Stern, das richtige Signal zu suchen.

8.6 Das Horchprogramm

Das richtige Signal, im richtigen Kanal, im richtigen Moment, für den richtigen Stern. Alles ist da! Der vierdimensionale kosmische Heuhaufen ist definiert durch seine vier Achsen, und seine Riesenhaftigkeit macht uns recht bescheiden. „Der richtige Kanal" unter hundert Milliarden; „der richtige Stern" unter zig Milliarden, allein in unserer Galaxie; „der richtige Moment", denn unsere Apparate müssen natürlich auch arbeiten, wenn die Wellen eines eventuellen Signals gerade die Erde bestreichen – denn diese Horchbereitschaft wird für ein weltweites Programm von mehreren Jahren nur eine Minute betragen. Schließlich muß das „richtige Signal" vorliegen, denn trotz dieser enormen Anstrengungen wird man beim gegenwärtigen Stand der Technologie nur nach einem Dauerton oder einem Tüt-Tüt suchen, während wesentlich weiter entwickelte Signale vorstellbar sind und bisher nur das theoretische Interesse einiger Forscher auf sich ziehen konnten. Aber mutig, pragmatisch und rational haben sich die Radioastronomen in die Aufgabe hineingekniet, ermutigt durch die Perspektiven der neuen Technologien, welche sie eingesetzt haben, und zumindest in den USA durch bestärkende Finanzierungen.

Welche Chancen haben sie mit dem System von 8 Mio. Kanälen, das symbolisch am 500. Jahrestag der großen Entdeckung des Christoph Kolumbus eingeweiht wurde? Pragmatisch antworte ich mit olympischer Ruhe: In der nächsten Woche wird man ein Signal haben, oder auch erst in einem Jahrhundert .... Aber wenn man eines empfängt, und das müßte eigentlich passieren, wäre das sensationell. Danach würde man in den folgenden Jahren weitere erhalten, viele weitere, die von Dutzenden verschiedener Zivilisationen stammen, denn wenn wir einmal die Spur aufgenommen haben, werden wir sie nicht mehr verlieren. Erinnern Sie sich an die Quasare, die Pulsare, die Gravitationslinsen, die Aminosäuren in den Meteoriten. Wenn die erste Entdeckung gemacht ist, folgen viele weitere nach.

8.7 Das Programm für Punktziele

Das Horchprogramm der NASA umfaßt zwei Abschnitte: Der erste besteht darin, 1000 Zielsterne anzuvisieren. Das ist das offizielle Programm, dasjenige, auf welches sich die Wissenschaftler gestützt haben, um mit viel Überredung die für seine Realisierung notwendigen Finanzmittel zu erlangen. Um die Behörden zu überzeugen, welche letztendlich jedes Finanzierungsprojekt einer gewissen Größenordnung durchläuft, das Weiße Haus, Senat und Repräsentantenhaus, haben die Radioastronomen ihre Argumente aus der Realität bezogen, aus der des Lebens, der Intelligenz und der Zivilisation auf der Erde. Leider der einzige Fall, aber nicht zu ändern. Erinnern Sie sich an die vernünftigen Arbeitshypothesen: Das Leben auf der Erde resultiert aus der natürlichen Entwicklung des Kosmos, das was auf der Erde passiert ist, hat auch anderswo passieren können, die menschliche Intelligenz ist nicht das Nonplusultra dessen, was das Universum hat hervorbringen können.

8.8 Tausend anvisierte Sterne

Aufbauend auf unserem Beispiel, um den Weg frei zu machen, kommt man so dazu, die nächsten Sterne anzuvisieren (um ein stärkeres Signal zu erhalten), die der Sonne am meisten ähneln (um die Chance zu erhöhen, dort einen Planeten vom Typ Erde zu finden). Daher das Programm für Punktziele, welches dazu bestimmt ist, 1000 Sterne bis zu einer Entfernung von 100 Lichtjahren zu beobachten.

Aus zwei Gründen muß ich ausdrücklich die große Bescheidenheit dieses Programms hervorheben. Zuallererst reichen diese Sondierungen bis gerade 100 Lichtjahre nur in eine lächerlich geringe Tiefe, denn unsere Galaxie ist ein ungeheurer kreisförmiger Komplex von 100 000 Lichtjahren Durchmesser, welcher mehr als 100 Mrd. Sterne umfaßt. Man erforscht ihn nur auf einem Tausendstel seiner Größe und man erreicht nur ein Hundertmillionstel seiner Population! Und dann beträgt die für einen beliebigen der 1000 Sterne verwandte Zeit, um ihn in einem gegebenen Kanal von 1 Hz zu belauschen

– man kann nicht mit allen Kanälen gleichzeitig arbeiten –, trotz des für das Punktzielprogramm vorgesehenen Jahrzehnts … nur eine halbe Minute! Wenn eine Zivilisation während des ein Jahrzehnt währenden Lauschens andauernd sendet, so wird ihr Signal in dieser schicksalhaften halben Minute aufgefangen werden, vorausgesetzt es ist intensiv genug. Aber wenn der Stern, und sei es auch andauernd, nur längs eines konzentrierten Strahls emittiert, wie z. B. dem Strahl eines starken Radars von 1° Öffnung, der uns nur bestreicht, wenn dieses Grad der Richtung der Erde entspricht, so fällt die Chance, auf den richtigen Moment zu treffen, um einen Faktor 40 000 (das ist die Zahl der Bündel von 1°, die man zum Abdecken aller Richtungen benötigt). Dann wäre die Chance für die 1000 Sterne des Zehnjahresprogramms, tatsächlich im richtigen Moment und im richtigen Kanal auf einen geeigneten Stern zu treffen, eins zu fünfzig. Das gewaltige Programm der NASA ist also zunächst nur ein Anfang, zum großen Glück unterstützt durch die Perspektive vielversprechender technologischer Entwicklungen.

8.9 Eine Million erreichbarer Sterne

Ich habe gesagt, daß das Signal aufgefangen werden wird, wenn es stark genug ist. Von dieser Seite sind ungeheure Anstrengungen unternommen worden; indem man besonders empfindliche Empfänger sowie besonders großflächige Radioteleskope verwendet, um die Menge der aufgefangenen Wellen zu erhöhen, vermutet man, daß wir andere Zivilisationen, wenn sie mit den unseren vergleichbare oder bessere Mittel haben, wie z. B. das Planetenradar von Arecibo oder die militärischen Radaranlagen zur Überwachung des hohen Nordens, bis zu einer Entfernung von 1000 Lichtjahren detektieren können, also 10mal weiter als die Grenze des Zehnjahresprogramms, was einem 1000mal größeren zugänglichen Raumvolumen entspricht. Eine Million Sterne vom Sonnentyp wären also zugänglich, was die Sendeleistung angeht, wenn nur unsere Systeme schneller werden; wenn man nicht 10 000 Jahre darauf verwenden will, diese Million Sterne abzuhorchen, muß man die Zahl der parallelen Kanäle erhöhen und seine Aufmerksamkeit auf rund 10 Mrd.

ausdehnen, was offensichtlich in einigen Jahren mit einigen zusätzlichen zig Millionen Dollar verwirklicht werden könnte.

8.10 Ein anthropomorphes Programm?

Bei meinen Konferenzen wirft man mir recht häufig vor, daß das
Programm mit Punktzielen viel zu anthropomorph ist, viel zu nach-
ahmerisch durch eine auf den bescheidenen Fall des Menschen beschränkte Vorstellung von der Intelligenz im Kosmos. In der Tat
sind wir davon ausgegangen, um ein Programm wissenschaftlich zu
rechtfertigen, aber wir sind uns sehr wohl bewußt, daß fortgeschrittene Intelligenzen oder Technologien durchaus weder einen Planeten
vom Typ der Erde noch selbst die Chemie des Kohlenstoff erfordern
könnten. Aber sobald man sich auf dies Terrain begibt, trifft man,
was uns betrifft, auf ein prohibitives Fehlen von Wissen, um weit
genug in der Rechtfertigung eines kostspieligen Programms gehen
zu können. Sagen wir es frei heraus, man verfällt rasch in willkürli-
che Spekulation und Science-Fiction. Diese haben aber noch nie die
Geldhähne der Finanzleute weit geöffnet.

Indessen haben sich Carl Sagan und Ed Salpeter, zwei Kollegen
von der Cornell-Universität, der eine am Labor für Planetenstudien
und der andere am Labor für Kernforschung, damit „amüsiert",
sich wissenschaftlich zwei Möglichkeiten von Lebewesen vorzustellen, die in der Jupiteratmosphäre leben. Diese in ihren Tiefen extrem heiße und in der Höhe kalte Atmosphäre besitzt ein Niveau,
auf dem wohnliche 20 °C herrschen, wo sich eine organische Chemie
entwickeln könnte. Diese beiden Wissenschaftler stellen sich lebende
Montgolfièren vor, deren organische Wandung sich durch Mechanismen der Gastrennung daran angepaßt hat, auf diesem idyllischen
Niveau zu treiben. Zitieren wir Sagan in seinem Buch *Cosmos*: „Ein
Schweber könnte sich von in seiner Umgebung vorliegenden organischen Molekülen ernähren. [...] Seine Leistungsfähigkeit würde
mit seiner Größe zunehmen. Mit Salpeter gemeinsam haben wir uns
Schweber von mehreren Kilometern vorgestellt, Lebewesen von der
Größe einer Stadt. Die Schweber könnten sich in der Atmosphäre
mit Hilfe von Strahltriebwerken fortbewegen, ähnlich unseren Stau-
strahltriebwerken. Wir können sie uns in trägen Herden angeordnet

vorstellen, die sich ausstrecken, soweit das Auge reicht, die Haut als schützendes Tarnkleid gefleckt. Denn es gibt noch eine andere Art, in einer solchen Umgebung zu überleben: die Jagd. Die Jäger sind schnell und wendig. Sie greifen die Schweber an, um sich von ihren Proteinen und ihrem Wasserstoff zu ernähren. [...] Die Physik und die Chemie lassen solche Lebensformen zu.“ Solche Spekulationen verbieten es, allzu kategorisch zu behaupten, daß es kein Leben auf dem Jupiter geben kann, aber sie können kein aufwendiges Nachweisprogramm rechtfertigen. Auf diese Aussicht hin würde niemand 1 Mio. Dollar riskieren.

8.11 Das flächendeckende Programm

Andererseits, wenn ein bereits auf anderem Wege finanziertes Instrument mit geringen Kosten angepaßt werden könnte, um ein ziemlich spekulatives, aber sagenhaft interessantes Thema anzugehen, so gehört es zu den Aufgaben der Wissenschaftler, das Abenteuer zu versuchen. Dies ist beim flächendeckenden Programm der NASA der Fall. Warum sollte man nicht, nachdem der MCSA einmal gebaut war, eine Kopie oder ein modifiziertes Modell davon herstellen, um zu versuchen, durch flächendeckendes Absuchen des ganzen Himmels eine interstellare Funkbake unbekannter Natur nachzuweisen? Diese Gattungsbezeichnung entspricht einer Zivilisation, die weder zwangsläufig ihre Basis auf einem Planeten hat noch auf dem makromolekularen Leben, sondern die in der Lage ist, beabsichtigt oder nicht, leistungsstarke Radioemissionen zu erzeugen. Erinnern wir uns noch einmal an *Die schwarze Wolke* von Fred Hoyle, diese andere Science-Fiction-Spekulation, die in den interstellaren Räumen schwebt und beträchtliche Energiemengen umsetzt. Um den ganzen Himmel zu bestreichen, und das auch noch innerhalb eines Jahrzehnts, wird das Programm Radioteleskope mittlerer Größe verwenden, in der Klasse von 30 bis 40 m Durchmesser. Dies tut man, um zu jedem Zeitpunkt einen ausreichend großen Teil des Himmels zu beobachten. Außerdem wird die Empfindlichkeit und die Feinheit der Kanäle geringer sein, auch dies, um Zeit zu gewinnen. Man muß sich klar vor Augen halten, daß es wesentlich ehrgeiziger ist, alle Gegenden des Himmels anpeilen zu wollen als auf 1000 Sterne abzuziclcn; man muß daher Kompromisse bezüglich der Feinheit der Flächendeckung, bezüglich der der Kanäle und bezüglich der Empfindlichkeit des Apparats eingehen.

8.12 Das SETI-System

Auch wenn der MCSA und der Signaldetektor die beiden Hauptstücke eines SETI-Systems sind, muß man ihnen doch weitere wichtige Komponenten hinzufügen. Zunächst ein Radioteleskop, um die Wellen aufzufangen; dieses besteht im allgemeinen aus einer großen Schale aus Metallgittern und konzentriert die Wellen, die darauf fallen, in einem Punkt, den man den Brennpunkt oder Fokus nennt, genau wie es ein Hohlspiegel für die Lichtwellen macht; für die Dezimeterwellen ist ein Gitter genauso leistungsfähig wie die glänzende Politur eines optischen Spiegels; es genügt, daß die Größe der Maschen und der Oberflächenunregelmäßigkeiten kleiner ist als ein Zehntel der Wellenlänge. So kann man mit einem Rasierspiegel die von der Sonne empfangenen Strahlen in einem Punkt in seinem Fokus konzentrieren, und zwar in Form eines kleinen, leuchtend hellen Flecks, der so intensiv ist, daß er ein Stück Papier entflammen kann. Die Schüssel eines Radioteleskops spielt die gleiche Rolle für die Radiowellen, indem sie diese in einem Brennpunkt konzentriert, an dem man das für den Empfang der Wellen vorgesehene System plazieren muß. Dieses Fokalsystem kann im Prinzip genauso simpel sein wie ein Dipol vom Typ einer Fernsehantenne. Aber, um leistungsstärker zu sein, sind andere Vorrichtungen entwickelt worden. So besteht das Fokalsystem beim Radioteleskop von Arecibo aus einem langen „Bleistift", auf dessen gesamter Länge Dipole nach wohlbestimmten Abständen angeordnet sind. In Nançay fallen die Wellen in ein kleines „Horn" aus Blech mit rechteckiger Öffnung; an dessen Boden reflektiert eine Wand von Parabelform die Wellen und konzentriert sie auf einen Wellenleiter, einen wahren Schlauch, von ebenfalls wohlberechnetem Querschnitt, der sie zu einem elektrischen Schaltkreis führt. Wenn die Wellen diesen Schaltkreis erreichen, rufen sie sehr schwache Ströme hervor, die sogleich von einem empfindlichen Empfänger verstärkt werden. Erst danach werden diese verstärkten Ströme in den MCSA eingeleitet, um mittels Fourier-Transformationen frequenzanalysiert zu werden, und schließlich die Ergebnisse aller entsprechenden Rechnungen vom Signaldetektor aufgenommen, um zu sagen, ob ein Dauerton oder ein Tüt-Tüt vorliegt.

Aber die Arbeit ist noch nicht abgeschlossen: Die Antwort des Signaldetektors ist nicht zwingend ein klares Ja oder Nein. Wenn man nach extrem schwachen Signalen sucht, kann der auf Fluktuationen beruhende Rauschuntergrund zufällig ein künstliches Signal imitieren; man muß daher ständig diesen Rauschuntergrund messen, um zu wissen, wie weit man gehen darf, um nicht allzusehr von parasitären Einstreuungen gestört zu werden und andererseits doch ausreichend empfindlich für eine leistungsfähige Suche zu bleiben.

Man rechnet mit dem Empfang von Störsignalen; deshalb wird eine Sammlung bereits mehr oder weniger identifizierter Störsignale dem Ergebnis des Detektors gegenübergestellt werden. Bestimmte menschliche Sender, Radarsysteme, Flugzeuge, Satelliten, erzeugen ebenfalls künstliche Signale; um sie zu unterscheiden, muß man die Eigenheiten ihrer Position und Sendefrequenz prüfen. So muß eine außerirdische Zivilisation eine feste Position unter den Sterne haben, während sich ein Satellit bewegt. Sobald ein künstliches Signal detektiert wird, muß man also sicherstellen, daß es auch wirklich vom anvisierten Stern kommt und nicht von der Seite ins Radioteleskop gelangt; dazu muß man die Achse des Radioteleskops leicht verkippen; wenn das Signal verschwindet, stammt es von dem Stern. Auch die Frequenzen dienen dazu, die Signalquelle zu unterscheiden; so bewirkt ein Flugzeug, welches sich dem Radioteleskop nähert oder sich von ihm entfernt, durch den Dopplereffekt charakteristische Frequenzvariationen.

Noch komplexere Systeme befinden sich in Entwicklung, um zu versuchen, dem zukünftigen Anwachsen des Pegels der durch unsere Zivilisation verursachten Störungen vorzubeugen, indem man z. B. das Radioteleskop mit einem anderen in der Nachbarschaft verbindet; für die beiden sind die Dopplereffekte ganz leicht verschieden, und indem man diese kleine Differenz analysiert, kann man die Signale menschlichen Ursprungs ausschließen.

Ein SETI-System ist definitiv äußerst komplex und erfordert einen Verwaltungscomputer, der die Aufgabe hat, die Himmelsgebiete des Beobachtungsprogramms anzuzeigen, die Frequenzen auszuwählen, die Verifizierungstests durchzuführen und schließlich im Falle eines gültigen Alarms den Astronomen vom Dienst zu informieren. In diesem Fall würde man das Beobachtungsprogramm modifizieren, um alle Anstrengungen sofort auf den eventuellen Kandidaten zu konzentrieren, und die übrigen zu SETI-Beobachtungen befähigten Radioteleskope alarmieren. Man darf auf keinen Fall Zeit verlieren, denn ein echtes Signal kann von einem auf den anderen Moment verstummen; man muß sofort alle uns möglichen Tests durchführen, um sich vor jeglicher unglücklichen Ankündigung von seiner Echtheit zu überzeugen und um es trotz der Drehung der Erde mittels eines Netzes von über verschiedene Kontinente verteilten spezialisierten Radioteleskopen andauernd verfolgen zu können. In Anbetracht dieser Eventualitäten hat das SETI-Komitee der internationalen Akademie für Astronautik ein Meldeprotokoll aufgestellt, und ich habe die Schaffung eines globalen SETI-Netzes vorgeschlagen.

Kapitel 9

Fehlalarme

Markarian 325 ist eine typische Klumpengalaxie und umfaßt ein ru
Dutzend „Klumpen", von denen jeder eine Ansammlung von rund
dert kompakten Gebieten intensiver Sternneubildung ist. Ähnlich au
gewöhnliche Fälle sind in der Folge unter den durch den Infrarots
liten IRAS detektierten Galaxien gefunden worden. (Quelle: Kanad
Französisches Teleskop, Hawaii)

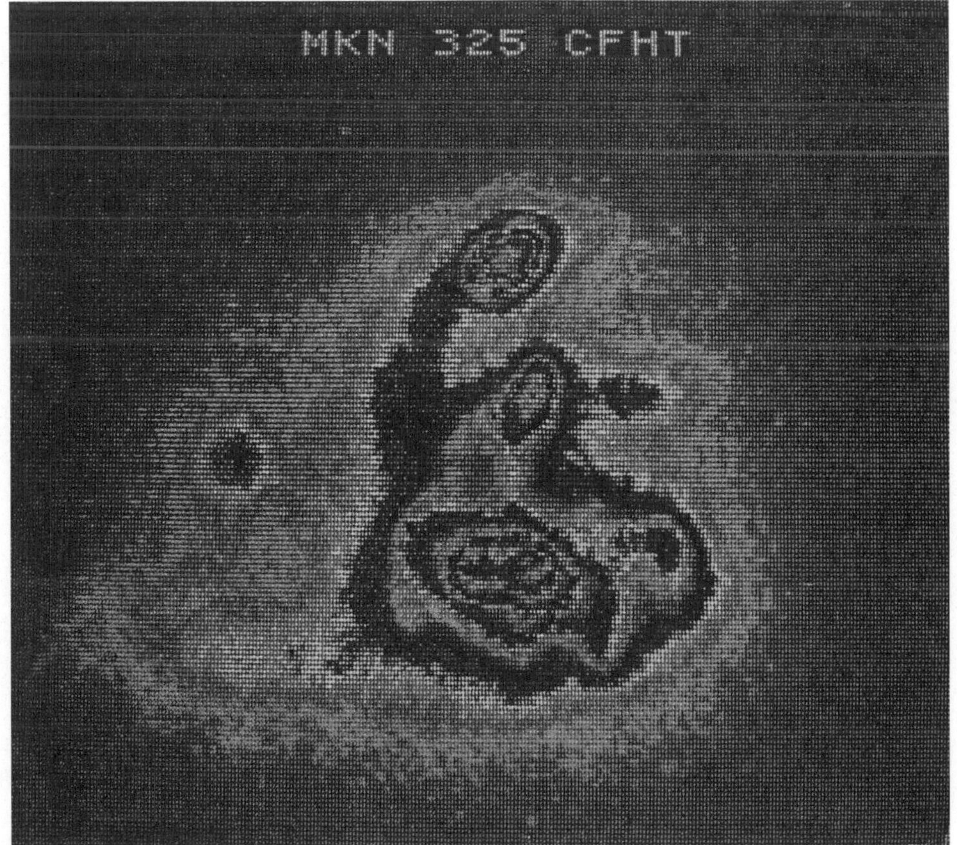

9.1 Epsilon Eridani

Der erste falsche Alarm für SETI wurde von Drake anläßlich seines Ozmaversuchs durchlebt. Lassen wir ihn selbst sprechen: „Ein gepulstes Signal, klar und kräftig kommt es aus dem Radioteleskop, kaum daß wir es auf epsilon Eridani ausgerichtet haben. [...] Wamm! Plötzlich fährt der Registrierschreiber an den Anschlag. Aus dem Lautsprecher kam 8mal pro Sekunde ein Knall, und der Stift stieß auch 8mal pro Sekunde an. Wir hatten im Verlauf all unserer Beobachtungen in Greenbank niemals etwas Vergleichbares gesehen. Wir schauten uns alle mit großen Augen an. Konnte das denn so einfach sein? [...] Mit einem Schlag wurde mir klar, daß unsere Pläne einen Fehler hatten: Wir dachten, daß die Detektion eines Signals so unwahrscheinlich sei, daß wir niemals festgelegt hatten, was zu tun sei, wenn man tatsächlich ein klares Signal empfinge. Fast gleichzeitig fragten alle im Raum Anwesenden: ‚Was sollen wir machen? Die Frequenz ändern? Daneben zielen?‘ [...] Man zielte daneben, und tatsächlich verschwand das Signal. Also zielte man wieder auf den Stern. Das Signal kam nicht wieder. Wow! [...] Wir hatten alle einen enormen Adrenalinausstoß und keine Möglichkeit, all diese Erregung und all diese Energie auf sinnvolle Weise zu nutzen. [...] Tag für Tag peilte man epsilon Eridani an. [...] Eine Woche verging, ohne daß das Signal wiederkam. Zu unserem Kummer rief einer unserer Angestellten einen Freund in Ohio an und erzählte ihm davon. Die Nachricht gelangte weiter zu einem befreundeten Reporter, und plötzlich wurden wir mit Fragen nach der geheimnisvollen Botschaft überschüttet. ‚Haben wir wirklich eine andere Zivilisation nachgewiesen?‘ ‚Nein.‘ ‚Aber Sie haben mit Ihrer Apparatur ein intensives Signal empfangen?‘ ‚Wir können nichts dazu sagen.‘ Und da war es, aha, wir versteckten wohl etwas. Von diesem Tag an glaubten viele fälschlicherweise, daß wir Signale aus einer anderen Welt empfangen hätten, und daß irgendeine diabolische Regierungsbehörde uns aufgefordert habe, dies als tiefes und schwarzes Geheimnis zu wahren." Dieser denkwürdige Alarm fand am 8. April 1960 statt. Zehn Tage später kam das Signal wieder, und Drake fand schließlich die Erklärung durch das Stratosphärenspionageflugzeug U2.

9.2 Little Green Men 1

Acht Jahre später, neuer Alarm, bei den Engländern, aber unabhängig von SETI: Die unerwartete Entdeckung der Pulsare durch ihr Tüt-Tüt. Aus Vorsicht wollten auch sie den Fall sorgfältig analysieren, bevor sie was auch immer ankündigten; untereinander nannten sie die Radioquelle „Little Green Men 1"; dann entdeckten sie LGM2, dann LGM3. Das war zuviel! Das konnte nicht künstlich sein. Schließlich entdeckten sie die wahre Natur dieser Quellen, die schnell rotierenden Neutronensterne, welche die berühmten Pulsare wurden. Solche Beispiele zeigen, mit welcher Vorsicht man vorgehen muß; die Wissenschaftler müssen die Möglichkeit haben, die Situation in aller Ruhe zu analysieren. Um diese Feststellung zu bekräftigen, habe ich eine wissenschaftsgeschichtliche Studie eines der ärgerlichsten Fehlalarme erstellt, der Affaire CTA 102.

9.3 Die Affäre CTA 102

Im Jahre 1963, kurz nach den grundlegenden Arbeiten von Drake, Morrison und Cocconi, veröffentlicht Kardaschow am Sternberg-Institut in Moskau in der Zeitschrift Astronomitscheski Journal einen grundlegenden Artikel mit dem Titel „Der Austausch von Informationen durch Zivilisationen anderer Welten". Indem er untersucht, unter welchen Bedingungen die Informationsübertragung maximal ist, verteidigt er eine Sichtweise, die von der durch die NASA verfolgten Linie abweicht, bei der die günstigsten Bedingungen für die Detektion einfacher Anrufsignale in den Vordergrund gestellt sind. Neben seinen Vorstellungen von Zivilisationen des Typs I, II und III stellt Kardaschow die Charakteristika von Sendungen mit maximalem Informationstransfer dar: sehr breites Spektrum mit Maximum im Bereich der Dezimeterwellen, Variabilität auf sehr kurzen Zeitskalen als Zeichen des künstlichen Charakters und andere Eigenschaften. In den Katalogen der damals bekannten Radioquellen macht er zwei vielversprechende Kandidaten aus: CTA 21 und CTA 102, (die Nummern 21 und 102 des ersten Katalogs A des California Institute of Technology). Das ist der Anfang der Affäre.

Das wissenschaftliche Umfeld der damaligen Zeit beginnt sich auf ein neues und unbekanntes Gebiet auszurichten: Im Jahre 1960 wird die Radioquelle 3C 48 (die 48. des dritten Katalogs von Cambridge) als „quasistellares Objekt" identifiziert, im Prinzip als ein Stern. Im März 1963 enthüllt in den USA die erste Messung der Fluchtgeschwindigkeit eines quasistellaren Objekts, 3C 273, den phantastischen Wert von 50 000 km/s und plaziert den Himmelskörper damit weit im extragalaktischen Raum; das ist der erste entdeckte „Quasar", in Wahrheit 100mal leuchtstärker als eine Galaxie und nicht mehr ein einfacher kleiner Stern. Währenddessen beobachten die Sowjets, mehr oder weniger informiert und getrieben von den Argumenten Kardaschows, mit dem Radioteleskop von Pulkowo die beiden CTA-Quellen und bestätigen die sehr breite Ausdehnung des Spektrums!

Andererseits beobachtet Scholomitski, Doktorvater und Förderer Kardaschows am Sternberg-Institut, von August 1964 bis Februar 1965 beharrlich die Quellen und stellt für CTA 102 eine Intensitätsvariation von 30 % fest, die mit einer Periode von 100 Tagen sehr regelmäßig oszilliert, ein Verhalten, welches den Vorstellungen Kardaschows entspricht. Schließlich vermutet er, daß der Himmelskörper sich in unserer Galaxie befindet und somit relativ nahe ist. Aufgrund dieser Indizien läßt Scholomitski am 12. April 1965 durch die Agentur TASS eine Presseerklärung verbreiten, die ankündigt, daß die sowjetischen Astronomen Signale beobachtet haben, die von außerirdischen Intelligenzen stammen können, und gibt am 14. in Moskau eine Pressekonferenz zum Fall von CTA 102.

In der Zwischenzeit identifizierten zwei Amerikaner im November 1964 die Radioquelle CTA 102 als ein quasistellares Objekt, während der Astronom niederländischer Abstammung Marteen Schmidt vom Mount Palomar am 8. April 1965 den enormen Wert der Fluchtgeschwindigkeit dieses Objektes enthüllt und es so in den Rang eines sehr entfernten Quasars erhebt. Es ist konsternierend festzustellen, daß mit nur 6 Tagen Zeitabstand ein Russe die Künstlichkeit der Emission eines Himmelskörpers ankündigt, während ein Amerikaner ihn als Quasar identifiziert. Man muß sagen, daß damals die Beziehungen zwischen den beiden Welten nicht einfach waren, obwohl es auf wissenschaftlicher Seite keine Einschränkung gab. Visa waren schwer zu bekommen, das Telephon wenig zugänglich, und das Fax existierte nicht.

Bis in den November 1965 setzte Scholomitski die Überwachung von CTA 102 fort und beobachtete weiterhin dieselbe auffällige Variation, während andere Radioastronomen auf der Welt nichts Vergleichbares wahrnahmen; wie einer von ihnen in der Schlußfolgerung eines Berichtes von 1967 bemerkt: „… hat keiner der anderen genau die gleiche Frequenz oder dieselbe Polarisation benutzt", eine vorsichtige mentale Einschränkung eines vorsichtigen Wissenschaftlers, die eine Hintertür offen läßt. Aber zwanzig Jahre später ist CTA 102 ein guter typischer Quasar unter den 6225 Ende 1991 katalogisierten Quasaren.

Als Folge dieser anhand von Originalpublikationen durchgeführten Studie habe ich empfohlen, daß das SETI-Komitee der IAA nachdrücklich eine Resolution unterstützt, welche anregt, daß „bevor irgendeine öffentliche Aktivität in einer SETI-Angelegenheit unternommen wird, diese unter Vertraulichkeit von einem internationalen und interdisziplinären Komitee von Wissenschaftlern in Verantwortung mehrerer unserer wissenschaftlichen Vereinigungen bewertet wird."

9.4 Mein falscher Alarm

„18. März, frühmorgens. Ein trister, kalter, windiger, feuchter Morgen, an dem die Dämmerung nur mühsam die düstere bayerische Vorstadt erhellte. Wir warteten alle vor dem Tourotel, aus der ganzen Welt zusammengekommen, wie eine Herde vom Zufall ausgesuchter Menschen. Es gelang mir, mich in die Nähe von Geoffrey durchzuschieben: ‚Grüß Dich, hast Du letzte Woche meinen Brief bekommen?' ‚Nein, da war ich schon weg.' Im Bus, auf der Strecke sanft geschaukelt, fährt Geoffrey fort: ‚Und was stand in Deinem Brief, Jean?' Ich beugte mich näher und murmelte ihm vertraulich ins Ohr: ‚Nun, ich habe ein anormales Radiosignal detektiert, das aus der Richtung eines Sterns vom Typ der Sonne kommt …' Ich kam nicht mehr dazu, mehr zu sagen; sofort wandte sich Geoffrey zu mir um, sein durchdringender Blick prüfte tief den meinen, und in einer Explosion von Freude rief er voll Hoffnung aus: ‚Du hast Kontakt gehabt?' "

Ist das nicht ein außergewöhnlicher Augenblick? Ich erlebte ihn im März 1986 mit Geoffrey, Geoffrey Burbidge, einem der weitblickendsten und avantgardistischsten Astrophysiker, mit seiner Frau Margaret Pionier der Quasare, gemeinsam mit Fred Hoyle ein Verfechter der Theorie der fortlaufenden Schöpfung als Rivalin des *Big Bang* und Verteidiger von Halton Chip Arp, dem Jäger anormaler Spektralverschiebungen, den die Leitung von Mount Palomar suspendierte. Wir gingen am nördlichen Stadtrand von München zu einem Symposium über „Kosmologie, Astronomie und fundamentale Physik".

Als die Sache anfing, war ich nicht in besonderem Maße mit SETI beschäftigt; zehn Jahre lang hatte ich mit dem noch ganz neuen, großen Radioteleskop von Nançay über Galaxien gearbeitet in einer kleinen Gruppe, die ich während ihrer Studien mittels der 21-cm-Strahlung gesammelt hatte. Dann hatte ich bei einem Kongreß über Supernovae in einer kleinen Stadt im Süden Italiens Caterina Casini, eine Astronomin des Observatoriums von Brera nahe Mailand getroffen, mit der ich über Jahre hinweg zusammenarbeiten sollte; wir beide haben die „Klumpengalaxien" entdeckt und indem wir unsere Kenntnisse, ihre in Optik und meine in Radiotechnik, verbanden, haben wir ihr Studium mit den leistungsfähigsten und neuesten Instrumenten betrieben; von den größten mit dem sowjetischen 6-m-Riesenteleskop auf den Hängen des Kaukasus bis zu den kleinsten, in Zentralasien. In Alma-Ata, in Kasachstan, war eines dieser kleinen Teleskope das einzige, das uns die Spektren unserer Galaxien liefern konnte. Zu verdanken war dies ihrem genialen Konstrukteur Eddik Denisjuk, der mit einem Blick durch ein altes Mikroskop Intensitäten und Geschwindigkeiten bestimmte, wie es heute die Großrechner tun.

Im Verlauf dieser Wanderungen haben Caterina und ich 1980 mit dem großen interferometrischen Radioteleskop von Westerbork im Norden der Niederlande eine Radiokarte einer dieser Klumpengalaxien erhalten. Und in einer Ecke fiel eine wundervolle kleine Radioquelle gerade mit einem schwachen, rötlichen Sternbildchen zusammen. Ein Stern oder ein Quasar? Eigenartig. Aber ein Jahr lang kümmerte ich mich kaum darum.

Wenn das Objekt allerdings ein Quasar war, wäre er einer der hellsten unter den bekannten gewesen und außerdem rot statt eher bläulich. Als ich 1982 in Japan in Okajama mit meinem Kollegen Sin'Ichi Tamura Beobachtungen durchführte, bat ich diesen daher, ein Spektrum davon aufzunehmen, nur um einmal nachzusehen. Großes Erstaunen: Es war ein Sternspektrum vom Sonnentyp!

Ich wurde sehr aufgeregt. Wenn es so ein Stern war, befand er sich in Hunderten von Lichtjahren Entfernung. Seine Radioemission war also eigentlich sehr stark, was ausgesprochen überraschend für einen Stern war. Künstliche Emission also? Ich mußte es sofort nachprüfen!

Glücklicherweise hatte ich im Jahr zuvor dieselbe Galaxie mit dem Very Large Array, einer in New Mexico gelegenen amerikanischen Superversion des niederländischen Instruments, beobachtet. Die Karte, welche mein Kollege Dave Heeschen, der Vater des VLA, erhalten hatte, reichte nicht ganz bis zum Objekt. Daher fragte ich ihn 1983, ob er die Magnetbänder noch einmal nehmen und sie erweitern könnte. Und in der Tat war das Objekt auch hier zu finden! Seine Emission hatte also zumindest ein Jahr angedauert.

Sieg? Noch nicht. Ein ganz kleines Detail sollte die Landschaft verdunkeln, ein kleines, technisches Detail. Da das Objekt für das VLA sehr nah am Rand des Gesichtsfeldes lag, war sein Radiobild dem Pendant der chromatischen Aberration der Optik ausgesetzt; das bedeutete, daß die Emission in einem breiten Frequenzband stattfand.

Vielleicht war es letztendlich nur einer der seltenen im Radiobereich aktiven Sterne. Aber ich hatte die Photoarchive des japanischen Weitwinkelteleskops in Kiso durchgesehen und so seine Entfernung anhand seiner Farbe bestimmen können. Seine Radioemission hätte eigentlich 1 Mio. mal so stark sein müssen wie die der Sonne, ein enormer Wert! Ich wühlte in wissenschaftlichen Veröffentlichungen und erfuhr, daß von Zeit zu Zeit einige wenige Sterne Radioausbrüche haben können, die für weniger als eine Stunde das hundertfache Niveau der normalen Abstrahlung erreichen können. Ich war weit davon entfernt, den Faktor von 1 Mio. erklären zu können! Ich saß fest; ich brauchte mehr Beobachtungen. War es in Wirklichkeit nur ein einfacher, unglückseliger Perspektiveneffekt? Ein sonnenartiger Stern, der sich zufällig vor einer sehr fernen Radioquelle befand .... Selbstverständlich zog mich das Problem voll in seinen Bann; für mich allein stellte ich mir vor, daß eine Zivilisation dieses Sterns ihre Asteroiden benutzt habe, um einen riesigen Radioreflektor von 100 Mio. km Durchmesser zu bauen, um die normale Radiostrahlung ihres Sterns zu bündeln und so den Weltraum abzurastern, um Aufmerksamkeit zu wecken. Ein kniffliges ethisches

Problem ließ mir keine Ruhe: Und wenn diese verrückte, aber physikalisch mögliche Idee der Wahrheit entspräche? Ich konnte diese Angelegenheit nicht mehr für mich behalten. Und wenn die Menschheit durch meinen Leichtsinn die Gelegenheit eines Kontaktes verpaßte? Ich beschloß, weitere Indizien zu sammeln.

Einige kurze, aber gut gezielte Beobachtungen, von gut plazierten Kollegen außerhalb ihrer sonstigen Beobachtungszeit durchgeführt, würden genügen. Aber wie sollte ich sie alarmieren? Durch eine Notiz in einer wissenschaftlichen Zeitschrift? Kam nicht in Frage, ich hatte nicht genug seriöse Gründe zu liefern. Durch einen populärwissenschaftlichen Artikel? Das würde lange dauern und das Risiko von Entstellungen beinhalten. Durch persönlichen Kontakt? Das war meine Wahl. Im Februar 1986 schrieb ich einen vertraulichen Brief an 22 Forscher von hohem Niveau, von denen ich wußte, daß sie eine positive Einstellung gegenüber SETI hatten. Zwölf Antworten brachten mir einige Belege, aber keine Entscheidung.

Ein Wunder geschah: Im Juli traf ich in Toulouse beim Besuch der berühmten romanischen Kirche Sankt Sernin zufällig Bernard Burke, den großen Spezialisten für „quick look" am VLA für alles, was auf den ersten Blick exotisch wirkt, wie die Gravitationslinsen. Ich brauche eine sehr genaue Positionsbestimmung, sagte ich ihm. „Sprich mit Cam Wade, er ist an Ort und Stelle." Und im August hatte ich das fehlende Puzzlestück: Die Radioquelle ist gegenüber dem Stern um einen ganz kleinen Winkel verschoben, so wie der, unter dem man die Dicke eines Haares in 4 m Entfernung sieht.

Das war das Ende meines sechsjährigen Alarmzustandes; es handelte sich also nur um einen einfachen Perspektiveneffekt. Mit dem vom SETI-Komitee eingeführten Meldeprotokoll hätte dies Problem sehr viel schneller gelöst werden können, vermutlich in weniger als einem Jahr.

Bin ich traurig, keine außerirdische Nachricht entdeckt zu haben? Ich wäre der erste gewesen, ich wäre berühmter geworden als Christoph Kolumbus. Ich wäre von Empfängen zu Diskussionen, von Einweihungen zu Ausstellungen, von Cocktails zu Auszeichnungen gekommen. Man hätte mir vielleicht tiefsinnige Fragen gestellt oder mich gar ermordet! Ich wäre vor allem glücklich gewesen, einen solchen Coup gelandet zu haben, eine neue, einzigartige Grenze eröffnet zu haben, die „äußerste, letzte", wie ich gerne im Scherz sage. Unser – nach der recht relativen abendländischen Dezimalzählung – drittes Jahrtausend hätte zu neuen Hoffnungen erwachen können.

Alle endlich als solidarische Brüder gegenüber anderen, vielleicht weiter entwickelten, klügeren .... Auf jeden Fall habe ich auf meine Art eine recht hübsche Fehlalarmgeschichte erlebt.

Kapitel 10

Die Ausbreitung von SETI

Das größte Radioteleskop schmiegt sich in eine Bodensenke bei Arecibo auf Puerto Rico. Seine sphärische Schale von 305 m Durchmesser konzentriert die Radiowellen der Sterne, welche sich nahe an seinem Zenith vorbeibewegen. (Quelle: Cornell-Universität)

Wenn die NASA aufgrund ihrer Bedeutung und des Volumens ihrer Finanzressourcen die Organisation an der Spitze des Unternehmens SETI ist, so ist sie doch nicht die einzige, die sich auf die Eroberung der Außerirdischen gestürzt hat. Neben dem Einfluß der Vorläufer möchte ich an erster Stelle einen ungewöhnlichen Versuch zitieren, der durch den erleuchteten und ausdauernden Geist eines Akademikers verbunden mit Finanzmitteln aus freiwilligen Beiträgen der Bürger ermöglicht wurde. Der Akademiker ist Paul Horowitz, Professor für Physik an der Universität Harvard, die in Cambridge am Rande von Boston liegt. Ihr Campus erscheint dem europäischen Besucher wie ein Brückenkopf der alten westlichen Welt am Gestade des riesigen, jungen amerikanischen Kontinents.

10.1 Die „magischen" Frequenzen

Carl Sagan und Joseph Schklowski

Der Beitrag der Bürger ist durch die von Carl Sagan begründete Planetarische Gesellschaft (Planetary Society) ausgelöst und gesteuert worden. Neben den Kursen, die er gibt, und den Arbeiten, die er in seinem Labor für Planetenuntersuchung an der Cornell-Universität durchführt, hat er eine grundlegende Rolle bei der Förderung der Erforschung außerirdischen Lebens gespielt. Er hat auf rein wissenschaftlichem Gebiet beispielsweise bedeutende Beiträge zu den Viking-Marssonden geliefert; er hat auch Simulationen zur organischen Chemie entwickelt, um zu versuchen, die dunklen, komplexen Verbindungen zu rekonstruieren, deren Existenz man auf bestimmten Himmelskörpern vermutet. Aus seinen Reagenzgläsern stammen die Substanzen, welche er generisch Tholine nennt.

Aber vor allem in der Öffentlichkeit, bei den Behörden und letztlich bei den Entscheidungsträgern im Weißen Haus wie im Senat und im Repräsentantenhaus hat er eine grundlegende Rolle als Berater für die Bioastronomie gespielt. Seine Fernsehserie Cosmos ist sehr populär geworden, nicht nur weil das Thema des Lebens an anderen Orten die Menschen anspricht, sondern auch aufgrund der ungewohnten Sichtweisen, die er oft wählt. Das daraus hervorgegangene, eindrucksvoll bebilderte Buch hat in den USA wie auch in

Frankreich einen lebhaften Erfolg gehabt. Das Publikum ist begierig zu wissen, zu lernen und zu träumen. Ein Wissenschaftler wie Carl Sagan informiert es und regt es an, reißt es mit. Sagan hat auch einen Roman mit dem Titel *Contact* geschrieben, in dem er – fast als Realität – das Abenteuer des ersten detektierten Signals zum Leben erweckt: Man erkennt entfernt einige der großen Figuren der SETI-Szene. Auch hat er es verstanden, sich mit seinem sowjetischen Kollegen Joseph Schklowski zu verbünden, indem er dessen Buch *Universum, Leben, Denken* bearbeitete, das auf einfache und lebhafte Weise die Entwicklung von SETI schildert.

Schklowski, ein sowjetischer Theoretiker ersten Ranges, war lange vor den Raumsonden durch eine scheinbar verrückte Idee berühmt geworden: Nach seiner Auffassung müßten die beiden kleinen Begleiter des Mars hohl und somit künstlich sein. Sie sollten hohl sein, da ihre mittlere Dichte gering sein muß, wenn man eine erstaunliche Tatsache erklären will: Die Satelliten des Mars nähern sich unerbittlich seiner Oberfläche, wo sie in rund 10 Mio. Jahren zerschellen müßten. Schklowski bediente sich der für unsere eigenen Satelliten wohlbekannten atmosphärischen Bremsung, um eine Lösung vorzuschlagen.

Vielleicht hatte Sagan diese Idee im Kopf, als er sich eines Abends, nachdem sich alle Leute nach Betrachtung der ersten von den Sonden übermittelten Marsphotos zurückgezogen hatten, verbissen an die Bearbeitung der Bänder mit den ersten rohen, trügerischen Aufzeichnungen von einem Marsmond machte; es war nichts Klares herauszulesen, aber mit Hilfe von Computerprogrammen und wiederholter Bildbearbeitung erhielt er bis zum Morgengrauen die erste annehmbare Ansicht eines anderen Mondes. Sie ähnelte nicht einer riesigen, künstlichen, hohlen Orbitalstation, sondern einer mit Narben übersäten Kartoffel. Dieses Bild kennt heute jeder, und 1992 gab Gaspra, der erste jemals photographierte Kleinplanet, ein weiteres Beispiel für diese Art von Landschaft.

Die 1980 gegründete Planetarische Gesellschaft umfaßt 100 000 Mitglieder. Die Mitgliedsbeiträge tragen zur Finanzierung von Projekten zur Erforschung des Kosmos bei, welche von den Regierungsinstitutionen unzureichend unterstützt oder im Stich gelassen werden; unter diesen wissenschaftlich annehmbaren Projekten weisen wir auf die Unterstützung des Studiums der Marsballons durch die CNES und auf die SETI-Initiative von Paul Horowitz hin. Letzterer verfolgte den amerikanischen Ansatz bis in die letzte Konsequenz, indem er so schmale Empfangskanäle wie möglich wählte. Dieses Bandbreitenminimum wird durch die Verbreiterung bestimmt, welche die Elektronen des interstellaren Raums verursachen, und liegt bei einem Zehntel oder Zwanzigstel Hertz. Im Vergleich dazu geht die NASA nicht unter ein Hertz, was ihr gestattet, mit 10 Mio. Kanälen ein Band von 10 MHz auf einmal abzudecken. Dies muß dann zu 1000 verschiedenen Positionen verschoben werden, um das ganze Radiofenster für SETI zu durchlaufen, was die lange Dauer des Programms erklärt: 10 Jahre.

Obwohl es ebenfalls rund 10 Mio. Kanäle erreicht hat, deckt das Instrument von Harvard nur ein halbes Megahertz ab, und es würde 2 Jahrhunderte benötigen, um das gesamte SETI-Fenster zu erforschen. Hier ermißt man noch einmal den enormen Umfang der zu leistenden Forschungsarbeit, und man versteht, daß es beim gegenwärtigen Stand unserer Technologie notwendig ist, Kompromisse einzugehen. Da es nicht in Frage kommt, das ganze Fenster mit diesem System zu untersuchen, setzt man auf die Idee der „magischen" Frequenzen.

Die 21-cm-Welle

Im Fenster zwischen 1 und 10 GHz befindet sich die Frequenz der natürlicherweise vom neutralen Wasserstoffatom, dem häufigsten der Atome des Universums, emittierten Strahlung: 1,420 405 751 786 GHz, entsprechend einer Wellenlänge von 21,106 cm, die berühmte sogenannte 21-cm-Strahlung. Diese Strahlung geht auf die Wechselwirkung des Spins (das ist in der Interpretation der Quantenmechanik der Drehimpuls) des einzigen Elektrons, welches um den aus einem einzigen Proton gebildeten Kern umläuft, mit dem Spin dieses Protons zurück. Diese Wechselwirkung erinnert an die zweier kleiner, paralleler Stabmagnete: Wenn die Magnete antiparallel sind, das heißt ihre Nord-Süd-Linien in entgegengesetzte Richtungen zeigen, ziehen sie einander an, während sie sich abstoßen, falls sie parallel sind, das heißt ihr Nord-Ende auf der gleichen Seite haben.

Die Energiezustände sind daher unterschiedlich, je nachdem, ob die Spins des Elektrons und des Protons des Wasserstoffatoms parallel oder antiparallel sind. Die Quantenphysik ermöglicht die Berechnung dieser äußerst geringen Energiedifferenz. Normalerweise begeben sich die Wasserstoffatome in den stabilsten Zustand, der

der niedrigsten Energie entspricht; aber wenn sie gestört werden, können sie in den angeregten Zustand mit höherer Energie übergehen und dort bleiben .... 10 Mio. Jahre lang (wenn sie ungestört im interstellaren Vakuum sind), bis sie spontan in den niedrigsten Zustand zurückkehren.

Wenn ein Atom diesen Übergang ausführt, emittiert es ein Photon von 21 cm Wellenlänge, was der Energiedifferenz zwischen den beiden Zuständen entspricht. Hier liegt der Ursprung der 21-cm-Wellen; sie stammen von den neutralen Wasserstoffatomen, die im interstellaren Raum überreichlich verstreut sind, wo sie genug Zeit haben, um ungestört spontan ihre Strahlung zu emittieren. Hier haben wir den Grund dafür, daß diese 21-cm-Strahlung das im Kosmos verbreitetste physikalische Naturphänomen ist. Der Wert ihrer Frequenz ist magisch in dem Sinne, daß er universell ist. Daher die Idee, daß diese Frequenz im riesigen Frequenzfenster von SETI als gemeinsame Kennmarke für interstellare Kommunikation dienen könnte. Das ist das Fundament der in Harvard gewählten Strategie, das um 1,420 GHz gelegene Frequenzgebiet im Detail zu erforschen. Natürlich ist es riskant, alle Signale zu vernachlässigen, die nicht auf die 21-cm-Strahlung konzentriert sind. Aber es bietet dafür andere Vorteile, hierauf zu setzen: Die extreme Besonderheit, die ein Signal darstellt, das so schmalbandig wie möglich ist, verleiht ihm eine höhere Wahrscheinlichkeit, künstlich zu sein; außerdem ist es eher in der Lage, sich von dem durch Fluktuationen verursachten Rauschen abzuheben, was ihm gestattet, aus größerer Entfernung und bei bescheideneren Sendepegeln empfangen zu werden.

Der Dopplereffekt

Endlich bietet diese Methode ein wirksames Mittel, alle Arten von Störungen zu bekämpfen. Um voll den Ausweg zu verstehen, welchen dieser Effekt in besagtem Kampf, der immer wichtiger wird, bietet, muß man ein wenig auf den Dopplereffekt zurückkommen. Wenn Sie aus der Ferne die Sirene eines Krankenwagens in der Stadt hören, bemerken Sie, daß ihr Ton sich ändern kann; manchmal wird er höher oder tiefer, plötzlich oder allmählich; dies kann Ihnen Auskunft über die Bewegungen des Fahrzeugs geben, selbst wenn Sie es nicht sehen. Wenn der Ton plötzlich sinkt, kann es sein, daß der Krankenwagen, der in einer fernen Straße auf Sie zu fuhr, an einer

Ampel halten mußte; oder aber er folgte einer Querstraße und bog
an einer Kreuzung ab, um sich nunmehr von Ihnen zu entfernen.
Wenn der Ton in einem langen Glissando sinkt und dann wieder
ansteigt, fährt er einen Halbkreis auf einem Platz; da man im Kreis-
verkehr nach links fährt, bewegte er sich von Ihrer Rechten in Richtung auf Ihre Linke. Diese indirekten Informationen erhält man aufgrund der Tatsache, daß, wenn sich eine Schallquelle Ihnen nähert,
die Wellen stärker zusammengedrängt werden, daher in schnellerer
Folge am Ohr ankommen, und so einen höheren Ton erzeugen. Umgekehrt wird der Ton tiefer, wenn sie sich entfernt.

Für die elektromagnetischen Wellen ist die von Doppler und Fi-
zeau entdeckte Erscheinung die gleiche: Die entsprechende Formel
besagt, daß die relative Frequenzveränderung durch das Verhältnis
der Geschwindigkeit der Quelle zur Lichtgeschwindigkeit gegeben
ist. So würde die Frequenz von 1 GHz, wenn sich der sendende Planet uns mit 300 km/s näherte, zu 1,001 GHz, oder zu 0,999 GHz,
wenn er sich entfernte. Für den Sender eines Flugzeugs, das sich mit
300 m/s nähert würde die Frequenz 1,000 001 GHz; sie hätte sich um
1 kHz verschoben; und für einen mit 30 m/s fahrenden LKW wäre
die Verschiebung 100 Hz; das ist sehr wenig.

Der Kampf gegen die Störungen

In dem System von Harvard entspricht dies einer Verschiebung über
2000 Kanäle von 0,05 Hz, was enorm ist. Sehen wir nun, was passiert, wenn sich die Geschwindigkeit des LKWs sagen wir um 1 %
während einer typischen Beobachtung von 20 s ändert. Die Verschiebung wird einen Bereich von 20 Kanälen um den 2 000. Kanal durchlaufen, gezählt ab demjenigen, wo sich die betrachtete Frequenz von
genau 1 GHz befände. Auf diesen kleinen Unterschied setzt das System bei der Unterdrückung der Störsignale, denn unter den gegebenen Umständen wird das Störsignal des LKWs auf 20 Kanäle verteilt
und somit in seiner Intensität in jedem Kanal, in dem es sich auswirken kann, um einen Faktor 20 verringert.

Wenn das Signal von einem ortsfesten Radar kommt, wird es
keine Verschiebung geben. Wie soll man es also von einem außerirdischen Signal unterscheiden? Hier hat Horowitz Nutzen aus dem
Dopplereffekt gezogen, der für seine engen Kanäle so groß ist. Das
Radioteleskop fliegt im Weltraum: Aufgrund der Erdrotation bewegt

es sich mit bis zu 300 m/s; dabei ist noch nicht berücksichtigt, daß der Umlauf der Erde um die Sonne es mit 30 km/s mitbewegt, und daß die Sonne es mit 300 km/s um das Zentrum der Milchstraße mitnimmt .... Aufgrund dieser Bewegungen würde sich ein außerirdisches Signal im Verlauf einer typischen Beobachtung auf komplexe, aber berechenbare Weise über hunderte von Kanälen verschieben. Es genügt also, diese Verschiebung im voraus durch Berechnung zu kompensieren, so daß das Signal immer in den gleichen einzelnen Kanal fällt und sich dort kräftiger ausbildet. Im Gegenzug würde das Störsignal eines Radars über viele Kanäle verteilt und so stark abgeschwächt.

Welches Bezugssystem?

Mit 8 Mio. Kanälen von 0,05 Hz überdeckt das System insgesamt nur 400 kHz, was nach dem Dopplergesetz einem Geschwindigkeitsintervall von nur einigen zig km/s entspricht. Das genügt, um sich keine Sorgen wegen der planetaren Geschwindigkeiten – sei es der unsrigen oder der der anderen – zu machen, aber im Hinblick auf stellare Geschwindigkeiten, die Hunderte von km/s erreichen können, ist es unzureichend. Auch ist man bei dieser Strategie gezwungen, eine weitere Annahme zu machen: Es muß bei der Kommunikation nicht nur stillschweigende Übereinstimmung bezüglich der magischen Frequenz geben, sondern darüber hinaus muß auch Einigkeit herrschen, was das Bezugssystem betrifft. Der Sender und der Empfänger, jeder Bewegungen verschiedenen astronomischen Ursprungs unterworfen, müssen sich auf ein gleiches Basissystem beziehen.

So wie die Bewegungen in unserer Galaxie gegeben sind, kommen 3 „magische" Referenzsysteme in Frage: Das erste ist fest in Bezug auf die Gesamtheit der Sterne unserer unmittelbaren galaktischen Umgebung, das zweite fest in Bezug auf das Zentrum der Milchstraße und das letzte in Bezug auf die kosmische Hintergrundstrahlung bei 2,7 K. Daher werden die Untersuchungen von Horowitz nacheinander in diesen 3 Systemen durchgeführt. Die Geschwindigkeits- und somit die Frequenzkorrekturen liefert der Computer.

Das System von Horowitz

Aus technologischer Sicht werden die Kanäle auch hier mittels Fourier-Transformationen verwirklicht, aber um den Elektronikaufwand zu verringern, ist die Signalerkennung so weit wie möglich reduziert worden: Sie zeigt am Ende jeder Beobachtung von 20 s nur an, in welchen Kanälen eine erhöhte Intensität vorliegt. Man unterscheidet also nicht zwischen einem Dauerton und einem Tüt-Tüt. Trotzdem war es für den Bau des Systems notwendig, 20 000 integrierte Schaltkreise miteinander zu verschalten und eine halbe Million Lötverbindungen herzustellen. Das System ist hinter einem alten, außer Betrieb befindlichen, aber renovierten Radioteleskop von 26 m Durchmesser installiert worden, das der Harvard-Universität und der Smithsonian Institution gehört und in den Bergen in Massachusetts steht. Nach Süden auf eine feste, aber täglich geänderte Höhe über dem Horizont ausgerichtet, überstreicht das Radioteleskop so Tag für Tag aufgrund der Erdrotation verschiedene Himmelsbreitenkreise: Der ganze von Harvard aus sichtbare Himmel ist so innerhalb von 200 Tagen zugänglich.

In 5 Jahren ununterbrochener Funktion hat das System 8 Mio. Spektren mit jeweils 8 Mio. Kanälen erforscht, woraus es pro Monat ein Megabyte Daten für die Archive extrahierte. Bei der sorgfältigen Untersuchung dieser „Schätze", um das Wort von Horowitz zu gebrauchen, hat man 98 % Rauschen gefunden, verschiedene Störsignale, Funktionsfehler und „andere" Signale, wenn nicht Signale „anderer". Indem man sich letztere genauer ansah, blieben einige gute Kandidaten für außerirdische Signale übrig, darunter eines, auf das man am 10. Oktober 1986 um 17.54 Uhr GMT gestoßen war, das sich aber niemals außerhalb der 20 s, in denen es aufgezeichnet wurde, wiederholt hat. Alles, was man bei diesem Alarmfall tun kann, ist, es zu archivieren und die Suche fortzusetzen ....

Das ist es, was Horowitz möchte, und er hat viel vor. Mit den seit Beginn der 80er Jahre abgelaufenen technologischen Entwicklungen ist man von Speichern mit 64 Kilobit zu solchen mit 64 Megabit gelangt. Da die Systemkosten hauptsächlich von den Speichern herrühren, kann man, wie er 1990 auf dem SETI-Forum in Dresden gesagt hat, „sich vorstellen, daß es in wenigen Jahren für 150 000 Dollar einen Empfänger mit 1 Mrd. Kanälen gibt, alles inbegriffen: die Fourier-Prozessoren, die Logikschaltkreise für die Verknüpfung, die Montage. In einer universitären Umgebung kann man die Arbeit von Doktoranden und motivierten Studenten einsetzen und ein fertiges System für 250 000 Dollar erhalten. [...] Diese Forschungen mit sehr schmaler Bandbreite müssen als Versuche betrachtet werden, universitäre SETI-Untersuchungen mit sehr geringen Kosten durchzuführen. Da sie eine Detektion nicht erreichen können, ist es vollständig angemessen, die schlagkräftigeren und gewaltigeren Untersuchungsprogramme weiterzuentwickeln, wie sie von der NASA kühn in Angriff genommen worden sind."

Die Supernovae verwenden?

Eine andere SETI-Strategie ist anläßlich der Explosion der Supernova von 1987 in der Großen Magellanschen Wolke vorgeschlagen worden. Die Idee dabei ist, daß, wenn eine Zivilisation, sobald sie die Explosion sieht, ein Signal in eine bestimmte Richtung aussendet, dieses auf dem angepeilten Stern in dem Moment eintreffen wird, in dem auch dieser die Explosion wahrnimmt. Die Supernova dient in gewisser Weise als Auslöser, um Aussendung und Empfang zu koordinieren und so die Chancen einer Synchronisation beträchtlich zu erhöhen. Die zeitliche Koordinierung von Sender und Empfänger läßt sich für Sterne verwirklichen, die auf der Oberfläche eines bestimmten Ellipsoids liegen; in dem Maße, wie die Zeit nach der Explosion weiterläuft, dehnt sich das Ellipsoid aus und erreicht neue Sterne, die man durch Berechnung ermitteln kann. Sie sind es, die in diesem Moment senden müssen, während wir sie anpeilen müssen, um zu „hören".

Die Südhalbkugel kommt ins Spiel

Das Argentinische Institut für Radioastronomie besitzt zwei Radioteleskope von 30 m Durchmesser, die für das Studium der Galaxien der südlichen Himmelshälfte mit der 21-cm-Strahlung gebaut wurden. In dem Bestreben, SETI auf die südliche Himmelshalbkugel auszudehnen, von der ein großer Teil vom Norden aus unsichtbar ist, hat sein Direktor Fernando Colomb 1986 Horchversuche aufgenommen. Nach der Explosion von 1987 haben die Argentinier die durch das Ellipsoid vorgegebenen Sterne angepeilt. Sie haben sogar darüber hinaus, auf Anregung eines Astronomen aus Charkow, den

Stern angepeilt, der mich jahrelang so beschäftigt hatte: Nach seiner Meinung könnte die relativ zum Stern leicht versetzte Radioquelle von einem Sender stammen, der sich auf einem seiner Planeten befindet. Wenn die Argentinier auch nichts detektiert haben, so haben sie sich doch wenigstens eingearbeitet, und 1986 haben sie mit finanzieller Unterstützung der Planetarischen Gesellschaft und technischer Hilfe von Paul Horowitz eine Kopie seines Systems gebaut, die seit Ende 1990 12 Stunden am Tag an einem der beiden Radioteleskope arbeitet, um den Südhimmel abzusuchen.

Die Mithörgelegenheit

Nach und nach dehnen sich die Ansätze von SETI aus und werden stärker. Ein interessanter Weg ist an der Universität von Berkeley eingeschlagen worden: Ein anderes großes Problem für SETI ist es, Beobachtungszeit am Radioteleskop zu erhalten; der Wettbewerb mit den anderen Astronomen, die sich für Kometen, Sternentwicklung, Galaxien oder Quasare interessieren, ist hart, wenn auch immer weniger ungerecht .... Es zeigt sich eine Lösung: Warum soll man nicht, wenn ein Astronom beobachtet, einen Teil der von ihm aufgesammelten Wellen am Eingang seines Empfängers abzweigen, um darin nach Signalen zu suchen? Genau das hat S. Bowyer mit seinen Mitarbeitern an der Universität von Kalifornien in Berkeley in seinem Projekt „Serendip" unternommen. Natürlich hat er weder die Wahl der angepeilten Richtung noch die der verwendeten Frequenz, die beide vom Astronomen vom Dienst bestimmt werden. Aber da man bei SETI noch alles lernen muß, da man weder sicher weiß, von welchem Stern oder von welchem Punkt im Weltraum eine Sendung kommen kann, noch bei welcher Frequenz die Sendung erfolgt, sollte man soweit wie möglich die kostenlos und im Überfluß erhaltene Beobachtungszeit am Radioteleskop nutzen, um jede Chance wahrzunehmen.

Das ableitende Empfangssystem funktioniert eigenständig und automatisch unter Verwendung eines Analysators mit 64 000 Kanälen. Die Daten werden auf optische Speicherplatten aufgezeichnet und in der Universität ausgewertet. Es hat 2 Jahre im Brennpunkt des großen 100-m-Radioteleskops von Greenbank funktioniert ... bis zu seinem plötzlichen Einstürzen! Das große Instrument ist aber nicht aufgrund des Gewichts des Systems von Berkeley zusammengebrochen, sondern aus Baufälligkeit. Dabei wurde das Empfangslabor, das sich unter ihm befand, und wo sich der wachhabende Beobachter aufhielt, beschädigt, wobei dieser unverletzt blieb. Während der Beobachtungszeit hat die Mannschaft nichtsdestoweniger 3 Mrd. Spektralpunkte analysiert, aus denen sie einige Millionen Kandidaten ermittelt hat; von diesen blieb nach strengen Tests zur Elimination der meisten Störsignale eine Liste von Kandidaten übrig, für die man speziell Teleskopzeit beantragen wird, um sie von neuem zu beobachten. Dieser vielversprechende Weg hat die Mannschaft von Berkeley dazu gebracht, einen Analysator mit 4 Mio. Kanälen vorzubereiten. Kann SETI bei diesen Anstrengungen überhaupt keinen Erfolg haben?

Zu viele „magische" Frequenzen

Das Konzept der magischen Frequenz, auf die sich die Zivilisationen des Kosmos ausrichten würden, um sich in der riesigen Wüste der möglichen Kommunikationskanäle zu treffen, findet sich bereits in der ersten theoretischen Arbeit von Cocconi und Morrison von 1959 ausgedrückt; sie schrieben diesen besonderen Status der Frequenz des neutralen Wasserstoffs, 1420 MHz, zu. Seither hat sich das Konzept auf weitere magische Frequenzen ausgedehnt. Vielleicht ist man dazu getrieben worden, weil bei den ersten Versuchen kein künstliches Signal bei der Frequenz von 1420 MHz nachgewiesen wurde. In Anbetracht des sehr primitiven Charakters dieser ersten Versuche, die kaum eine echte Erfolgschance hatten, gab es aber eigentlich keinen Grund, bereits nach anderen Treffpunkten zu suchen.

Und dennoch ist das der Weg, den das Instrument von Harvard genommen hat; nachdem der ganze Himmel bei 1420 MHz überstrichen worden war, ohne irgendetwas zu finden, hat es bei der doppelten Frequenz 2840 MHz von vorn angefangen, denn nach Horowitz kann auch dieser Wert auffällig sein. Die australischen Radioastronomen haben ihrerseits bei der Wiederaufnahme ihrer unterbrochenen SETI-Arbeiten auf die Frequenz 1420 MHz mal π gesetzt, der universellen mathematischen Konstante, die das Verhältnis des Umfangs eines Kreises zu seinem Durchmesser angibt: 1420 MHz $\times$ 3,1416 = 4462 MHz.

Je mehr magische Frequenzen man gefunden zu haben glaubt, um so weniger Wert hat leider jede von ihnen. Das Konzept verwässert und verliert sich. Das Schlimmste ist, daß mit dem Fortschritt der Radioastronomie andere auffällige Strahlungen im Kosmos entdeckt worden sind. So war es für das Hydroxylradikal OH, das zweite, was Strahlungsintensität und Allgegenwärtigkeit anbetrifft, mit seinen 4 um 18 cm Wellenlänge angeordneten Übergängen. Muß man also bei jeder dieser 4 Wellenlängen lauschen, oder beim Mittelwert der Frequenzen, oder beim nach den einzelnen Intensitäten gewichteten Mittelwert?

Da OH und H rekombiniert Wasser, H_2O, ergeben, die für das irdische Leben grundlegende Verbindung, hat das zwischen 18 und 21 cm enthaltene Band den Charakter einer Zone bevorzugter Frequenzen angenommen. Außerdem befindet es sich im SETI-Fenster, dort wo die Fluktuationen am geringsten sind. Sie ist daher „Wasserloch" getauft worden, um anzudeuten, daß sie einen besonderen Treffpunkt für die Nomaden des Kosmos darstellen könnte. Danach kamen die Entdeckungen der Strahlungen, die vom Kohlenmonoxid, vom Formaldehyd, vom Wasser ausgehen .... Schließlich haben auch die Physiker magische Frequenzen gefunden, die unabhängig vom Inhalt des Kosmos an Atomen und Molekülen sind. Auf die gleiche Weise wie Planck durch Kombination dreier der fundamentalen Konstanten der Physik: der Lichtgeschwindigkeit, des Wirkungsquantums und der Gravitationskonstante, seine berühmte Länge von 10^{-33} cm berechnet hat, kann man durch andere Kombinationen spezielle Frequenzen finden.

Man muß klar erkennen, daß der Ariadnefaden beginnt, sich längs dieser Spur zu verfransen, und man nicht mehr weiß, wohin man sich wenden soll. Gerade aus diesem Grund hat die NASA, indem sie sich ein hohes Ziel setzte, entschieden, daß das *ganze* SETI-Fenster erforscht werden sollte. „Das ganze" heißt von 1 bis 10 GHz. Obwohl das noch kein Allheilmittel ist − erinnern wir uns an die bescheidenen 30 s, die in einem ganzen Jahrzehnt Beobachtung auf einen bestimmten Stern und einen bestimmten Kanal entfallen −, so ist dies doch ein Beobachtungsehrgeiz ersten Ranges, an dem man sich orientieren muß, wenn man das Gebiet von SETI voranbringen will. Offensichtlich bedarf es hierfür der Größe der Aufgabe angemessener Mittel.

10.2 Ein neuer Ariadnefaden

Ich für meinen Teil bin der Anziehung der speziellen Frequenzen erlegen, die uns helfen sollen, uns in diesem kosmischen Dschungel zurechtzufinden. Dennoch hänge ich der Philosophie der NASA an, das ganze Fenster zu erforschen. Aber anstatt das ganze Band von einem Ende zum anderen abzudecken, indem man den Block von 10 000 Kanälen sukzessive 10 000mal verschiebt (falls man jeden Kompromiß verwirft), schlage ich vor, einer Liste von sehr genauen Vorzugsfrequenzen zu folgen, für die man die Erfolgsaussichten bewerten kann. Ich begründe diesen Vorschlag weder auf Größen der Physik noch auf den atomaren oder molekularen Inhalt des Universums, sondern auf eine außergewöhnliche Klasse von Sternen.

Man kann sich also auf dem großen, durch die NASA eröffneten Terrain engagieren, aber indem man als Leithilfe einen neuen Ariadnefaden aus einem neuen Stoff verwendet. Findet man am Ende dieses Fadens nichts, nun, dann muß man das Steuer an andere weiterreichen, damit sie die systematische Erkundung des gesamten Feldes angehen, wie sie es zu Beginn vorhatten. Auch wenn er nichts bringen sollte, würde einen dieser Weg zumindest nicht Zeit verlieren lassen: Man hätte bereits einen Teil der Frequenzen untersucht. Da sich keinerlei Argument zu finden scheint, warum dieser Weg in eine Sackgasse führen sollte, ergibt sich eine gesteigerte Hoffnung auf einen vorzeitigen Erfolg in dem langen, von der NASA vorgesehenen Programm. Warum soll man nicht versuchen, vielleicht im ersten Jahr statt im neunten Erfolg zu haben?

Die Pulsare

Als außergewöhnliche Klasse von Sternen schlage ich die Pulsare vor. Warum? Weil diese natürliche interstellare Radiobaken sind, leistungsstark und gut in den interstellaren Räumen verteilt, die ein Tüt-Tüt von beeindruckender Regelmäßigkeit ausstrahlen, und dies über 1 Mio. Jahre hinweg. Es sind ideale Radioleuchttürme, die nicht nur unsere galaktische Nachbarschaft sondern die gesamte Galaxie und sogar andere Galaxien markieren. Ihre Synchronisationssignale sind stabile natürliche Bezugspunkte von langer Lebensdauer und aus großen Entfernungen detektierbar.

Aus der Sicht der Physik ist ein Pulsar ein Neutronenstern in schneller Rotation. Wenn ein Stern durch Erschöpfung seines Kernbrennstoffs das Ende seiner Entwicklung erreicht, stürzt er zum großen Teil in sich zusammen und kann zu einem sehr dichten Überrest werden, der im wesentlichen aus Neutronen gebildet ist. So wird ein typischer Stern von etwas mehr als einer Sonnenmasse, von einem Durchmesser von 1 Mio. km und mit einer Rotationsdauer von einem Monat, nachdem er einen Teil seiner Masse in der Supernovaphase in explosiver Weise fortgeschleudert hat, zu einer Kugel von 10 km Durchmesser in extrem schneller Rotation.

An der Oberfläche dieses eigenartigen Sterns sollten sich intensive elektromagnetische Erscheinungen entwickeln, es treten gewaltige Bündel von Radiowellen aus, die bei jeder Umdrehung einen ganzen Bereich des Raums überstreichen. Jedesmal, wenn uns solche Bündel erreichen, liefern sie uns ein Tüt, dessen regelmäßige Abfolge dazu führte, daß man diesen Sternen den Namen Pulsar, für *pulsating stellar object*, gab. Erinnern wir uns daran, daß ihr erster Name im SETI-Umfeld LGM, little green men oder kleine grüne Männchen war!

Seit ihrer Entdeckung sind mehrere hundert Pulsare ausgemacht worden. Sie sind in unserer galaktischen Nachbarschaft mit je einem alle 500 Lichtjahre verteilt. Ihre Rotationsfrequenzen reichen von Hertz bis zu Kilohertz, was Rotationsperioden entspricht, die von 1 s bis zu 1/1000 s gehen. Sie sind so stabil, daß die Perioden in 1000 Jahren höchstens um eine 1/10 000 s zunehmen. Außerdem kennt man ihre Bremsrate mit hinreichender Präzision, um eine Korrektur zu machen, falls nötig.

Welcher kosmische Navigator würde zögern, sich mit solchen Funkfeuern auf die Suche nach anderen Zivilisationen zu machen? Als Carl Sagan und seine Frau die Nachricht entworfen haben, welche die Pioneersonden, die ersten menschlichen Fahrzeuge, die das Sonnensystem verlassen sollten, mit sich tragen sollten, um eventuelle interstellare Zivilisationen zu unterrichten, haben sie sich der Pulsare bedient; anhand ihrer Position im Raum und der Werte ihrer Radiobündel könnten die Empfänger unsere Sonne lokalisieren und das Startdatum bestimmen.

Der Fall des Absuchens von Punktzielen

Um mich nicht in zu technische Details zu verlieren, werde ich diese Strategie ausschließlich für den Fall des NASA-Programms für Punktziele veranschaulichen. Die 1000 Sterne, die in den nächsten 10 Jahren beobachtet werden sollen, befinden sich innerhalb einer Kugel von 100 Lichtjahren mit der Sonne als Zentrum. Die nächsten Pulsare dieses Teils des interstellaren Raums sind 260, 300, 490 und 550 Lichtjahre von uns entfernt. Es ist offensichtlich, daß die empfehlenswerteste Bake für uns und die 1000 Sterne die nächste ist: PSR 1929+10 (PSR für Radiopulsar, 1929 für ihre „Rektaszension" von 19 h 29 min und +10 für ihre „Deklination" Nord 10°). Aber auch der 300 Lichtjahre entfernte Pulsar ist nicht zu verachten; man kann ihnen also leicht Bewertungskoeffizienten zuordnen, um ihr Interesse als Funktion des Quadrats ihrer Entfernung auszudrücken.

Hat man einmal die Pulsare ausgewählt und gewichtet, so stellt sich das große Problem: Ihre Rotationsfrequenz hat nichts mit den Frequenzen des SETI-Fensters zu tun. Wie soll man von den einen zu den anderen übergehen? Man muß eine Regel finden, die so allgemein und so universell wie möglich ist. In Anbetracht der Tatsache, daß sich das SETI-Fenster über einen Faktor 10, von 1 bis 10 GHz, erstreckt, genügt es, die Frequenz eines gewählten Pulsars so oft mit einer universellen mathematischen Konstanten, die etwas kleiner als 10 ist, zu multiplizieren, wie nötig ist, damit das Ergebnis letztendlich unfehlbar in das Fenster fällt.

So hat PSR 1929+10 die Rotationsfrequenz 4,4146768 Hz (Beachten Sie die Genauigkeit; so etwas ist in der Astrophysik selten!); wenn man sie 11mal hintereinander mit 2π, d. h. 6,2831853... multipliziert, findet man die Frequenz 2,65998 GHz, die ins Fenster fällt. Dies wäre nach meiner Ansicht die erste Vorzugsfrequenz, mit der die NASA ihre Suche auf Punktziele beginnen sollte.

Mathematisch auffällige Zahlen

Aber warum soll man als mathematische Zahl 2π wählen? Gibt es nicht auch π, e = 2,7182818, die Eulerzahl, Basis der Neperschen Logarithmen, oder sogar ganz einfach die Zahl 2, die Horowitz propagiert? Was sind eigentlich mathematisch bemerkenswerte Zahlen? François Le Lionnais, seit seiner Kindheit von den Zahlen fasziniert,

hat sie sein ganzes Leben lang gesammelt. In Zusammenarbeit mit
Jean Brette, dem Direktor der mathematischen Abteilung des Palais
de la Découverte, hat er *Die bemerkenswerten Zahlen* veröffentlicht,
eine Anthologie über 400 Zahlen und ihre 700 Eigenschaften! Man
sollte meinen, daß sich zwischen 2 und 6,2831853 eine Menge finden. Aber nein, es sind nur 19!

In der Tat muß man diese Zahlen gar nicht verwerfen, sondern
nur bezüglich der Wahrscheinlichkeit, mit der sie uns Erfolg bringen sollten, bewerten. Die Frequenz, die 100 Punkte bekommt, ist
die bereits genannte; dann kommt an zweiter Stelle 2,38093 GHz
mit 79 Punkten, zwei andere mit 62 Punkten, etc. Insgesamt rund
30 Stück bis hinab zu einem bereits recht schwachen Ergebnis von
8 Punkten.

Wenn man rund 30 mit den 100 Mrd. möglichen Kommuni-
kationskanälen vergleicht, kann man wohl sagen, daß dies eine
außerordentlich erfolgreiche Einengung ist: Es ist der Mühe wert,
sein Glück ausgehend von meiner Liste zu suchen. Außerdem folgt
diese auf den Pulsaren basierende Strategie, soweit wir gegenwärtig
wissen, einer Logik von anscheinend universellen Gesichtspunkten.
Und schließlich sind die Werte der gelieferten Frequenzen sehr genau, im Bereich von rund 100 kHz. Das ist insbesondere für Systeme wie das von Horowitz wertvoll, dessen Kanäle insgesamt nur
400 kHz abdecken. Man kann sie so richtig einstellen.

Der Test durch Beobachtung

Um den theoretischen Aspekt meiner Argumente zu vervollständi-
gen, habe ich die auf den Pulsaren basierende Theorie mit meinen
Kollegen Jill Tarter und François Biraud einem Test durch Beobachtung am Radioteleskop von Nançay unterzogen. Unter den angepeilten Zielen haben wir in Erinnerung an die ersten Horchversuche von Frank Drake seine beiden Sterne tau Ceti und epsilon Eridani gewählt. Unglücklicherweise (oder glücklicherweise?) haben sie
uns nicht dem Adrenalinausstoß ausgesetzt, den er bei seinem ersten
Alarm erlebte! Dennoch haben wir einen gültigen Alarm gehabt: der
Stern DM−23°8646, der 8646. Stern bei der Deklination 23° südlich
des 1886 aufgestellten Katalogs Durchmusterung hat ein starkes Signal bei 1 661 590 123 Hz ergeben. Drei Tage später haben wir ihn
wieder angepeilt, aber das Signal war verschwunden ....

Wird die auf den Pulsaren aufbauende Strategie Anhänger finden? Woody Sullivan, Astronomieprofessor an der Universität des Staates Washington, ein brennender Verfechter von SETI, hat zu Beginn der Simulation des Abhorchens der Erde von Proxima Centauri aus meine Strategie auf eine andere Herausforderung ausgedehnt: Vorauszusehen, mit welchen Rhythmen das Tüt-Tüt der Außerirdischen am wahrscheinlichsten emittiert wird. Die Perioden der Pulsare könnten hier direkt als Eichmaß dienen, was die durch den Signaldetektor der NASA durchgeführten Rechnungen enorm vereinfachen würde.

Vielleicht habe ich mich hinreißen lassen, zu viele Stellen, zu viel Genauigkeit anzugeben. Wenigstens kann man so besser begreifen, welche kleinliche Sorgfalt und Feinarbeit die Forscher leisten müssen, um zu versuchen, einen kleinen Mosaikstein zum Fortschritt unseres Wissens beizutragen.

10.3 E.T. belauscht die Erde

Wenn das System der NASA und ein großes Radioteleskop auf einen Planeten irgendwo in unserer Galaxie gebracht würden, wären sie dann in der Lage, künstliche Radioemissionen zu entdecken, die von unserer eigenen Erde stammen? Anläßlich eines kürzlichen SETI-Forums hat John Billingham, Chef des SETI-Programms der NASA, die Antwort beziffert für die beiden Suchverfahren, auf Punktziele und durch flächendeckende Verfahren, für die beiden ins Auge gefaßten Signale, kontinuierlich und gepulst, und schließlich für die leistungsstärksten irdischen Sender, das Planetenradar von Arecibo und die amerikanischen militärischen Überwachungsradaranlagen für ballistische Flugkörper.

Die irdischen Radarsysteme

Die erreichten Tragweiten sind enorm; den Rekord erhält man für die Suche nach festen Zielen mit Dauersignal: 4000 Lichtjahre. Wenn man bedenkt, daß das Programm der NASA 1000 Sterne bis zu einer Entfernung von nur 100 Lichtjahren umfaßt, zeigt eine einfache

Dreisatzrechnung, daß das bis 4000 Lichtjahre reichende Volumen 60 Mio. Sterne einschließt, die der Sonne vergleichbar sind.

Wenn die Signale von Arecibo die Zeit gehabt hätten, sich so weit auszubreiten, so könnten wir von dieser beträchtlichen Zahl von Sternen aus entdeckt werden. Tatsächlich sind sie aber erst rund 30 Lichtjahre weit gekommen, wodurch wir erst 20 Sternen zugänglch sind. Jene, die Angst davor hatten, daß wir uns dem Kosmos offenbaren, sind vielleicht beruhigt; aber das ändert nichts daran, daß die Arecibosignale unterwegs sind, und wir nichts tun können, um sie aufzuhalten. Unweigerlich werden sie schließlich die 60 Mio. Sterne überstreichen, und dies von jetzt an gerechnet in nur zweimal der Dauer der christlichen Zeitrechnung! Im Vergleich dazu haben die militärischen Radarsysteme eine viel geringere Tragweite von nur 20 Lichtjahren.

Aber die Frage der Tragweite deckt nicht alle Aspekte des Problems der Detektion ab; man muß darüber hinaus die Wahrscheinlichkeit dafür berechnen, daß unsere SETI-Apparate, ausgesetzt auf einem anderen Planetensystem, die Erde entdecken, einen unbedeutenden, in der Unermeßlichkeit der Himmel verlorenen Himmelskörper. J. Billingham hat diese Berechnungen gemacht, wobei er den Rhythmus, mit dem das Radar von Arecibo und die militärischen Radarsysteme emittieren, sowie die tatsächlich verwendeten Frequenzbänder berücksichtigte; so benutzt Arecibo sein Radar z. B. nur 200 Stunden im Jahr, was die zahlreicheren und ständig in Betrieb befindlichen militärischen Systeme vorteilhaft erscheinen läßt. Alles in allem gibt es einen Gleichstand zwischen den beiden. Aber die von Billingham berechnete letztendliche Wahrscheinlichkeit ist sehr gering: Unsere expatriierten SETI-Apparaturen hätten nur eine Chance von 1 zu 1000, einen der Erde vergleichbaren Planeten zu detektieren, selbst wenn es im Weltraum alle zehn Lichtjahre einen solchen gäbe!

Der Optimismus über die Reichweite der SETI-Systeme wird durch die pessimistisch stimmende (Un-)Wahrscheinlichkeit abgekühlt, auf ein künstliches Signal zu treffen. Ein Vergleich mit dem Spiel veranschaulicht dies: Wenn jeder, der ein Los kauft, eine bedeutende Summe gewinnen kann, so ist die Wahrscheinlichkeit dafür, daß er sie gewinnt, gering. Sein Gegenmittel wäre, viele Lose zu kaufen. Das ist genau das Problem: Wenn die Menschheit den gewaltigen technologischen Schritt bewältigt hat, mit Radiosignalen arbeiten zu können, die sich über interstellare Distanzen ausbreiten, so muß sie noch auf den richtigen Zielpunkt treffen, und dies bei der richtigen Frequenz und im rechten Augenblick. Aber wer nichts wagt, gewinnt nichts. Es war sehr vorteilhaft, daß diese Rechnung ihren entmutigenden Einfluß erst sehr spät ausübte. Wenigstens ist die Technologie bereits auf den Weg gebracht, der sehr weit führen kann, weit über die Milliarden simultaner Kanäle hinaus; das wird uns gestatten, uns mit vielen Lotterielosen zu versehen.

Andererseits kann es auch optimistische Faktoren geben. So unterstellen die Berechnungen, daß die außerirdischen Technologien sich auf unserem Niveau befinden. Nun, das ist sehr unwahrscheinlich, und wenn wir Signale detektieren, so werden sie aus rein statistischen Gründen von wesentlich höher entwickelten Zivilisationen stammen. Ihre Sender könnten daher viel leistungsstärker als unsere Radarsysteme sein. Letztendlich wird die Beobachtung entscheiden; in der Physik ist es eine sinnvolle Vorgehensweise, ein wichtiges Experiment durchzuführen, das *a priori* nur eine Erfolgsaussicht von 1 zu 1000 hat. Es gibt unzählige Fälle, in denen sich Pioniere relativ aussichtslosen Experimenten verschrieben haben, und – dank zweier glücklicher Umstände – zu Ergebnissen ersten Ranges kamen: Ein Faktor 1000, der in der Entwicklung der Technologie gewonnen wurde, und ein weiterer Faktor 1000, den die Natur gnädig beisteuert, um sich als noch erstaunlicher zu erweisen, als man sich hatte vorstellen können.

Unsere Fernsehsendungen

Die Erde sendet nicht nur durch ihre Radarsysteme Radiowellen aus; bereits 1978 zeigte Woodruff Sullivan, daß ihre Fernsehsender uns ebenfalls fernhin durch eine der interessantesten Radiosignaturen ankündigen könnten, nicht aufgrund des Inhalts der ausgestrahlten Sendungen, sondern wegen der physikalischen Eigenschaften ihrer Trägerwellen. Ein System von der Art dessen von Arecibo könnte sie bis in 30 Lichtjahre Entfernung auffangen.

Da die Sender dazu bestimmt sind, die Antennen der einzelnen Rundfunkteilnehmer anzusprechen, sind ihre Bündel streifend auf den Horizont gerichtet, und ein guter Anteil der ausgesandten Leistung entweicht in den Weltraum, wobei er diesen im Verlauf der Tagesrotation der Erde in der Runde überstreicht. Indem er die Daten der damals 2200 Fernsehsender sammelte, hat Sullivan die Natur der im Außenraum zu empfangenden Wellen rekonstruiert. Drei große Sendezentren heben sich auf dem Globus hervor: Europa, die Vereinigten Staaten und Japan. Im Verlauf einer 24stündigen Horchaktion würde ein Außerirdischer 6 Sendeschübe empfangen, jeweils eine, wenn eine der 3 Zonen von dort aus gesehen auf dem Globus aufzutauchen oder zu verschwinden scheint. Natürlich hätte W. Sullivan gerne über Millionen von Dollar verfügt, um eine Sonde mit dem Auftrag auszusenden, die Erde zu belauschen und seine Vorhersagen zu überprüfen; aber er hat gefunden, daß es schneller ginge, sie mit Arecibo selbst unter Mitwirkung des Mondes zu belauschen. Die irdischen Emissionen werden in der Tat zum Teil vom Mondboden reflektiert. Tatsächlich hat er, während vom Mond aus gesehen die UdSSR unterging und Europa im Begriff war, ihr zu folgen, Emissionsmaxima beobachtet, die dem Kanal 8 (191 MHz) entsprechen und von denen innerhalb einer Stunde die von den Sowjets stammenden fortschreitend vor dem Anstieg der von den Europäern ausgesandten schwächer wurden.

Was könnte ein Außerirdischer selbst auf unserem bescheidenen Intelligenzniveau aus dem Studium der Physik dieser Emissionsschübe lernen? Durch genaue Frequenzmessung der empfangenen Maxima würde E.T. Dopplereffekte erhalten, die Geschwindigkeiten von 300 m/s entsprechen, unserer Geschwindigkeit aufgrund der Erdrotation. Da diese Effekte sich alle 24 Stunden wiederholen und eine Bewegung mit 300 m/s während 24 Stunden einer zurückgelegten Strecke von 40 000 km entspricht, würde E.T. den Durchmesser unseres Planeten, 10 000 km, herausfinden. Danach würde er im Verlauf eines Jahres einen anderen Dopplereffekt nachweisen, der der viel größeren Geschwindigkeit von 30 km/s entspricht, unserer Bahngeschwindigkeit um die Sonne; er würde also unseren Abstand von unserem Zentralgestirn daraus ableiten, 150 Mio. km. Danach würde er ausgehend von der Helligkeit und der Temperatur unseres Sterns berechnen, daß ein Globus von 10 000 km, der in 150 Mio. km Abstand umläuft, eine Temperatur im Bereich von 0 bis 100 °C hat. Und allsogleich wäre festzustellen: Flüssiges Wasser, und somit makromolekulare Biologie, also intelligentes Leben!

Bis hin zu dem Moment, in dem er durch Vorantreiben seiner Nachweistechnologie, um mehr über uns zu erfahren, unsere Fernsehsendungen dekodieren und so in der Tat viel mehr lernen würde ..., um sich letztendlich bewußt zu werden, daß wir uns selbst durch Kriege, Völkermorde, nukleare Umweltverschmutzung, chemische Vergiftung, Zerstörung der Resourcen, des stratosphärischen Ozons und des atmosphärischen Sauerstoffs zerstören, und daß unser chaotischer und unverantwortlicher Umgang mit unserem Planeten die Außerirdischen unter dem Strich verpflichtet, uns von ihrer Liste intelligenter Wesen des Kosmos zu streichen. Ohne so weit zu gehen, weist Sullivan darauf hin, daß jahreszeitliche Anzeichen aus unseren Trägerwellen abgeleitet werden können. So sind im Winter die Wälder stärker entblättert und lassen die Wellen leichter durchtreten. Auch soziologische und sogar politische Indizien könnten auftreten: In bestimmten Gebieten sind die Sendezeiten weniger ausgedehnt oder es können bedeutende Minima ihrer Leistung auftreten. Im Verlauf seines auf Reflexionen am Mond basierenden Horchversuchs hat Sullivan sogar ein in Texas gelegenes militärisches Überwachungsradar der amerikanischen Marine aufgefangen, das ein Megawatt in einem Band von einem Zehntel Hertz ausstrahlte.

Laut einigen Kritikern hat die Phase, während derer eine Zivilisation Radiowellen verwendet, möglicherweise nur eine kurze Dauer; schon sind bei uns die optischen Fasern im Bereich der Telekommunikation mehr und mehr im Vormarsch. Es wäre also vergeblich, für die Detektion von Zivilisationen auf ihre Radioemissionen zu setzen. Wie so oft auf diesen Gebieten handelt es sich um eine reine Spekulation, der man nur mit einer puren Gegenspekulation begegnen kann. Denkt man nicht bereits an Orbitalstationen mit der Aufgabe, die Energie der Sonne aufzufangen und sie in enge, auf Kollektorzentren am Boden gerichtete Bündel von Radiowendeln umzuwandeln? Mit Leistungen von 10 GW und Bündeln von 99,9 % Wirkungsgrad würde eine solche Zentrale in den Weltraum gerichtete Leistungen abstrahlen, die aus 100mal weiterer Entfernung detektierbar wären als unsere Radars. Da wir beginnen, die entsprechenden Möglichkeiten zu haben, wird auf alle Fälle einmal mehr die Beobachtung entscheiden.

Kapitel 11

Kosmische Lebensräume

Im Jahre 1993 explodierte mitten in einem der Arme der großartige Spiralgalaxie Messier 81 eine Supernova (roter Punkt). Analog zu dieser Schwestergalaxie bewegt sich unsere Zivilisation von ihrer Entstehung bis zu ihrem Untergang im Verlauf mehrerer Milliarden Jahre von einem Arm zum anderen (gelber Punkt). (Quelle: Mount Palomar Teleskop)

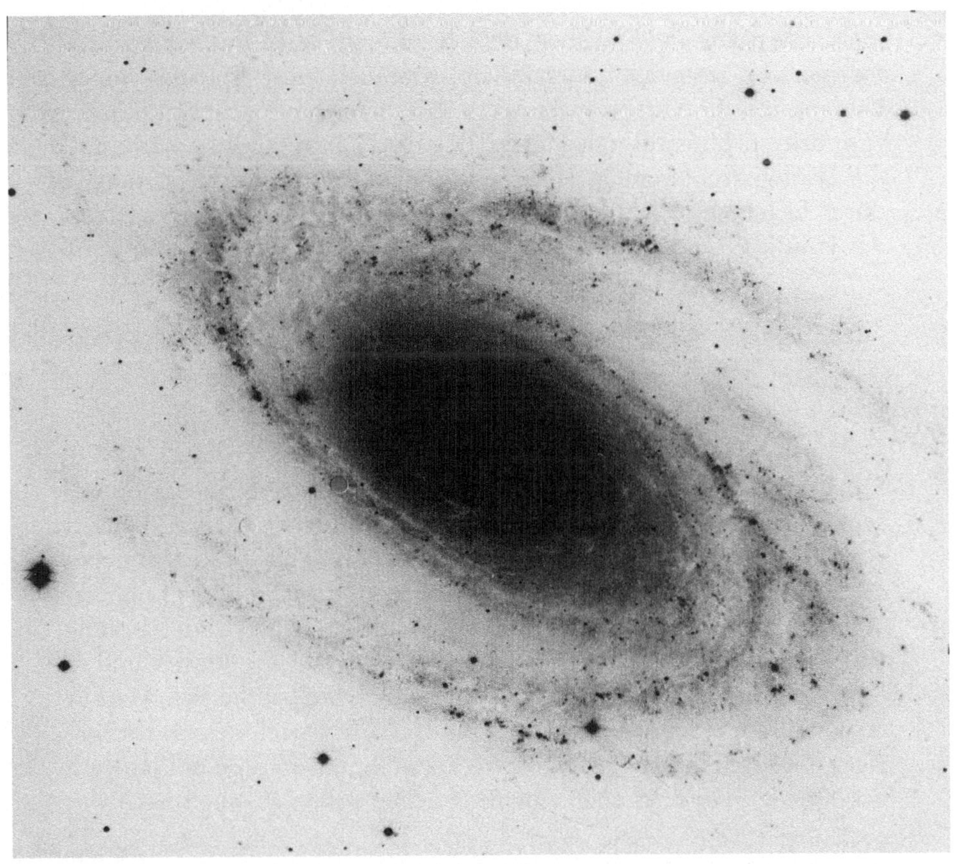

Das offizielle Hauptprogramm der NASA visiert die 1000 nächsten Sterne an, welche der Sonne am meisten ähneln. Mit ihm beginnt SETI im großen Stil und es wird die ersten Jahre der Superapparatur einnehmen. Im Oktober 1992 wurde nach der vollständigen Integration aller ihrer Teilsysteme das Forschungsprogramm eröffnet; es wird genau genommen zunächst ein Jahr der unverzichtbaren, letzten Feineinstellung widmen und nicht vor dem Jahr 2000 beendet werden, woran man den Umfang des Unternehmens ermessen kann. Die bereits ein Jahrzehnt alte Idee ist einfach. Dennoch enthält sie ein dreifaches Problem: 1000 ist wenig im Vergleich zu den Milliarden Sternen, die anzuvisieren sich lohnen würde; die nächsten sind nicht unbedingt die interessantesten; und schließlich ist die Tatsache, daß man sich auf die Ähnlichkeit mit der Sonne stützt, nur dadurch zu rechtfertigen, daß das Sonnensystem den einzigen bekannten Fall intelligenten Lebens darstellt. Es ist ein großer Glücksfall, daß diese Schwächen von Anfang an durch das andere Programm ausgeglichen werden werden: das Überstreichen des ganzen Himmels. Ebenfalls im Oktober 1992 begonnen, aber mit einem Prototypen von zunächst „nur" 2 Mio. Kanälen, wird es seinen vollen Umfang mit 16 Mio. Kanälen erst 1996 erreichen und ebenfalls bis zum dritten Jahrtausend dauern. Bei alledem ist vorausgesetzt, daß die Weltwirtschaft nicht stagniert, und daß es nicht zu Störungen durch falsche Entscheidungen im US-Kongreß aufgrund eines Sieges der Politik über die Vernunft kommt.

11.1 Sterne mit Planeten

Seit Beginn der Formulierung des Programms für feste Ziele sind unsere Kenntnisse angewachsen. Die für die Entdeckung von Planeten rund um andere Sterne aufgewendeten Anstrengungen konvergieren auf einige vielversprechende Kandidaten. Andere Fälle sind überraschend entdeckt worden, wie der sehr große Planet (oder braune Zwerg?), der mindestens 12mal soviel Masse hat wie Jupiter und in 84 Tagen um den Stern HD 114762 umläuft. Stellen Sie sich Merkur ersetzt durch einen Jupiter von 2- bis 3fachem Durchmesser des unsrigen vor, dann haben Sie eine gute Vorstellung von diesem Planetensystem; wenn es dort auch eine Erde geben sollte, so spielt nach Un-

tergang seiner Sonne HD der Superplanet die Rolle eines hunderte
Male helleren Abendsterns als Venus; selbst das bloße Auge könnte
seine Kugel ausmachen, wie beim Mond.

Die Entdeckung von Scheiben aus Gas und Staub rund um ca.
20 Sterne kann auf die Anwesenheit von Planeten hindeuten; einige dieser Sterne haben bereits mehrere Milliarden Jahre gelebt und
dem höherentwickelten Leben Chancen gegeben zu entstehen; diese
Sterne sind somit bevorrechtigte Kandidaten für SETI.

Eine große Überraschung gab es auch Mitte 1991 mit der Ankündigung der Existenz eines Planeten, der um einen Pulsar umläuft, durch die Engländer von Jodrell Bank. Diese Neuigkeit wurde
von ihren Autoren nach der Entdeckung eines Fehlers in ihren Berechnungen bald dementiert. Dies muß ein schrecklicher Augenblick
im Leben dieser Forscher gewesen sein; ein Grund mehr, sich niemals zu übereilen und die Dinge reifen zu lassen. Noch eine Überraschung auf dem gleichen Gebiet war Ende 1991 die Mitteilung der
Entdeckung zweier um einen anderen Pulsar umlaufender Planeten
durch die Amerikaner von Arecibo. Die Möglichkeit der Entdeckung
von Massen in Umlaufbahnen um Pulsare ist ganz neu und vielversprechend, aber sie bedarf der Bestätigung durch weitere etwaige
Beispiele und des Verständnisses der zugrundeliegenden Astrophysik.

Es sind auch andere Methoden für die Auswahl der Ziele vor-
geschlagen worden, wie z. B. die Verwendung der Ausbreitung des
Blitzes von Supernovae. Eine andere Möglichkeit bestünde darin, die
Sterne anzupeilen, die schon von den Strahlen des Radarsystems von
Arecibo erreicht worden sein können. Sie könnten uns ja Antworten
senden ... .

11.2 Die Doppelsterne

Die Mehrzahl der Sterne unserer Galaxie sind Doppelsterne. Es ist
somit eine wichtige Frage für das Leben, ob ein Planet eine stabile und dauerhafte Umlaufbahn um 2 Sterne haben kann. Diese
beiden Sterne laufen bereits einer um den anderen um (genau genommen um ihren gemeinsamen Schwerpunkt). Man kann sich vorstellen, daß ein Planet, wenn er nacheinander dem Gravitationsein-

fluß des einen und dann des anderen Sterns ausgesetzt ist, komplexe Beschleunigungen erfährt und letztendlich in den interstellaren Raum oder auf einen der Sterne geschleudert werden kann, was ihm eine biologische Karriere verbieten würde. Die Doppelsterne sollten daher nicht unter den Zielsternen von SETI auftreten. Dennoch scheint in bestimmten Fällen eine stabile Umlaufbahn möglich; so ist, wenn der Planet in einer engen Umlaufbahn um einen der Sterne kreist, der Einfluß des anderen, fernen schwach, und die Umlaufbahn könnte stabil sein. Genauso ist es, wenn die beiden Sterne einander eng umkreisen und der Planet sich fern von ihnen auf einer Kreisbahn befindet, so daß die beiden Sterne wie ein einziger wirken und seine Bahn stabil sein kann. Daher müßte man die Doppelsterne doch in die SETI-Liste aufnehmen.

11.3 Der Fall von Alpha Centauri

Um das Problem zu erhellen, hat Daniel Benest vom Observatorium von Nizza beim Symposium von Val Cenis detaillierte Rechnungen für das Verhalten eines Planeten in einem Doppelsternsystem vorgestellt. Er hat einen besonderen, den interstellaren Forschern lieb gewordenen Fall ausgewählt, den von Alpha Centauri, des nächsten Sternsystems in 4,3 Lichtjahren Entfernung. Wie es Flammarion pittoresk ausdrückte: „Ein von hier abgefahrener Expresszug würde diese Nachbarsonne erst nach einer ununterbrochenen Fahrt von rund 60 Mio. Jahren erreichen." In Wahrheit ist der uns nächste Stern Proxima Centauri, ein für das unbewaffnete Auge unsichtbarer Stern, der uns 2 % näher ist.

Alpha leuchtet mit hellem Glanz in der Südhemisphäre. Es ist immer ein bewegendes Schauspiel, unter den Himmeln der Südhalbkugel diese erste intersiderale Zwischenstation zu betrachten. Von Alpha aus gesehen würde unsere Sonne ebenfalls mit hellem Glanz leuchten; für eine im Vergleich zu den Distanzen der Gesamtheit der Sterne so kleine Verschiebung hätten unsere gewohnten Sternbilder das gleiche Aussehen wie von der Erde aus gesehen, bis darauf, daß links vom W der Cassiopeia ein ungewohnter Stern diese Konstellation verschönern würde; und dieser Stern wäre der unsrige!

Der wichtigste Bestandteil des Doppelsternsystems, Alpha Centauri A, ist ein wahrer Doppelgänger der Sonne, während B ein bißchen weniger massereich und weniger heiß ist. Ihre in 80 Jahren durchlaufenen Bahnen um den gemeinsamen Schwerpunkt sind etwas elliptisch, ein wenig wie ein Ei; deshalb variiert ihr relativer Abstand zwischen 12- und 36mal dem Abstand Erde-Sonne (AE). Die Berechnungen von Benest haben gezeigt, daß außer sehr fernen Umlaufbahnen, die für das Leben wenig interessant, weil zu weit von den Wärmequellen entfernt sind, stabile Umlaufbahnen um A oder B mit Radien von 3 oder 4 AE existieren.

Umlaufbahnen ähnlich denen von Merkur, Venus, Erde, Mars und sogar den Asteroiden sind hier also stabil; im erdähnlichen Fall würden wir während des jährlichen Umlaufs um das Ebenbild der Sonne A den Stern B in der Ferne im Verlauf von 80 Jahren eine große Runde drehen sehen, in Entfernungen, die zwischen denen von Saturn und Pluto schwanken; alle 12 Monate wären A und B in derselben Himmelsregion und würden die Helligkeit unseres Tageslichts etwas erhöhen, während B 6 Monate später unsere Nächte wie tausend Vollmonde erhellen würde. Das Leben könnte also in diesen Gegenden auftreten, die Benest als bewohnbare Umlaufbahnen qualifiziert. Aber für den Augenblick deutet nichts darauf hin, daß sich an diesen Positionen Planeten kondensieren können; das liegt an den komplexen Gezeitenwirkungen der beiden Sterne.

11.4 Die Rolle der Atmosphäre

Unsere beiden Nachbarn, Venus und Mars, kreisen in 108 und 228 Mio. km Entfernung um die Sonne, im Vergleich zu 150 für unsere Erde. Muß man sich da wundern, daß die Temperatur auf der Erde ideal ist, daß es auf der Venus so heiß, auf dem Mars so kalt ist? Je näher ein Globus der Sonnenoberfläche ist, auf der 6000 °C herrschen, um so mehr Energie empfängt er, und um so höher steigt seine Temperatur, bis zu einem durch die Verluste, die er in den Weltraum abstrahlt, bestimmten Gleichgewicht. Wenn man diesen Gleichgewichtswert berechnet, bleibt man weit unter den 450 °C die auf der Venusoberfläche herrschen. Das liegt an der wichtigen Rolle der Atmosphären, die von Anfang an die Rolle einer Schutzschicht zu spielen scheinen.

Aber die Situation ist sehr kompliziert. Einerseits wirft eine planetarische Wolkenschicht die Infrarotstrahlung, die der Planet aufgrund seiner durch die Sonnenenergie angenommenen Temperatur aussendet, zum Boden zurück und verhindert so, daß sich der Planet zu sehr abkühlt. Andererseits wirft sie einen guten Teil der Sonnenstrahlen in den Weltraum zurück und verringert die Gleichgewichtstemperatur. Eine atmosphärische Decke ist daher eine zweischneidige Sache; während sie die Verluste wie ein Treibhauseffekt verringert, wirkt sie gleichzeitig wie ein schützender Sonnenschirm. Die Auswertung dieser gegenläufigen Effekte ist sehr schwierig durchzuführen, und das selbst für unsere Erde, wo doch beträchtliche Beobachtungsdaten zugänglich und die Rechnersimulationen extrem leistungsfähig sind. Außerdem sind die Gleichungen so beschaffen, daß ihre bezüglich der Anfangsbedingungen sehr empfindlichen Lösungen sich kapriziös verhalten. Um ein verbreitetes Bild aufzugreifen: Ein Schmetterling, der in Australien mit seinen Flügeln schlägt, könnte schnell katastrophale Störungen für den Frühling in Europa erzeugen.

Man weiß um die Bedeutung von Problemen wie die Steuerung der Landwirtschaft, die Vorhersage atmosphärischer Katastrophen, der Treibhauseffekt und die Ozonabnahme. Das internationale Weltraumjahr 1992 hat als vorrangiges Thema die Beobachtung der Erde mit einer abgestimmten und leistungsstarken Sammlung von Weltrauminstrumenten. Sie sollte dazu beitragen, Sicherheitsvorkehrungen für den einzigen uns zur Verfügung stehenden Planeten vorzuschlagen. Im Hinblick darauf wäre eine bessere Kenntnis der Nachbarplaneten Venus und Mars ebenfalls wertvoll. Das Studium dieser benachbarten Fälle wird grundlegende Vergleiche und für die Erde gerechtfertigte Extrapolationen erlauben. Allerdings sind diese Planeten aufgrund ihrer Entfernung deutlich schwieriger zu untersuchen, die damit beschäftigten Wissenschaftler weit weniger zahlreich und die beobachterischen wie theoretischen Mittel, über die sie verfügen, nur sehr gering. Die Forschungsarbeiten beginnen gerade erst; so beschränken sich die numerischen Rechenmodelle, anstatt dreidimensionale Kugeln in Rotation als Basis zu nehmen, auf die Betrachtung von Atmosphären, die einen ebenen, unendlich ausgedehnten, unbewegten Boden bedecken! Außerdem versuchen diese Berechnungen herauszufinden, wie sich die Atmosphäre der Planeten im Verlauf mehrerer Milliarden Jahre hat entwickeln können und nicht nur in einigen Jahrtausenden.

11.5 Bewohnbare Zonen

Trotz der Weite der Studien, die noch verwirklicht werden müssen, wollen die mit SETI befaßten Astronomen sie in Angriff nehmen, um besser präzisieren zu können, welche Zielsterne eine besondere und vorrangige Aufmerksamkeit verdienen. Die ersten Arbeiten wurden 1978 von Michael Hart mit dem Ziel durchgeführt herauszufinden, in welchem Abstandsbereich von der Sonne sich die Erde befinden müßte, um eine Temperatur zu haben, die während 4 Mrd. Jahren die Existenz flüssigen Wassers an ihrer Oberfläche gewährleistet, eine Bedingung für das Erscheinen unseres Typs von Leben. Das Ergebnis war überraschend: wenn unser Globus der Sonne nur 4 % näher gewesen wäre oder 1 % weiter von ihr entfernt, gäbe es uns weder hier noch auf irgendeinem anderen Planeten des Sonnensystems. Dieser winzige Bereich von 5 % stellt das dar, was Hart die Bewohnbarkeitszone unseres Sterns nennt. Diese Ergebnisse verringerten die Aussichten, irdisches Leben im Kosmos zu finden.

11.6 Der Kohlendioxidzyklus

In Anbetracht dessen, was auf dem Spiele steht, wurden die Rechnungen mit ausgefeilteren Modellen der Uratmosphäre wiederholt, bei denen in den Anfangsbedingungen die Gegenwart von Kohlendioxidgas CO_2 und Wasserdampf H_2O besser berücksichtigt wurde. Da diese beiden Gase eine wichtige Rolle beim Treibhauseffekt spielen, muß man ihre Entwicklung im Verlauf der Erdzeitalter berechnen. Das Kohlendioxid bewirkt einen Zyklus von höchster Bedeutung: Die mit CO_2 angereicherten Regenfälle greifen die Kalzium- und Magnesiumsilikate der Felsen an und wandeln sie in Karbonate um, die in dicken Sedimentschichten am Boden der Ozeane ausgefällt werden; dann bringt sie die Plattentektonik in den Erdmantel hinab, wo sie schmelzen und das CO_2 schließlich durch die Vulkane wieder in die Atmosphäre austritt. Im Endergebnis stellt sich heraus, daß unsere Atmosphäre nicht mehr viel Kohlendioxidgas hat, während sich das Äquivalent von 60 bar Atmosphärendruck im Boden befindet. Außerdem spielt der CO_2-Zyklus eine erstaunliche, stabilisierende Rolle für das irdische Klima: Wenn die Sonneneinstrahlung zunimmt, steigt die Erdtemperatur, somit verdampft mehr flüssiges Wasser, und es werden mehr Karbonate gebildet, was das atmosphärische CO_2 und somit den Treibhauseffekt vermindert, und so sinkt die Temperatur wieder. Und umgekehrt.

Die neuen Rechnungen zeigen, daß der innere Radius der Bewohnbarkeitszone leicht abnimmt, mindestens bis um 5 % unter die Umlaufbahn der Erde. Für eine Wolkenschicht, die 100 % des Globus bedeckt, kann er bis zum Bahnradius der Venus abnehmen. Der äußere Radius dagegen wird durch die Kondensation des CO_2 zu Trockeneis in den äußeren, kälteren Zonen des Sonnensystems bestimmt; der Treibhauseffekt funktioniert nicht mehr, und die Grenze liegt knapp vor der Marsbahn. Man sieht, von dieser Seite betrachtet ist die Situation für die SETI-Forscher wesentlich ermutigender.

11.7 Die Gaiahypothese

Im Jahre 1979 hat J. E. Lovelock die Hypothese aufgestellt, daß das Leben so auf das irdische Klima einwirkt, daß es fortbestehen kann. Dieser, Gaiahypothese genannte, kühne Vorschlag wurde schlecht aufgenommen, aber schließlich hat er Anfänge einer Bestätigung und Erklärung gefunden. David Schwartzman von der Abteilung für Geologie und Geographie der Howard-Universität hat in Val Cenis ein Schema und Abschätzungen präsentiert, die auf der Regelungswirkung der Biosphäre basieren. Nach seiner Meinung kann die mikrobische Aktivität den Zyklus des Kohlendioxidgases beschleunigen, indem sie im wesentlichen den Boden fein strukturiert und ihm so ein sehr großes Verhältnis von zugänglicher Oberfläche zu Bodenoberfläche gibt; im Grunde handelt es sich um ein natürliches, sehr fein ausgeführtes Umgraben. Bis vor 2 Mrd. Jahren war die Erde noch sehr heiß, nahe 100 °C. Nur Kolonien von thermophi len Bakterien hätten sie bewohnt. Die bisher in Betracht gezogenen Regelmechanismen würden nicht gestatten, bis auf 50 °C herabzugehen, der für das Auftreten der Eukaryoten und schließlich der menschlichen Intelligenz notwendigen Temperatur. Aber aufgrund des durch die Bakterien bewirkten geophysiologischen Umgrabens könnte der CO_2-Zyklus 100mal, ja sogar mehrere Hundert Mal schneller gewesen sein und so eine Erniedrigung der CO_2-Menge und der Temperatur nach sich gezogen und den Weg für eine fortgeschrittenere biologische Entwicklung freigemacht haben. Dieses Modell erlaubt es, den äußeren Radius der Bewohnbarkeitszone bis zum vierfachen Erdbahnradius auszudehnen, fast bis zum Jupiter. Natürlich gibt es in diesem Schema noch dunkle, ungelöste Punkte, aber es eröffnet interessante Perspektiven.

11.8 Der Fall der marsartigen Planeten

Die Rolle der Atmosphäre bei der Festlegung der Siedlungsgebiete ist auch für den Fall eines Planeten untersucht worden, der wie der Mars kleiner als die Erde ist. Hier können entscheidende Unterschiede auftreten nicht wirklich aufgrund der geringeren Größe, sondern aufgrund der Tatsache, daß es dort keine Plattentektonik gibt. Das detaillierte Studium zehntausender von den Vikingsonden aufgenommener Photographien der Marsoberfläche zeigt, daß sich keine einzige Platte auf unserem Nachbarplaneten bewegt. Mars ist ein Planet „aus einer Platte"! Unter diesen Umständen ist das Kohlendioxidgas der Uratmosphäre recht schnell verschwunden. Andererseits deutet die Geomorphologie darauf hin, daß in den ersten 1 oder 2 Mrd. Jahren große Mengen flüssigen Wassers in der Nähe der Oberfläche existierten. Außerdem erreichte die Sonneneinstrahlung zu Anfang der Existenz des Sonnensystems nur 70 % ihres gegenwärtigen Wertes, und Mars hätte, wie übrigens auch die Erde, kein flüssiges Wasser haben sollen. Dies nennt man das Paradoxon der schwachen Ursonne. Die Lösung besteht darin, für die Uratmosphäre genug CO_2 anzunehmen, um einen ausreichenden Treibhauseffekt zu erhalten. Es ist mindestens ein Druck von 5 bar notwendig, gegenüber gegenwärtig 6 mbar. Ausgehend von diesen Prämissen findet man, daß das CO_2 des Mars in weniger als 1 Mrd.

Jahre verschwunden ist, und daß das Wasser gefror, da die Temperatur am Boden unter 0 °C sank und sich dem Gleichgewichtswert von −50 °C näherte.

Wenn zu Beginn flüssiges Wasser auf dem Mars existierte, ist die Frage also, ob dieser Zustand lange genug andauerte, um das Auftreten von Leben zu gestatten. Das Beispiel der Blaualgen der irdischen Stromatolithen legt nahe, daß dies möglich ist. Aber man muß wissen, daß die Existenz von Gewässernetzen an der Oberfläche des Planeten nicht zwingend bedeutet, daß sie auf Regenfälle im Verlauf günstigerer als der jetzigen Klimaphasen zurückgehen; so führen die großen Umwälzungen mit ihren katastrophalen Wasserströmen nicht zum Auftreten langer, milder Perioden für das Leben.

Wenn das Leben auf dem Mars erschienen ist, kann es dann noch mit flüssigem Wasser ausgestattete ökologische Nischen finden? Die gefrorenen Seen der Dry Valleys von McMurdo in der Antarktis sind ökologische Nischen, die eine wichtige biologische Aktivität beherbergen, welche eine Perspektive eröffnet. Mit Hilfe vorläufiger Rechnungen haben die Wissenschaftler von Ames dieses antarktische Modell auf den Mars angewandt; die Dicke des Eises, das sich von unten bildet und oben verschwindet, hängt von einem Gleichgewicht zwischen der Sonneneinstrahlung, der Wärmeleitung des Eises, dem Zufluß der Sommerströme und der Erstarrungslatentwärme ab; sie haben anhand von Modellen die Zahl der Tage im Jahr abgeschätzt, an denen die Temperatur Null übersteigt, und herausgefunden, daß auf dem Mars diese Seen für 700 Mio. Jahre, nachdem die Durchschnittstemperatur unter 0 °C fiel, fortbestehen konnten. Nochmals, ein vorläufiges Ergebnis, aber ein ermutigendes! Diese zur Klärung der Frage des primitiven Lebens auf dem Mars durchgeführten Rechnungen dehnen gleichwohl das Spektrum der Planetenmöglichkeiten aus, da sie zeigen, daß selbst ein kleiner Planet ohne Plattentektonik Möglichkeiten in anderen Sonnensystemen bieten kann.

11.9 Andere Sonnen

Das Programm der NASA und die Mehrzahl der bis jetzt durchgeführten SETI-Programme zielen auf Sterne, die „der Sonne am meisten ähneln". Schon haben die Doppelsterne in Folge eines vertieften Studiums ihrer Bahnen gewisse Ansprüche erworben. Die überwältigende Mehrheit der Sterne ordnet sich in einer regelmäßigen Folge gemäß ihrer Masse an, die zwingend ihre nuklearen Reaktionsraten ebenso festlegt wie ihre Temperatur, ihren Durchmesser, ihre Leuchtkraft und ihre Lebensdauer. Die Masse bestimmt praktisch das gesamte Erscheinungsbild und die gesamte Entwicklung eines Sterns, und dies in extrem empfindlicher Weise. Wenn die Masse der meisten Sterne in den relativ eingeschränkten Bereich von einem Fünftel bis hin zu 20 Sonnenmassen fällt, so liegt die Lebensdauer zwischen rund 10 Mio. Jahren und 100 Mrd., und die Leuchtkraft reicht von einem Tausendstel bis zum Millionenfachen der der Sonne. Die Oberflächentemperaturen variieren weniger, von 2000 bis 6000 °C, was aber genügt, um Farben von recht tiefem Rot bis hin zu einem leichten Blauton zu liefern.

Diese Folge von Eigenschaften wird durch den „Spektraltyp" des Sterns angegeben, traditionell mit OBAFGKM kodiert. Die Sonne ist ein gelber Stern vom Typ G, ihre Masse beträgt 10^{33} g, ihre Temperatur 6000 °C, ihr Durchmesser 1 400 000 km, ihre Lebensdauer 10 Mrd. Jahre. Die F-Sterne leben nur 1 Mrd. Jahre und sind, obwohl sie aufgrund ihrer weit wirkenden starken Strahlung große, bewohnbare Zonen haben, wenig interessant für SETI, da das fortgeschrittene Leben wenig Zeit hat, sich zu entwickeln. Auf alle Fälle sind sie nicht sehr zahlreich. Am häufigsten sind die Sterne vom Typ M. Allerdings sind ihre bewohnbaren Zonen sehr klein, da sie nur schwach strahlen; außerdem würden Planeten, die sich in diesen Zonen aufhielten, ihrem Stern durch eine Blockierung aufgrund von Gezeitenwirkung stets die gleiche Seite zuwenden, so wie der Mond der Erde. Eine Halbkugel wäre also sehr heiß und die andere sehr kalt, was ein Gefrieren ihrer Atmosphäre auf der dunklen Seite nach sich ziehen würde. Aus diesem Grunde waren bis vor ganz kurzer Zeit die Zielsterne ausschließlich von den Typen F, G und K.

11.10 Stellare Wohngebiete

Dagegen scheint die Anwendung neuer Atmosphärenmodelle auf diese blockierten Planeten der M-Sterne darauf hinzudeuten, daß sich ein allgemeiner Kreislauf zwischen den beiden Hemisphären ausbilden kann. Dieser kann unabhängig davon, ob der Planet vom erdähnlichen oder marsähnlichen Typus ist, die Temperaturspannen verringern und die Existenz flüssigen Wassers an ihrer Oberfläche ermöglichen. Falls diese Ansichten durch weiter betriebene Studien bestätigt werden, würden sie eine Verdoppelung der Zahl der Zielsterne für SETI gestatten. In Val Cenis wurden recht detaillierte Ergebnisse über die bewohnbaren Zonen für erdähnliche Planeten und für Sternmassen von 0,5 bis 1,25 Sonnenmassen vorgestellt, die sogar die Effekte zweiter Ordnung in Form der Leuchtkraftentwicklung des Sterns im Verlauf seines Lebens berücksichtigten. So hat ein Stern von 0,85 Sonnenmassen eine bewohnbare Zone, die zu Beginn seines Lebens von 0,5 bis 1 AE reicht, und die sich nach 10 Mrd. Jahren aufgrund der Sternentwicklung bis zum Bereich von 1,1 bis 1,5 AE vergrößert. Ein Stern von 1,25 Sonnenmassen hat eine deutlich größere Zone, die mit dem Bereich 1,4 bis 2,5 AE beginnt und am Ende seines kurzen Lebens von 4 Mrd. Jahren bei 2,4 bis 3,3 AE endet.

Man kann sich vorstellen, welchen Konsequenzen dies unseren Erdball aussetzen würde, wenn er in 1 AE Abstand diese Sterne umkreiste. Beim ersten wäre man anfangs am inneren Rand der bewohnbaren Zone, aber nach 9 Mrd. Jahren wäre es aufgrund der Hitze notwendig, zu größeren Entfernungen zu emigrieren, hin zu marsähnlichen, dann klimatisch milden Distanzen. Für den zweiten Stern wäre die Erde zu Beginn unbewohnbar, aber die Marsbahn wäre ideal; nicht für lange, denn nach einer Milliarde von Jahren müßte man in die Region der Asteroiden emigrieren, um 3 Mrd. Jahre später der Endkatastrophe des Sterns beizuwohnen. Das Leben im Kosmos ist nicht leicht; und genau deswegen tut man hier unten unrecht daran, es seit 10 000 Jahren unnötig zu komplizieren ....

Neben den bewohnbaren Zonen rund um Sterne, in denen die eventuelle Existenz flüssigen Wassers auf Planeten durch ihre Atmosphäre und durch die von ihrem Stern empfangene Energie bestimmt werden, sind ausgehend von anderen Wärmequellen andere Zonen vorstellbar. Der zweite Jupitermond, Europa, eine glatte Kugel von 3000 km Durchmesser, ist wahrscheinlich vollständig von einer 50 km dicken Wasserschicht bedeckt, deren Oberfläche gefroren ist. Man vermutet, daß das Wasser dort in der Tiefe durch eine gravitationsbedingte Durchmischung aufgrund der Gezeitenkräfte flüssig gehalten wird, die auf Jupiter und einen durch Io, den nächsten Mond, erzeugten Bahnresonanzeffekt zurückgehen. Die hervorgerufenen Gezeiten sollten genug Wärme freisetzen, um das Wasser in der Tiefe oberhalb von 0 °C zu halten. Diese Gezeiten sind übrigens auf Io so kräftig, daß sie dort einen ganz infernalischen aktiven Vulkanismus von Schwefelverbindungen produzieren. Auch ist es möglich, daß es riesige Kometenkerne gibt, in denen man noch Einschlüsse flüssigen Wassers finden könnte.

11.11 Die Spiralarme der Galaxien

Aber jetzt will ich Sie viel weiter wegführen, aus unserem Sonnensystem, ja selbst aus der Nachbarschaft der Sterne heraus. Diesmal geht es um unsere gesamte Galaxie. Die Geschichte ist ganz neu und überraschend. Unsere Galaxie besteht aus einer zentralen Verdickung, einem gigantischen Ameisenhaufen von stark auf unseren galaktischen „Kern" hin konzentrierten Sternen, um den eine abgeflachte Scheibe aus Sternen, Gas und interstellarem Staub rotiert. Die Sterne befinden sich in kreisförmigem Umlauf um den Kern, so wie die Planeten gemäß den Keplerschen Gesetzen um die Sonne, während Gas und Staub als Folge der Gesetze der Hydrodynamik mit Viskositätseffekten, Wellenausbreitung und Schockwellen umlaufen.

Diesem hydrodynamischen Verhalten verdankt man die Existenz von Dichtewellen, d. h. von Zonen, in denen die Gasdichte erhöht ist. Außerdem sind diese Dichtewellen aufgrund der ihr Verhalten bestimmenden hydrodynamischen Gleichungen längs zweier Zonen in Form von Spiralarmen angeordnet. Schließlich, wenn das Gas einer solchen Spiralzone nahe kommt, wird es durch die höhere Dichte beschleunigt und ruft eine Schockwelle hervor, die die Bildung neuer Sterne im Gas auslöst. Diese, von denen einige extrem hell strahlen, beleuchten die Spiralzonen und erzeugen so die wunderbaren Arme, die aus allen Spiralgalaxien die Prachtstücke des extragalaktischen Universums machen.

Wirklich eine schöne Geschichte. Aber es kommt noch besser, und das bringt uns zu SETI zurück. Wenn die Gesetze der Hydrodynamik verlangen, daß die Spiralarme aus Gas und Staub als Ganzes, ohne sich zu deformieren, wie das Kielwasser eines Bootes mit einer

Rate von einer Umdrehung in 200 Mio. Jahren rotieren, so laufen die Sterne um so langsamer um, je weiter entfernt sie sind, genau wie es unsere Planeten mit Perioden von 88 Tagen für Merkur bis zu 250 Jahren für Pluto tun. Und hier die außergewöhnliche Tatsache: Die Sonne, die 30 000 Lichtjahre vom Zentrum entfernt liegt, benötigt ebenfalls auf nur wenige Prozent genau 200 Mio. Jahre für ihren galaktischen Umlauf.

11.12 Galaktische Bewohnbarkeit

Diese außergewöhnliche Übereinstimmung hat das Interesse von L. S. Marochnik und L. M. Mukin vom Institut für Weltraumforschung in Moskau und von B. Balàcs von der Eötvos-Universität in Budapest auf sich gezogen. Anläßlich des Bioastronomie-Symposiums von Balaton im Jahre 1987 haben sie ihre Ergebnisse mitgeteilt. Zunächst bedeutet dies, daß ein Stern wie die Sonne nur sehr selten einen Spiralarm durchquert. Gegenwärtig hat sie die Hälfte der Strecke zwischen dem Arm des Schützen und dem Arm des Perseus überschritten: Sie hat den ersten vor 4,6 Mrd. Jahren verlassen und muß den zweiten in 3,3 Mrd. Jahren erreichen. Unser Sonnensystem wäre also in der aktiven Sternbildungszone des Arms des Schützen entstanden. Andrerseits meinen sie in Weiterentwicklung von Ideen von J. S. Schklowski, daß der nächste Durchgang durch die aktive Zone des Arms des Perseus nach sich ziehen wird, daß unser System Supernovae streift. Wenn man sich einer von ihnen auf weniger als 30 Lichtjahre nähert, nimmt die Stärke der kosmischen Strahlen auf der Erde 100fach zu, was solche Dosen von Radioaktivität zur Folge hätte, daß nach 10 000 Jahren dieser Phase die gesamte menschliche Bevölkerung verschwunden wäre, es sei denn, ihre Wachstumsrate wäre ausreichend, um die Sterbefälle auszugleichen. Sie schätzen, daß sich die Bevölkerung im Paläolithikum in 200 000 Jahren verdoppelte, während gegenwärtig 30 Jahre genügen, was gestatten würde, zukünftige Auswirkungen von Supernovae zu kompensieren. Dagegen wird unsere Zuwachsrate in sehr naher Zukunft wieder abnehmen, denn die Menschheit kann 10 Mrd. Individuen nicht weit überschreiten. Konsequenz: In 3,3 Mrd. Jahren wird unsere Zivilisation zerstört werden.

Diese Ergebnisse bringen einen also zu der Annahme, daß nur die Sterne mit der unsrigen zumindest vergleichbare Zivilisationen hervorbringen können, die annähernd mit der Geschwindigkeit der Arme umlaufen. Die Rechnungen zeigen, daß man sich in einer erstaunlich engen bewohnbaren galaktischen Zone, einem 1500 Lichtjahre breiten Ring in 30 000 Lichtjahren Entfernung vom Zentrum befinden muß, um den zerstörerischen Effekten dieser Durchgänge durch die Spiralarme für einen zur Entwicklung dieser Zivilisationen ausreichenden Zeitraum zu entgehen. Diese „Straße der fortgeschrittenen Zivilisationen" enthält nur 1 Mrd. Sterne, von denen nur 100 Mio. günstige (stellare) bewohnbare Zonen haben können. SETI müßte also seine Zielkandidaten ausschließlich in diesem „Kranz des Lebens" finden. B. Balàcs hat ihre Verteilung am Himmel untersucht; sie folgt der Milchstraße, ist maximal tangential zur galaktischen Bahn der Sonne, ist schwächer in der vom Zentrum abgewandten Richtung und Null in Richtung auf das Zentrum. Ein Quadratgrad enthält im günstigen Fall 1000 Kandidaten gegenüber einem bzw. keinem in den beiden anderen Fällen.

Diese galaktischen Betrachtungen sind somit parallel zu denen, die ich bezüglich der Verwendung der Pulsare vorgeschlagen habe, grundlegend für die Ausarbeitung der SETI-Strategien. Außerdem sind sie auf alle Spiralgalaxien anwendbar und eröffnen neue Einsichten über die komplexen astrophysikalischen Bedingungen, die beim Auftreten und bei der Entwicklung des Lebens im Kosmos mitwirken. Vor einem knappen Jahrzehnt, als ich meine Domäne der Erforschung sehr spezieller Galaxien verließ, um mich SETI zu widmen, dachte ich daran, einen Artikel „Über die Unmöglichkeit des Erscheinens von Leben in den Klumpengalaxien" zu schreiben, denn diese sind wahre Nester unzähliger und todbringender Supernovae ....

Kapitel 12

Der Tag des Kontakts

DECLARATION OF PRINCIPLES CONCERNING ACTIVITIES FOLLOWING
THE DETECTION OF EXTRATERRESTRIAL INTELLIGENCE

We, the institutions and individuals participating in the search for extraterrestrial intelligence,

Recognizing that the search for extraterrestrial intelligence is an integral part of space exploration and is being undertaken for peaceful purposes and for the common interest of all mankind,

Inspired by the profound significance for mankind of detecting evidence of extraterrestrial intelligence, even though the probability of detection may be low,

Recalling the Treaty on Principles Governing the Activities of States in the Exploration and Use of Outer Space, Including the Moon and Other Celestial Bodies, which commits States Parties to that Treaty "to inform the Secretary General of the United Nations as well as the public and the international scientific community, to the greatest extent feasible and practicable, of the nature, conduct, locations and results" of their space exploration activities (Article XI).

Recognizing that any initial detection may be incomplete or ambiguous and thus require careful examination as well as confirmation, and that it is essential to maintain the highest standards of scientific responsibility and credibility,

Agree to observe the following principles for disseminating information about the detection of extraterrestrial intelligence:

Die SETI-Deklaration unterstreicht die friedlichen Ziele dieser Suche, welche im Interesse der gesamten Menschheit unternommen wird und durch ihre tiefe Bedeutung inspiriert ist. Aufbauend auf dem Weltraumvertrag regelt sie die Ankündigung der Entdeckung außerirdischer Intelligenz nach Überprüfung der Verantwortbarkeit und Glaubhaftigkeit. (Quelle: Internationale Akademie für Astronautik)

Im allgemeinen wird die Wissenschaft in der Öffentlichkeit gut aufgenommen, aber sie trifft dort auch auf heftige Gegner. Im Prinzip gilt, wenn $A = B$ und wenn $B = C$, dann auch $A = C$. Alle Welt ist sich bezüglich eines solchen „Ergebnisses" einig. Aber die Wissenschaft ist ständig in Bewegung. Immer an den Grenzen des Wissens versucht sie auf unbekanntes Gebiet, in undurchdringlichen Wirrwar vorzurücken. Die Wissenschaftler sind wie alle Menschen häufig Opfer vorschneller Urteile. Oft können sie auch, wenn sie auf einen sensationellen Fund stoßen, nicht dem Verlangen widerstehen, sich seiner zu versichern, manchmal zu schnell. Und das ist ein Fehler.

Daher ist es in Anbetracht des Einsatzes von SETI von höchster Bedeutung, daß die Wissenschaftler auch auf diesem Gebiet jederzeit Wachsamkeit und Vorsicht üben. Erinnern wir uns noch einmal an die Affäre CTA 102: Der Gönner von Nikolai Kardaschow hatte der Prawda einen Knüller anbieten wollen, und die Wirkung war, daß Charles de Gaulle, als er zum ersten Mal Jean-François Denisse am Fuß des Radioteleskops von Nançay traf und sich bei ihm informiert hatte, sofort die Gelegenheit für eine politische Warnung an die sowjetische Verwaltung fand, die dazu angetan war, ihren Schwung zu dämpfen. Erinnern wir uns auch an das durch Frank Drake bei seinem ersten Horchversuch von den U2-Flugzeugen empfangene Signal. Aber diese Wachsamkeit muß auch bei der Verbreitung der Information ausgeübt werden. Hüten wir uns davor, uns unnützen, pseudowissenschaftlichen Debatten zu widmen. Genau diese Bedenken haben zur Ausarbeitung eines Protokolls geführt, das die Bedingungen festlegt, denen die öffentliche Ankündigung eines eventuellen „Kontaktes" genügen sollte.

Eine andere Motivation, ebenso wichtig wie die Prüfung der wissenschaftlichen Daten, hat dabei auch eine Rolle gespielt: jedwede Aneignung einer solchen Detektion durch Individuen oder Institutionen vermeiden. Die Forscher, die sich auf diesem Gebiet engagieren, und insbesondere die Radioastronomen sind der Meinung, daß ein empfangenes Signal schon bei seiner Detektion als integraler Bestandteil des kulturellen Erbes der gesamten Menschheit betrachtet werden sollte. Es ist möglich, daß der Absender mit ganz bestimmten Menschen in Verbindung treten wollte; aber dies Ereignis hat eine Bedeutung, die die Menschheit in ihrer Gesamtheit betrifft. Schließlich schien uns die Aufstellung eines Ankündigungsprotokolls ein förderliches Element zu sein, um die Meinung der Öffentlichkeit zu vereinen und ihr die Ernsthaftigkeit und das Interesse von SETI zu zeigen.

Alles ging vom SETI-Komitee der Internationalen Astronautischen Akademie (IAA) aus, das die Präsentation von Überlegungen zu dieser Frage angeregt hat, die aus allen Disziplinen stammten: Science-Fiction, Soziologie, Rechtswissenschaft und Politik. In einem Band der *Acta Astronautica* veröffentlicht, handeln diese Beiträge vom Empfang und der Überprüfung eines Signals, dann von der Ankündigung und deren Auswirkungen, und schließlich von den rechtlichen Aspekten dieses Kontakts. Die Ausführungen enden mit der Frage, wer für die Erde sprechen sollte. Nach mehreren vorläufigen Fassungen ist 1989 ein Text durch die IAA und das Internationale Institut für Weltraumrecht angenommen worden, 1991 durch die Kommission für Bioastronomie der Internationalen Astronomischen Union (UAI), durch das Komitee für Weltraumforschung (COSPAR) und die *Union radioscientifique internationale*, die internationale funkwissenschaftliche Vereinigung. Diese Erklärung hat gemeinsame Punkte mit der 1984 von COSPAR eingeführten, die den Schutz der Planeten regelt. Die Entwicklung unseres Textes wurde auch durch den Vertrag über die Erforschung und Nutzung des Weltraums inspiriert, der die Mitgliedsstaaten verpflichtet, „den Generalsekretär der Vereinten Nationen sowie die Öffentlichkeit und die internationale wissenschaftliche Gemeinschaft über die Natur, den Verlauf, die Orte und die Ergebnisse ihrer Aktivitäten in der Weltraumforschung zu informieren."

Hier ist die Präambel der SETI-Deklaration: „Wir, an der Suche nach außerirdischer Intelligenz teilnehmende Institutionen und Individuen,

in Anerkennung, daß die Erforschung außerirdischer Intelligenzen ein integraler Bestandteil der Weltraumforschung ist und in friedlicher Zielsetzung und im gemeinsamen Interesse der gesamten Menschheit unternommen wird,

angeregt durch die tiefe Bedeutung, welche die Detektion von Beweisen außerirdischer Intelligenz für die Menschheit hat, selbst wenn die Wahrscheinlichkeit eines Nachweises gering sein kann [...]

in Anerkennung, daß ein erster Nachweis unvollständig und doppeldeutig sein kann und daher eine minutiöse Prüfung und ebenso Bestätigung erfordert, und daß es sehr wichtig ist, das höchste Niveau wissenschaftlicher Verantwortlichkeit und Glaubwürdigkeit aufrecht zu erhalten,

sind übereingekommen [...]"

Es folgen mehrere Punkte, die sich auf die Verifikation durch den Entdecker, dann durch die unterzeichnenden Parteien beziehen, mit der Einrichtung eines Netzes für die ununterbrochene Verfolgung eines Signalkandidaten vor jeder öffentlichen Mitteilung außer an die nationalen Behörden des Entdeckers; schließlich für den Fall eines glaubwürdigen Signals Punkte bezüglich der Mitteilung an die anderen Beobachter, an den Generalsekretär der Vereinten Nationen und verschiedene internationale wissenschaftliche Vereinigungen, und im Falle der Bestätigung bezüglich der Verbreitung der Information durch jeden wissenschaftlichen Kanal und durch die Medien. Die Verfolgung, Speicherung und Verbreitung der empfangenen Signale, ihr Schutz vor Störungen und ihr fortgesetztes Studium durch das SETI-Komitee der IAA in Abstimmung mit der Kommission für Bioastronomie der UAI werden ebenso behandelt wie die Schaffung eines internationalen multidisziplinären Komitees, das als Sammelpunkt für die langfristigere Analyse und öffentliche Verbreitung dienen soll. Schließlich ist vorgesehen, daß der Entdecker das Privileg haben soll, die erste öffentliche Ankündigung zu machen. Keinerlei Antwort soll *a priori* abgesendet werden, und die IAA wird der Verwalter der Deklaration sein. Dies sind die groben Umrisse, die 1990 beim Symposium von Val Cenis durch die drei wichtigsten Urheber vorgestellt wurden, durch J. Billingham, M. Michaud, wissenschaftlich-technischer Berater der amerikanischen Botschaft in Paris, und J. Tarter. Sie hatten dazu mit Kollegen zusammengearbeitet, die aus zahlreichen Ländern stammten: Argentinien, Frankreich, Italien, Niederlande, Österreich, Polen, Tschechoslowakei, USA.

12.1 Die Sicht der Medien und der Wissenschaftler

Man kann diese Initiative als verfrüht betrachten, so gering ist die Wahrscheinlichkeit einer Signaldetektion. Wäre es nicht alles in allem Zeit genug, im entsprechenden Augenblick zu reagieren? Rund 30 amerikanische Wissenschaftsjournalisten hohen Niveaus sind 1987 durch Andrew Fraknoi, den Exekutivdirektor der astronomischen Gesellschaft des Pazifik, befragt worden. Alle waren der Ansicht, daß ein Kontakt mit einer außerirdischen Zivilisation das wichtigste wissenschaftliche Ereignis unserer Epoche darstellen würde. Ein Drittel meinte, daß sie die Neuigkeit durch eine Pressekonferenz oder als Gerücht erfahren würden, und daß es schwierig sein würde, sie zu kontrollieren. Ihr Vertrauen würde von der Reputation des Ankündigenden abhängen; sie würden sich bemühen, sie mit der Entdeckung der Pulsare zu vergleichen, oder den Ankündigenden und seine Kollegen, Sagan und Drake an der Spitze, zu erreichen, und falls dies nicht gelänge, würden sie ihre Zuflucht zu Theologen, politischen Führern, zum Weißen Haus nehmen.

Unter diesen Umständen könnten die normalerweise bei wissenschaftlicher Kommunikation gebräuchlichen Methoden nicht funktionieren: Zu langsam in ihrer Reaktion würden sie sich bald von allgemeiner Panik, Überstürzung und Sensationsmache überholt sehen. Deswegen haben diese Journalisten klar ihren Wunsch zum Ausdruck gebracht, die Information so weit und so unparteiisch wie möglich nach im voraus erarbeiteten Strategien verbreitet zu sehen. Das ist die einzige Art, eine verantwortungsschwere Information zu verbreiten. Die SETI-Mitteilung wird eine Krisenmitteilung sein. Es ist besser, wir bereiten uns schon heute darauf vor.

Die Forscher selbst gehen in die gleiche Richtung. In einer größeren Umfrage hat Donald Tarter, Professor an der Abteilung für Soziologie der Universität von Alabama in Huntsville, 300 Fragebögen an die wissenschaftlichen Medien und auch an die SETI-Forscher in 20 verschiedenen Ländern geschickt, um ihre Einschätzung der Bedeutung, des Informationsstandes und der Glaubwürdigkeit von SETI zu ermitteln und um Mitteilungsstrategien zu beurteilen. Er kommt zu folgendem Schluß: „Die Entdeckung außerirdischer Intelligenzen wird den Eintritt in ein neues Zeitalter des menschlichen Verständnisses des Kosmos markieren. Sie kann zu einer völligen Neubewertung unserer Stellung im Universum und der Natur des Lebens als natürlichem Entwicklungsprozeß führen. Eine systematische Erforschung kann Jahrzehnte oder Jahrhunderte beanspruchen, bevor sich Beweismaterial für außerirdische Intelligenz findet. Wir sind in der Tat nicht sicher, ob das Objekt unserer Forschungen überhaupt existiert, unter Umständen haben sie also niemals Erfolg. Andererseits müssen wir für den Fall vorbereitet sein, daß die Entdeckung außerirdischer Intelligenzen in naher Zukunft gemacht wird."

Für die Forscher und für die Medien ist SETI eines der wichtigsten Projekte in der Geschichte der Wissenschaften. Ihre Auswirkungen übertreffen im Weltraumbereich die einer Marsmission, einer Mondbasis, einer Orbitalstation. Trotzdem wird dieses außerordentliche Abenteuer oft gering geachtet, sei es von auf anderen Gebieten beschäftigten Wissenschaftlern, von politischen Institutionen, um nicht von der breiten Öffentlichkeit zu sprechen, die sich die meiste Zeit nicht des Ernstes, der Stärke, der Gewissenhaftigkeit, der Sorgfalt, des kritischen Geistes bewußt ist, die dieses Unternehmen beleben.

⸰ Was die historische Berühmtheit angeht, die der erste Entdecker erringen wird, so scheinen die Forscher sich sicher zu sein, daß die Kaltblütigkeit und die kritische Analyse die Oberhand über die Hast behalten werden. Auf alle Fälle wird in der Praxis der SETI-Computer die Alarmsignale geben, und es ist wahrscheinlich, daß als Folge all der anfänglichen Tests, die notwendig sind, um darunter in einem fortschreitenden Prozeß das richtige Alarmsignal zu erkennen, weltweit mehrere Wissenschaftler von mehreren Observatorien beteiligt sein werden. Gute Beispiele dafür liefern die Physiker, die wesentlich konsequentere Instrumentierungen benutzen; die Ankündigung der Entdeckung der intermediären Bosonen war mit Dutzenden Namen unterzeichnet.

D. Tarter schlägt die Einrichtung eines Verifikationskomitees vor, was auf massiven Beifall stieß. Es würde bei der Interpretation und Analyse jeder Ankündigung helfen. Im Hinblick hierauf habe ich die Schaffung eines globalen SETI-Netzes vorgeschlagen, das als technische Basis für dieses Komitee dienen könnte. D. Tarter hat auch die wahrscheinlichen Reaktionen der Öffentlichkeit analysiert. Wieder kommen an erster Stelle ein ungeheures Interesse und eine immense Aufregung. Es folgen recht ausgeprägt die Gerüchte, die Konfusion und Ungläubigkeit. Die Angst und der durch den Kontakt hervorgerufene Schock kommen an letzter Stelle. Die Untersuchung offenbart die Möglichkeit von Wutreaktionen und zweifelhafter Ausschlachtung durch Gruppen wie „die UFO-Anhänger, religiöse Fanatiker bis hin zu kommerziellen Unternehmen [...]. Das Komitee würde es ermöglichen, unerwünschte und vielleicht gefährliche Konsequenzen zu vermeiden", schließt D. Tarter. Nach Alain Cirou, Leiter der Redaktion der Monatsschrift *Ciel & Espace* (dem Pendant zum deutschen *Sterne & Weltraum*), „hatte das JPL für die Voyagerflüge eine beispielhafte Kommunikation eingerichtet [...]. Jeden Tag versammelte eine Pressekonferenz die Gesamtheit von Presse und Sprechern der Wissenschaftler. Alle akzeptierten, daß nicht alles gesagt und gezeigt wurde. Aber das Treffen war fest, glaubwürdig, ‚offiziell‘, ohne erdrückend zu sein .... Photos, ein Kommuniqué wurden verteilt. Eine wahre ‚Krisenmitteilung‘.“ Und als Abschluß: „Eine SETI-Mitteilung wird eine Krisenmitteilung sein und wird die entsprechenden Methoden benutzen müssen. Also studiert man sie besser gleich.“

12.2 Natürliche Erscheinung oder künstliche Erscheinung?

Um sich eine Vorstellung vom Anspruch der Wissenschaft zu machen, kann man sich auf die Urteile der Justiz beziehen. Ohne vergleichbare, ebenso strenge Verfahrensweisen würde die Wissenschaft nichts erreichen; sie wäre nichts als eine Folge inkohärenter Gerüchte. In dieser Beziehung ist die Verwechslung von SETI und den UFOs katastrophal. *A priori* glauben die Bioastronomen, daß interstellare Reisen materieller Objekte möglich sind, und daß manche vor den Augen unserer Beobachter dahinfliegen könnten. Die Vorstellung von UFOs muß nicht prinzipiell verworfen werden. Aber man kann nicht leugnen, daß bis heute kein seriös dokumentierter Fall existiert. Die überlieferten Zeugnisse über die UFOs sind nur Zeugenaussagen, und es gibt einen gewaltigen Unterschied zwischen einer Zeugenaussage, wie guten Glaubens der Berichtende auch sein mag, und einer wissenschaftlichen Beobachtung.

Vielleicht geht der Erfolg der UFOs auf die Leichtigkeit, mit der sich Gerüchte ausbreiten, zurück. Ein Psychologe des Fichburg State College in Massachussets betrachtet die Gerüchte als opportunistische Viren der Information, die sich aufgrund der von ihnen selbst erzeugten Angst und aufgrund der Mutationen, die sie durchmachen, um sich neuen Gegebenheiten anzupassen, immer weiter verbreiten; bestimmte Gerüchte können so Jahrhunderte überdauern, indem sie einfach das Objekt wechseln. Sind die UFOs vielleicht eins dieser Gerüchte, die die beunruhigten Ströme des Unbewußten trüben, das unruhig über seinen Platz im Universum, seinen Ursprung und seine Bestimmung ist, indem sie sich mit der Menge von Vorstellungen vermischen, die unsere Seelen seit Jahrtausenden verfolgen? Wie dem auch sei, wenn ein einziger Fall eines UFOs seriös gesichert wäre, so wäre er Teil des wissenschaftlichen Erbes aller Forscher der Welt.

Eine kürzliche Diskussion beim Symposium von Val Cenis wirft ein interessantes Schlaglicht auf die Einstellung der Wissenschaftler hinsichtlich der UFOs. Es ging um die Frage, was man im Zusammenhang mit SETI unter künstlich und natürlich versteht. Man wollte auch unsere Einstellung hinsichtlich der Auswertung solcher Signale analysieren, insbesondere hinsichtlich der sowjetischen Forschungsausrichtung auf Signale, die von außerirdischen Astroingenieuren stammen könnten.

Unter dem Einfluß von Schklowski, einem der ersten sowjetischen Astrophysiker, die SETI förderten, war man in den Anfängen geneigt, die Hypothese eines künstlichen Ursprungs erst in Betracht zu ziehen, nachdem man alle natürlichen Hypothesen verworfen hatte. Das war die Einstellung der Annahme der „Natürlichkeit", die beweist, daß man sehr ehrenhaft bemüht war, die Forschungen nicht zugunsten außerirdischer Zivilisationen zu verfälschen, die damals sehr schlecht aufgenommen wurden. In einer Diskussion von Val Cenis hat dagegen der ukrainische Astronom W. W. Rubzow im Hinblick auf die berühmte Explosion, die 1908 die Bäume über Dutzende von Kilometern in der sibirischen Taiga des Flusses Tunguska umlegte, für den natürlichen und den künstlichen Aspekt gleichen Status vergeben.

Vierzig Jahre lang war die vorherrschende Erklärung der Einschlag eines großen Meteoriten, von dem man also – wissenschaftliche Strenge verpflichtet – die in den lokalen Sümpfen versunkenen Bruchstücke suchen müßte. 1946 schlug ein sowjetischer Ingenieur und Science-Fiction-Schriftsteller die Hypothese vor, daß ein nukleares Weltraumfahrzeug am Ende seiner Reise auf großer Höhe einer Katastrophe zum Opfer gefallen sei, und daß man folglich nach radioaktiven Spuren suchen müsse. Dann hat 1958 eine Expedition der sowjetischen Akademie der Wissenschaften gezeigt, daß sich die Explosion in der oberen Atmosphäre ereignete, und daß es sich nicht um einen normalen Meteoriten handelte. Schließlich nahm 1961 die Hypothese einer thermischen Explosion eines kleinen Kometen unter der Bremswirkung der Atmosphäre Form an, während sich 1975 die Hypothese einer nuklearen Explosion auf die einer ungewöhnlichen Explosion einschränkte, da keinerlei radioaktive Spur von Spaltung, Fusion oder Vernichtung nachweisbar war. Um weiterzukommen hat man 1966 das Szenario eines Kurswechsels am Ende des Fluges eingeführt: In Übereinstimmung mit der Analyse der umgelegten Bäume verlief der Flug in Ost-West-

Richtung, während die 1920 auf weniger adäquate Weise gesammelten Zeugenaussagen eine Ankunft aus Süd oder Südost nahelegen. Schließlich wurde die Ankunft aus Ostrichtung durch andere Zeugenaussagen bis 1000 km Entfernung berichtet.

Was soll man daraus folgern? Man stellt zunächst einmal fest, daß die Wissenschaftler nicht prinzipiell Gegner von UFOs sind. Wie man sieht, erinnert dieser Fall in vielen Punkten an gerichtliche Untersuchungen und ist gut dokumentiert; dennoch kann die Jury kein Urteil sprechen, obwohl sie wahrscheinlich zur „natürlichen" Erklärung neigen würde: Ein Kometenstück von 1 Mio. t hat die irdische Atmosphäre gestreift und ist in explosiver Weise in 8 km Höhe verdampft, natürlich ....

Hier noch ein anderer, neuerer Fall: Am 26. Januar 1992 beendeten am frühen Morgen zwei Astronomen der Europäischen Südsternwarte, A. Smette und O. Hainaut, ihre Beobachtungsnacht in La Silla: „Wir verließen die Kuppel und betrachteten das schöne Morgenrot am östlichen Himmel oberhalb der Anden. Wir wollten alle in diesem Teil des Himmels sichtbaren Planeten sehen. [...] Es war Alain, der als erster ein leuchtendes, diffuses Objekt im Südosten bemerkte, das sich 15° über dem Horizont nach Norden bewegte. Wir verfolgten es 3 Minuten lang über 20°, bevor es sich am immer helleren Himmel verlor. [...] Im Feldstecher stellte es sich als helle Verdichtung dar, die von einem runden, diffusen Gebiet von 2° Durchmesser umgeben war." Sie schließen einen Satelliten, ein Flugzeug, einen Meteor, eine Barium- oder Lithiumwolke aus. „Wenn wir alle Beobachtungen abwägen, neigen wir eher dazu, ein natürliches Objekt anzunehmen, das sehr nahe an der Erde vorbeiflog, z. B. ein sehr kleiner Kometenkern, obwohl wir nicht gänzlich ausschließen, daß [die Erscheinung] einen künstlichen Ursprung haben kann."

Eine 20 s belichtete Photographie zeigt klar die Spur. Es ist zu beachten, daß die Astronomen sich nicht verschiedenartigen Möglichkeiten verschließen, aber da sie ihren Beruf als Himmelsbeobachter kennen, riskieren sie nicht, die Entfernung zu schätzen. Dies unterscheidet sie von den meisten UFO-Anhängern, deren unheilbarer Fehler dies im allgemeinen ist. Smette und Hainaut haben viele Möglichkeiten in Betracht gezogen, von einem in wenigen Kilometern Höhe fliegenden Flugzeug bis hin zu einem in Zehntausenden von Kilometern vorbeirasenden Kometen. Je nach der tatsächlichen, unbekannten Entfernung könnte das Objekt, von dem man nur den scheinbaren Durchmesser kennt, eine wahre Größe von 100 m bis zu 1000 km haben. Das sind grundlegende Unterschiede, wenn man versuchen wollte – voreilig – Folgerungen über die Natur dieses ... UFOs anzustellen.

Wie dem auch sei, das Unrecht, das SETI aus der Verwechslung mit dem Studium unidentifizierter Flugobjekte erwachsen ist, ist beträchtlich. So hat 1990 in den Vereinigten Staaten das Repräsentantenhaus als Folge einer feurigen Rede eines Abgeordneten ein Amendment verabschiedet, das die für dies Projekt bewilligten Finanzmittel reduzierte: Nach seiner Meinung sollten die USA nicht wertvolle Dollars für die Suche nach den kleinen grünen Männchen ausgeben. Er fügte hinzu, daß die Verweigerung dieser Finanzmittel beweisen würde, daß es noch intelligentes Leben auf der Erde gibt. Andernfalls müsse man nicht SETI, sondern SCI finanzieren: *Search for Congressional Intelligence*. Es bedurfte einer Erklärung des SETI-Institutes, um die Dinge richtigzustellen und die Zweifel zu zerstreuen. Zum Glück hat der Senat den Umfang der vom Präsidenten der Vereinigten Staaten angeforderten Finanzmittel wiederhergestellt. Es ist sicher vorsichtig ausgedrückt, wenn man sagt, daß es von vitaler Bedeutung für die seriöse wissenschaftliche Forschung wie für die saubere Information der breiten Öffentlichkeit ist, eine klare Grenzlinie zwischen SETI und den UFOs zu ziehen.

12.3 Antwort und Dialog?

Der Vorschlag 8 der SETI-Deklaration regt an, daß „keinerlei Antwort auf ein Signal oder auf andere Hinweise auf außerirdische Intelligenz hin abgesandt werden sollte, bevor nicht angemessene internationale Konsultationen stattgefunden haben. Die Vorgehensweisen für solche Konsultationen werden Thema einer separaten Übereinkunft, Erklärung oder Anordnung sein". Der erste, der das Problem einer eventuellen Antwort in den offiziellen Kreisen aufbrachte, war Donald Goldsmith, der Direktor von Interstellar Media in Berkeley. Beim Symposium am Balaton im Jahre 1987 stellte er eine Arbeit vor, die den Titel trug: „Wer wird im Namen der Erde sprechen?" Im gleichen Jahr präsentierte G. C. M. Reijnen von der Rechtsfakultät der Universität Utrecht seine Ansichten über die Grundelemente einer Antwort.

Für viele wenig über SETI informierte Leute schien und scheint diese Sorge immer noch sehr verfrüht. Dennoch, eine selbst von einem begrenzten Teil unserer Gesellschaft vorab akzeptierte Antwort wird mehr Chancen haben, ernst genommen zu werden. Um einen bilateralen Dialog mit Außerirdischen anzuregen, bedarf es einer für die andere Zivilisation klaren, verständlichen und interessanten ersten Antwort und nicht einer wenig nachdrücklichen, nebulösen und konfusen Mitteilung.

Aber kann man sich überhaupt einen Dialog vorstellen, wenn Hin- und Rückweg 200 Jahre brauchen, falls eine Nachricht von einem 100 Lichtjahre entfernten Stern kommt? Warum nicht, denn im galaktischen Maßstab muß man großzügig sein. Werden wir nicht nach 2 000 Jahren immer noch von Homer angesprochen? Ist Homo Erectus nicht ein Beispiel einer Zivilisation, die 1 Mio. Jahre überdauert hat, und, um nicht so weit zurückzugehen, haben die Magdalénier, diese Künstler von hohem Niveau, nicht 10 000 Jahre geherrscht? Wenn man sich über das kurze menschliche Leben erhebt, ist es also nicht unvernünftig, sich interstellare Dialoge vorzustellen, die es weit überdauern.

Im Verlauf seiner ersten Jahre kann SETI Signale auffangen, die aus im galaktischen Maßstab bescheidenen Entfernungen kommen, die aber Reisezeiten entsprechen, welche von weniger als einem Jahrhundert bis zu rund 100 Jahrhunderten reichen (bei der flächendeckenden Suche), welche Individuen oder Zivilisationen von magdalénischer Dauer zugänglich sind. Wenn wir den Dialog aufzunehmen wünschen, stehen wir nach D. Goldsmith im Wettbewerb mit einer ganzen Reihe anderer „Gesprächspartner", die bereits von der Sendezivilisation kontaktiert worden sein werden. Eine schlecht vorbereitete Antwort wird wenig Aussicht haben, zu einer fortgesetzten Kommunikation anzuregen. Unsere erste Antwort kann eine entscheidende Rolle für die Verfolgung eines Dialogs haben; wir müssen so hochstehende Kenntnisse wie möglich anzubieten haben, was sich nicht in Konfusion bewerkstelligen läßt.

Was die technische Seite anbetrifft, werden wir bereits beim Empfang die verwendete Frequenz, ihre Bandbreite, die Richtung und mittels astrophysikalischer Methoden die Entfernung wissen. Damit kennt man dann die Sendeleistung und vielleicht auch den Typ der verwendeten Kodierung. Diese Informationen werden von den

Technikern optimal für die Aussendung einer Antwort genutzt werden. Die bereits durch das Planetenradar von Arecibo ausgesandten Nachrichten haben uns die benötigte Technologie zugänglich gemacht. Was den Umfang des zu übermittelnden Informationsgehalts
anbetrifft, so ergibt sich keine Schwierigkeit; es ist möglich, in wenigen Sekunden den gesamten Inhalt eines Lexikons wie der *Ency-
clopaedia Universalis* zu übermitteln, Text und Abbildungen inbegriffen.

D. Goldsmith erkennt an, daß es schwierig sein wird, allgemeines Einverständnis bezüglich des Inhalts der Antwort zu erlangen,
aber da die Informationsmenge nicht wirklich limitiert ist, „kann
man fast alle Wünsche nach Aufnahme sehr spezieller Themen be-
friedigen, die ohne allgemeines Interesse auf Erden (oder sonstwo
in der Milchstraße) sind." Die wahren Probleme „liegen in dem zu
zügelnden Druck, der von bestimmten Fraktionen unserer Kultur
ausgeht [...], wie Versuche von Seiten der organisierten Religionen,
ihre Theologien als menschliche Wahrheiten vorzustellen, oder Versuche von Seiten der Regierungen, sich ähnlichen Übungen zu widmen". Er fährt fort: „Obwohl es etwas arrogant seitens der wissenschaftlichen Gemeinschaft erscheinen mag, ein Antwortprojekt auf
sich zu nehmen (in einer besser organisierten Gesellschaft müßte
diese Rolle einem für SETI-Projekte zuständigen Regierungskomi-
tee zufallen), erscheint es beim vorliegenden Zustand unserer Kultur
– wenigstens den Wissenschaftlern – vernünftig, daß dieses anfäng-
liche Antwortprojekt aus wissenschaftlichen Diskussionen hervor-
geht." Und er schlägt vor, daß sich die Bioastronomie-Kommission
der IAU dieses Projekts annimmt.

Aber erst 1991, auf ihrer Vollversammlung in Buenos Aires, hat
die IAU die SETI-Deklaration anerkennen können. Inzwischen ist
das SETI-Komitee der IAA seinem Pioniergeist treu geblieben und
hat beim Forum von 1990 in Dresden die Initiative ergriffen. Michael Mihaud, John Billingham und Jill Tarter haben einen ersten Weißdruck mit dem Titel „Eine Antwort von der Erde?" re-
digiert. Nach diesem Text muß eine Antwort im Namen der gesamten Menschheit erfolgen; die Entscheidung zu antworten oder nicht,
muß von einer geeigneten internationalen Körperschaft gefällt werden, und der Inhalt der Antwort muß einen internationalen Konsens
widerspiegeln. Das potentielle Gewicht der Antwort ist so geartet,
daß „viele der Punkte nicht an erster Stelle wissenschaftlicher Natur sind: Sie sind sozial, philosophisch und politisch. Sie beziehen

internationales und Weltraumrecht ein. Sie fallen also eher in das Ressort der Vereinten Nationen als in das der Wissenschafts- oder Weltraumgesellschaften."

Dieser Entwurf soll unter Leitung eines bei dieser Gelegenheit ausgehend von den Mitgliedern des SETI-Komitees gebildeten Ausschusses perfektioniert werden. (Er umfaßt sechs Amerikaner, einen Argentinier, einen Franzosen, einen Polen und einen Tschechoslowaken.) Dann wird er durch das Internationale Institut für Weltraumrecht und die Bioastronomie-Kommission geprüft und darauf auf dem Weg über das Komitee über die friedliche Nutzung des Weltraums an die Vereinten Nationen übergehen.

In den abschließenden Ausführungen seines Berichts eröffnet J. Billingham gewaltige Ausblicke: „Durch den Austausch von Nachrichten mit einer anderen Zivilisation können die aufeinanderfolgenden Generationen der Menschheit den Reichtum neuen Wissens erlangen, vom Verständnis der Vergangenheit und der Zukunft des Universums bis zu den physikalischen Theorien der Elementarteilchen, aus denen es besteht, und bis zu neuen Biologien. Wir können in Gedankenaustausch mit fernen, ehrwürdigen Denkern über die grundlegendsten Werte bewußter Wesen und ihrer Gesellschaften treten. Wir können uns womöglich an ein riesiges Netz außerirdischer Zivilisationen anbinden, das unvorstellbar reiche Kulturen umfaßt."

Wenn man Wladimir Kopal, dem Juristen der Abteilung für Weltraumangelegenheiten bei den Vereinten Nationen, folgt, können bereits unmittelbare Aussichten die Menschheit auf ihrem Weg ermutigen, ohne so weit in die Zukunft zu schauen: „Die Ausarbeitung von für die Gestaltung der Beziehungen zwischen der internationalen Gemeinschaft unseres eigenen Planeten und anderen intelligenten Gemeinschaften im Universum bestimmten Prinzipien und Regeln fügt dem gegenwärtigen Korpus des Weltraumrechts eine neue Dimension hinzu. Gleichzeitig kann dieser neue Ansatz einen wohltätigen Einfluß auf die Beziehungen zwischen den Nationen und Völkern des Planeten Erde ausüben."

Kapitel 13

Irdische Schicksale
und kosmische Perspektiven

IAU COMMISSION 51: SEARCH FOR EXTRATERRESTRIAL LIFE

NEWSLETTER

BIOASTRONOMY NEWS

VOL.I, NO.1   ASTRONOMY DEPT., BOSTON UNIVERSITY, BOSTON MA 02215, USA   JANUARY 1983

GREETINGS TO ALL

The 18th General Assembly of the IAU, held in August 1982 at Patras Greece, endorsed unanimously the proposal of the Executive Committee of the IAU to establish our new Commission. This was a very important development for our young field, which now has a formal home of high international stature. So here we are, IAU Commission 51 - Search for Extraterrestrial Life, the youngest, and most exciting we think, Commission of the IAU making our inaugural communication with our members.

In addition to the first issue at hand of our Newsletter, I am enclosing a copy of the Report of our Commission, which will appear soon in the volume of the Transactions of the IAU, and also a list of the 205 members of our new Commission. Your comments on our first mailing are most welcome, as are also your ideas and suggestions about all future activities of our Commission.

Please let us know, for our Newsletter, of any new research projects and of recent publications in our field.

May the New Year bring health and happiness to all of you and may 1983 mark a successful beginning in the activities of our new Commission.

M.D. Papagiannis, President Commission 51

Endlich! Im Jahr 1982 wird die Suche nach außerirdischem Leben von der Union der professionellen Astronomen der ganzen Welt offiziell anerkannt. Diese erste, recht bescheidene Ausgabe der *Bioastronomy News* verbreitet die gute Nachricht. (Quelle: Universität Boston)

Es ist nicht zu leugnen, daß die Entdeckung der Neuen Welt durch Christoph Kolumbus die Vorstellungen der Bewohner der Alten Welt verändert hat. Auch wenn die Griechen vor 2000 Jahren bereits aufgrund ihrer Sachkenntnis wußten, daß die Erde rund sei, daß sie eine Kugel von 10 000 km Durchmesser sei, die im Raum treibe oder unbeweglich im Zentrum des Kosmos ruhe, auch wenn die Wikinger ein halbes Jahrtausend vor der illustren Flotille der Santa Maria dorthin fuhren, auch wenn die gebildeten Seefahrer als Fachleute wußten, daß man, wenn man nach Westen ging, aus dem Osten zurückkommen würde. Solange die Sache nicht praktisch demonstriert war, konnte sie nur eine interessante und für den Geist anregende Annahme sein. Höchstens eine Arbeitshypothese, wie die, die SETI zugrundeliegt: Ja, wahrscheinlich gibt es jenseits der kosmischen Ozeane andere Neue Welten. Eine außergewöhnliche Perspektive. Aber solange wir nicht als Gegenleistung für unsere Teleskopsuche ein Signal empfangen haben, werden wir nicht mit Leib und Seele der Vision eines Globalen Kosmos verfallen, so wie Columbus uns zu der universellen Sicht einer Globalen Erde übergehen ließ.

Wenn die Entdeckung von 1492 neue Horizonte eröffnete, so hat sie auch die praktisch vollständige Vernichtung der Zivilisation und der Menschen, die die Neue Welt beherbergte, mit sich gebracht. Werden wir der Versuchung widerstehen, uns von neuem zu einem solchen Verhalten hinreißen zu lassen? Möge das Gedenken der Entdeckung Amerikas zu einer brüderlichen Erneuerung beitragen und dazu einladen, in Zukunft alle Formen des Lebens zu respektieren.

Unser zerstörerisches Verhalten hat seine Ursprünge zu Beginn der Neusteinzeit vor rund 10 000 Jahren. Es geht also nicht auf physiologische Faktoren zurück, da Homo Sapiens zu jener Zeit keine spezielle Evolutionsschwelle überschritten hat. Im Gegenteil, er erfindet den Ackerbau und die Viehzucht und beginnt, Lebensmittelvorräte anzulegen. Das Bevölkerungswachstum hat sich verstärkt, was zu beengteren Nachbarschaften führt. Die Schutzwirkung durch die frühere weite Zerstreuung der Familien und Stämme verschwindet hierdurch. Was wäre also für dies unüberlegte Wesen „natürlicher", als seine Nachbarn anzugreifen und zu töten, um sich ihrer Vorräte zu bemächtigen?

Henri de Lumley, Professor am Museum für Naturgeschichte und Dirketor des Instituts für Paläoanthropologie in Paris, bemerkt dazu: „Mit dem Seßhaftwerden, dem Ackerbau und der Viehzucht taucht die Anhäufung von Gütern ebenso auf wie ihre Folgeerscheinung, die Begehrlichkeit. Die Grabanlage von Roaix in der Vaucluse mit ihrer ‚Kriegsschicht' veranschaulicht dieses Phänomen gut. [...] Diese außerordentliche Anhäufung von Skeletten in perfekter anatomischer Ähnlichkeit macht diese Hypothese statthaft, da die Körper sichtbar zur selben Zeit abgelegt wurden. Diese Behauptung wird durch die Anwesenheit mehrerer noch in den Knochen steckender Pfeile untermauert...Die Anordnung der Skelette ist recht regellos, Männer, Frauen, Kinder sind vermischt und ohne Ordnung aufgehäuft." Dieses unvergleichliche Massaker datiert von 2000 v. Chr., mitten in der Neusteinzeit. Unser katastrophales Verhalten ist also sehr jungen Ursprungs.

Die Fortschritte der menschlichen Technologie in 10 000 Jahren waren umwerfend. Während sie im Prinzip auf ganz realistische und praktische Weise ausschließlich zur Verbesserung unserer Lebensbedingungen hätten verwendet werden können, sind sie leider in den Dienst unserer Ausbeutungspolitik gestellt worden. Und dies in einem Ausmaß, daß nunmehr der ganze Globus vom Untergang bedroht ist. Liegt dies in der Natur der Dinge? Ist dieses schreckliche Verhalten, das die Menschheit seit der Neusteinzeit charakterisiert, nur ein spezieller Aspekt des allgemeinen Schicksals des Universums? Die neueste und gigantischste Zerstörungsgeschichte des Kosmos könnte uns dies glauben machen. Hier ist sie.

Das Hubble-Weltraumteleskop ist das erste einer Reihe von mehreren astronomischen Weltraumobservatorien, die die NASA als Generalunternehmer für das Studium der Astrophysik des Weltraums vorgesehen hat. Wenn das erste Instrument für den Augenblick noch nicht voll befriedigt, so war dagegen das zweite ein Erfolg. Es handelt sich um das nach dem großen Physiker benannte Compton-Observatorium, das für die Beobachtung der Gammastrahlen aus dem Weltraum von einer Umlaufbahn aus vorgesehen ist. Es wurde 1991 gestartet und wiegt 13 t, mehr als Hubble. An Bord trägt es BATSE (Burst And Transient Source Experiment), ein Experiment für die Messung von Ausbrüchen und vorübergehende Quellen der Gammastrahlen, d. h. Photonen, die ein gutes Stück energiereicher sind als Röntgenstrahlen. Seit Jahren beobachtet man kurze Ausbrüche in diesem Frequenzbereich; sie dauern nur wenige Sekunden, sind aber extrem stark. Sie stammen aus noch recht schlecht bestimmten Richtungen. Aber man dachte, daß sie in Richtung der Milchstraße etwas stärker konzentriert waren und daß sie möglicherweise von sehr speziellen, zu unserer Galaxie gehörigen Sternen emittiert wurden. Manche stellten sich sogar vor, daß sie auf den Absturz von Kometen auf ihren zum Neutronenstern gewordenen Zentralstern zurückgingen; dabei sollte auf einen Schlag eine enorme Gravitationsenergie freigesetzt werden, von der sich ein Teil in Form von Gammastrahlen wiederfinden könnte. Aber nachdem BATSE den ganzen Himmel abgerastert hat, liegen nunmehr die ersten Ergebnisse vor. Bei der Europäischen Konferenz zum Internationalen Weltraumjahr, die im April 1992 im München abgehalten wurde, hat G. J. Fishman vom Laboratorium für Weltraumwissenschaften der NASA in Huntsville uns gesagt, daß der leistungsstarke Detektor mit einer mittleren Rate von eins pro Tag 300 Gammaausbrüche gesammelt hat. Das Überraschendste ist, daß ihre Verteilung am Himmel vollständig isotrop zu sein scheint; sie hat keine Tendenz mehr, der Milchstraße zu folgen, und man findet in allen Richtungen gleichviele. Man kann den Ursprung dieser Ausbrüche nicht mehr innerhalb unserer Galaxie lokalisieren. Entweder stammen sie von uns sehr nahen Sternen und sind daher wie die Sterne der unmittelbaren Nachbarschaft der Sonne isotrop über den Himmel verteilt, oder sie stammen aus sehr großer Entfernung aus dem extragalaktischen Universum und sind dort ebenfalls gleichmäßig verteilt.

Es geht um viel, denn wenn die Ursprungssterne nahe sind, ist ihre tatsächliche Leistung bescheiden. Aber wenn sie bei extragalaktischen Entfernungen liegen, strahlen sie beträchtliche Energien ab, mit einer bis jetzt unbekannten Rate, die die Existenz neuer, heftiger astrophysikalischer Prozesse verrät. Diese Alternative ist ausgeschlossen worden: Die Richtungen scheinen nicht zu den wohlbekannten Positionen der benachbarten Galaxien zu passen. Außerdem hat man die Ausbrüche als Funktion der empfangenen Energie gezählt, wie man es vor recht langer Zeit mit den zu Beginn der Radioastronomie entdeckten starken Radioquellen getan hat. Dabei kam heraus, daß sich die Sterne, von denen die Gammaausbrüche stammen, in zu denen der Quasare vergleichbaren Entfernungen befinden, d. h. Milliarden von Lichtjahren entfernt sind.

Ihre wahre Energie ist also so groß, und die Zeit, während der sie freigesetzt wird, so kurz – einige Ausbrüche dauern weniger als eine Hundertstel Sekunde –, daß eine der vorgeschlagenen Erklärungshypothesen annimmt, daß die Ausbrüche auf den Absturz von Neutronensternen in schwarze Löcher zurückgehen! Wenn man bedenkt, daß ein Neutronenstern und ein schwarzes Loch das katastrophenartige Ende des Sternenlebens sind, und daß diese beiden Überreste sich in einer noch irreversibleren Katastrophe zu einem noch endgültigeren Überrest vereinigen, erhält man eine wenig optimistische Aussicht auf das letztendliche Schicksal, das unser Universum erwartet. Muß man also annehmen, daß unsere menschlichen Katastrophen in der Natur der Sache liegen?

Nicht notwendigerweise. Eine kaum glaubliche Folge von „Wundern" hat letztendlich ermöglicht, daß der Mensch erstand und seine Intelligenz entwickelte. Um so weit zu kommen, sind wir fortwährend vom Kosmos bedroht oder − schlimmer als dies − vollständig ignoriert worden. Aber es haben sich jedes Mal begünstigende Umstände ergeben, die das Schicksal des Universums umlenkten und dafür sorgten, daß es uns am Ende gab. Wir befinden uns im Zentrum dessen, was man das anthropische Prinzip nennt, welches zuerst und korrekt von Brandon Carter, Forschungsleiter des CNRS am Observatorium von Meudon, ausgesprochen wurde.

Dieses Prinzip ist schnell verbreitet, verfälscht und für teleologische Zwecke benutzt worden: Man ist soweit gekommen zu behaupten, daß sich dieser gigantische Kosmos im Verlauf unermeßlicher Zeiten darauf hin entwickelt hat, daß der Mensch erscheinen konnte. Das ist offensichtlich sehr anmaßend, selbst wenn man die Verantwortung dafür auf ein imaginäres, unendlich mächtiges Wesen abwälzt. Außerdem bekräftigt nichts diese tendenziöse Interpretation. Das wahre anthropische Prinzip ist wesentlich bescheidener: Wenn das Universum sich so entwickelt zu haben scheint, daß wir existieren, so liegt dies allein daran, daß wir existieren. Wenn es das nicht getan hätte, wären wir nicht da, und wir könnten nicht feststellen, daß sich der Kosmos auf andere, insbesondere ungünstige Weise hätte entwickeln können. Das Prinzip ist nicht mehr als eine Beobachtungstatsache, ja ein ganz einfacher Auswahleffekt, der die Dinge an den rechten Platz rückt. Es bringt eine Form von dem Kosmos innewohnender Finalität ans Licht, aber nachträglich abgeleitet und in keiner Weise vordeterminiert.

In der Tat verbietet es nicht, eine Vielfalt möglicher Entwicklungen für den Kosmos zu denken. Unser Kosmos, der so war, daß wir existieren können, wäre also nur ein möglicher Fall unter vielen anderen. Deswegen habe ich im Verlauf dieses Buches recht häufig den Ausdruck „unser Universum" anstelle von „das Universum" verwendet. Das Bemerkenswerte an den neueren Entwicklungen der

Theorie des *Urknalls*, dem sogenannten chaotischen *Urknall*, ist, daß sie die Möglichkeit einer unbegrenzten Menge verschiedener Kosmen mit verschiedenen Eigenschaften, verschiedenen Entwicklungen und verschiedenen Bestimmungen offenlassen. In dieser Vorstellung wäre das wahre Universum die unbegrenzte Gesamtheit all dieser verschiedenen Kosmen. Man kann sich gut vorstellen, daß die überwältigende Mehrheit dieser Kosmen ungeeignet ist, Intelligenzen hervorzubringen, die in der Lage sind, sich über ihr Universum zu wundern, zu glauben, daß das ihrige das einzige ist, und die irrige Folgerung zu ziehen, daß sich das Universum so entwickelt hat, auf daß diese Intelligenz auftauche.

Manche meinen in der finalistischen Ausbeutung des anthropischen Prinzips die Hoffnung zu finden, daß der Kosmos letzten Endes für uns wirkt: Die menschlichen Katastrophen dieser letzten 10 000 Jahre lägen also nicht in der Natur der Sache. Meiner Meinung nach ist es besser, sich nichts vorzumachen. Übrigens ist der langfristige Optimismus nicht verboten, wie der Physiker Freeman J. Dyson vorgeschlagen hat. Er ist der Vordenker der längsten jemals in der Physik betrachteten Zeit: 10 hoch 10 hoch 76 Jahre. Das ist eine so große Zahl, daß für ihre Ausschreibung eine 1 gefolgt von soviel Nullen, wie es Protonen in den Milliarden beobachtbarer Galaxien gibt, notwendig wäre. Wenn zu jener extrem weit in der Zukunft gelegenen Zeit unser Universum noch existiert, so wird es lange her sein, daß die schwarzen Löcher durch Hawking-Prozesse in reine Strahlung verdampft sind, die ihrerseits „nur" 10^{100} Jahre brauchen.

Im „Dysonschen Zeitalter" wird der Kosmos nur noch ein in Ausdehnung befindlicher Raum sein, kalt, dürftig mit ein paar wenigen Photonen, Neutrinos und noch selteneren Partikeln durchsetzt. Die gegenwärtig bekannten Gesetze der Physik ermöglichen Betätigungsmöglichkeiten von unbegreztem Reichtum: Es wird immer etwas Neues zu entdecken geben. „Ich habe ein Universum gefunden, das ohne Grenzen an Reichtum und Komplexität zunimmt", schrieb Dyson. „Ein Universum des Lebens, das für immer besteht und dies seine Nachbarn über unvorstellbare Wegstrecken und Zeiträume hinweg wissen läßt. [...] Es gibt gute wissenschaftliche Gründe, ernsthaft die Möglichkeit zu erwägen, daß es dem Leben und der Intelligenz gelingt, dies Universum gemäß ihren eigenen Zielen zu modellieren." Auch wenn sie im Bereich des Möglichen liegen, sind diese Ansichten nur Spekulationen; aber sie haben das Verdienst, uns zu erlauben zu glauben, daß nicht alles verloren ist, und die Hoffnung zu nähren, daß man eine Umkehrung unseres destruktiven Verhaltens bewirken kann.

* * *

Die junge Bioastronomie feierte im Jahre 1992 ihren 10. Geburtstag. Es war 1982 in Patras unter dem Blau eines griechischen Sommerhimmels gegenüber einem azurnen Meer, daß die Kommission 51 unter Vorsitz von Michael D. Papagiannis offiziell ins Leben gerufen wurde. Seither hat die Bioastronomie ein riesiges Territorium erkundet und erschlossen, in dem man sich noch verliert, aber in dem dennoch Gebiete abgeteilt, Etappen und Anhaltspunkte markiert, vernünftige Hypothesen formuliert worden sind.

Welchen Entdeckungen gehen wir entgegen? Wird es uns gelingen, das organische Molekül herzustellen, das sich selbst reproduziert? Werden wir fossiles Leben auf dem Mars entdecken? Werden wir ein künstliches Signal auffangen? Drei Fragen, die an die Bedeutung der drei Pfeiler erinnern, welche die Entstehung der Bioastronomie ermöglichten: Die makromolekulare Biophysik, die Weltraumerkundung und die Radioastronomie. Aber es gibt genug andere in der Schwebe befindliche Punkte: Wird man einen echten Planeten vom terrestrischen Typ bei einem Stern finden, Aminosäuren im interstellaren Raum oder Adenin auf Titan? Wird man Empfänger mit Milliarden simultaner Horchkanäle bauen? Wird man Bodenproben von Kometen in unsere Laboratorien zurückbringen? Wird man erfahren, ob das Leben in der Schlußphase des Urbombardements Zuflucht am Boden der Ozeane fand? Wird es uns gelingen, passend auf die Ankündigung der Entdeckung eines eventuellen Signals zu reagieren?

Und wird es uns langfristig in einer noch tieferen und grundlegenderen Sicht gelingen, die Verschlingungen und Umwege zu entwirren, die die Entwicklungen von Kosmos, Leben und Intelligenz genommen haben, um dorthin zu gelangen, wo sie nach 15 Mrd. Jahren sind? Werden wir in der Lage sein, die unglaublichen Klippen auszumachen und zu bewerten, welche diese Evolutionen umschiffen mußten, um ein so außergewöhnliches Universum zu produzieren? Gibt es als Ausgleich für unseren Erfolg andere, weniger vom Glück begünstigte und weniger gelungene Universen in unbegrenzter Zahl? Und vor allem, gibt es andere, die dem unseren weit überlegen sind?

Ohne bereits zur Suche nach Paralleluniversen zu gehen, wollen wir uns die Frage stellen, ob es im uns zur Verfügung stehenden Kosmos mit seinen 100 Mrd. Galaxien Intelligenzen gibt, die der unsrigen überlegen sind. Mit SETI haben wir, begründet auf die Bioastronomie, jetzt am Ende des 20. Jahrhunderts die Möglichkeit und die Hoffnung, eine Antwort zu finden – und vielleicht zu lernen, zu unserem größeren Wohle. Einmal gelöst, müßten uns all diese Probleme über unseren Platz im Universum und unsere Zukunft erleuchten.

Mein Gefühl ist, daß wir in diesem Universum nicht allein sein sollten. Deswegen muß man unbedingt suchen und darf sich einem so sagenhaften Abenteuer nicht verschließen. Das noch ganz junge Paradigma vom biologischen Kosmos kann uns auf diesem vielversprechenden Weg nur ermutigen; wenn es uns gelingt, eine erste Detektion außerirdischer Zivilisation zu bewerkstelligen, werden andere in den folgenden Jahren in großer Zahl hinzukommen. Wir könnten also ins Auge fassen, ein neues Volk zu bilden, ein interstellares Volk, das begierig darauf ist, einander kennenzulernen, und wir werden uns wundern, daß dieser neue Reichtum nicht mit mehr Entschiedenheit gesucht worden sein sollte.

Kapitel 14

Auf dem Weg zur wissenschaftlichen Anerkennung

Im Jahre 1965 weiht Präsident Charles de Gaulle in Nançay das damals größte Radioteleskop ein. Eine seiner ersten Fragen war: „Aber sagen Sie mal, Sie wissen doch, daß die Russen kürzlich veröffentlicht haben, sie hätten Signale außerirdischen Ursprungs empfangen; können Sie da mit Ihrer ‚Maschine‘ herausfinden, ob das nur ein Bluff ist?" (Quelle: Le Berry Républicain)

Der 12. Oktober 1992, der 500. *Columbus Day* in den USA, wurde von der NASA symbolisch gewählt, um auf nationaler Ebene das neue SETI-System offiziell einzuweihen, das sie über 22 lange Jahre hinweg entworfen, studiert, vorangetrieben, verteidigt, gebaut und finanziert hat. John Billingham hat in seiner Eigenschaft als Direktor des Programms im Frühling seine Einladungen ausgesandt: „Die Beobachtungen werden während der Feierlichkeiten beginnen, die auf Punktziele konzentrierte Suche in Puerto Rico am Radioteleskop von Arecibo, das flächendeckende Abrastern des Himmels am Kommunikationszentrum für den tiefen Weltraum des Jet Propulsion Laboratory in Goldstone, Kalifornien. [...] Frank Drake und Philip Morrison werden in Arecibo und Carl Sagan in Goldstone über das Abenteuer sprechen. Dann werden die Ingenieurteams den beiden wissenschaftlichen Direktoren die Detektionssysteme übergeben. Einige Minuten später werden Jill Tarter und Samuel Gulkis offiziell gleichzeitig die beiden Forschungsprogramme beginnen. [...] Die im Verlauf einiger erster Minuten gesammelten Daten werden die Gesamtmenge aller früher gemachten Forschungen übertreffen.“

Es war ein großartiger Augenblick. Die Handbewegungen, die die zwei kleinen Schalter betätigten, sind den ersten Schritten von Christoph Kolumbus auf Guanahani und denen von Neil Armstrong 1969 auf dem Mond vergleichbar. Noch sieht man überhaupt kein Land: Man weiß weder, wann die Wellen welches enthüllen werden, noch wie es aussehen wird; in der Tat hat sich SETI gerade wie Kolumbus in seiner Karavelle oder Armstrong in seinem Raumschiff auf den Weg ins Ungewisse gemacht. Es muß das Landen abwarten, um zu wissen. Wenn in den Tiefen des Kosmos das schwache Blinken eines Leuchtturms auftaucht, hat es gewonnen. Es wird wissen, daß es andere Welten gibt, zahlreiche wahrscheinlich; denn wenn es eine findet, werden viele weitere entdeckt werden. Eines der bekanntesten Leitmotive des letzten Jahrhunderts, aufgestellt von Camille Flammarion, wird eine neue Aktualität erlangen: „Ist es nicht sonderbar, daß die Bewohner unseres Planeten fast alle bis jetzt gelebt haben, ohne zu wisssen, wo sie sind, und ohne über die Wunder des Universums zu erstaunen?“

Glaubte man wirklich, daß sich nach einigen Minuten des Horchens, die mehr wert waren als die vergangenen 32 Jahre, ein Tüt-Tüt hören lassen würde? Nein, die Suche fängt erst an, und nach einer Viertelstunde begannen sich die offiziellen Gäste zu langweilen, und der monströse Rechner war ganz allein bei seiner langen Wache von rund 10 Jahren. Im Verlauf der Wochen, Monate und Jahre wird er regelmäßig untersucht, überprüft und gewartet werden, damit sein Herz ohne Fehler mit einer Rate von 130 Mio. Impulsen/s schlägt. Dafür ist er gebaut worden .... Wenn sich ein anormales Signal darstellt, gibt er automatisch Alarm, und die Kampfvorbereitungen beginnen; das globale Netz wird unter Spannung gesetzt, um oft genug festzustellen, daß dies nur eine falsche Hoffnung war.

Wann wird das wahre Signal aufgefangen werden? In einer Woche oder in einem Jahrhundert! Während dieser Zeit werden Wissenschaftler, Ingenieure, Techniker sich bemühen, Milliarden von Kanälen zu bauen, noch komplexere Signale zu detektieren, andere Frequenzbereiche zu erkunden, neue Strategien zu erarbeiten. SETI muß gelingen!

14.1 Die Geburt von SETI

Der Weg, der zu dieser historischen Einweihung geführt hat, war lang! Er hat eine ganze Generation gedauert. Die Geburt von SETI dagegen war plötzlich: Zu Beginn des Jahres 1960 führt Drake den ersten Horchversuch durch, veröffentlichen Cocconi und Morrison, dann Kardaschow, ihre Artikel; Drake und Oliver organisieren die erste SETI-Konferenz unter der Schirmherrschaft der amerikanischen Akademie der Wissenschaften, während die sowjetische Akademie der Wissenschaften die ersten Forschungen finanziert. Auf sowjetischer Seite veröffentlicht Schklowski 1962 ein wichtiges Buch über die Intelligenz im Kosmos, während Kardaschow, Troizki und einige Kollegen 1964 am Observatorium von Bjurakan in Armenien ihre erste SETI-Konferenz organisieren. Die erste internationale Initiative geht auf die Internationale Akademie für Astronautik (IAA) zurück: Eines ihrer zehn Komitees, das SETI-Komitee, wird 1966 durch Rudolf Pesek, Professor für Aerodynamik an der technischen Universität von Prag, geschaffen. John Billingham, dem Erfinder der Unterkleider mit Wasserkreislauf für die Weltraumanzüge, verdankt man die Einrichtung der ersten Forschungsgruppe für den Nachweis extraterrestrischer Signale im Jahre 1970. Er ernennt Bernard Oliver zum Chef des ersten großen Projekts: Cyclops, ein technisches Meisterwerk, das vorsieht, nach und nach die ungeheure Gesamtzahl von tausend Radioteleskopen mit jeweils 100 m Durchmesser einzubeziehen.

Eine andere wichtige Etappe war eine ganz kleine, in einem enormen Bericht versteckte Notiz; wenn man beginnt, eine neue Forschungsdomäne zu schaffen, muß man oft jede noch so kleine Chance nutzen, die, falls es sich um ein lohnendes Feld handelt, helfen kann, zum Erfolg zu kommen. Es handelt sich um den Bericht von der Versammlung der Weltrundfunkverwaltungskonferenz von 1979, die beauftragt war, für die Vereinten Nationen die Regeln für die Nutzung und Aufteilung der Radiowellen vorzubereiten. Die winzige Notiz Nummer 722 besagte, daß „in den und den Frequenzbändern von einigen Ländern im Rahmen eines Forschungsprogramms für Emissionen außerirdischen Ursprungs passive Forschungen durchgeführt werden."

Dann läßt Carl Sagan 1982 in wissenschaftlichen Kreisen eine Petition über die außerirdische Intelligenz umlaufen. Indem er an die wissenschaftlichen Verdienste, den Nutzen und das Interesse von SETI sowie an die immer beunruhigender werdenden Bedrohungen aufgrund von Radioverseuchung erinnerte, bestand er auf der Notwendigkeit, schnell diese Signalsuche durchzuführen, die allein uns helfen kann, uns über die Existenz von Zivilisationen im Universum zu informieren. Diese Petition hat die Unterschriften von 70 Wissenschaftlern aus zahlreichen Disziplinen und zahlreichen Ländern erhalten.

Im selben Jahr wird eine wichtige Etappe eröffnet: Die Internationale Astronomische Union (IAU), die die 7000 professionellen Astronomen der Welt zusammenfaßt, richtet eine 51. Kommission ein: Sie nennt sich „Bioastronomie, die Suche nach außerirdischem Leben". Ihr Ziel ist, die auf der Suche nach Leben im Kosmos von den Astronomen unternommenen Forschungen gemäß sieben Hauptzielen zu organisieren: die Suche nach Planeten in anderen Sonnensystemen, die Entwicklung der Planeten und ihre Möglichkeiten für das Leben, der Nachweis von außerirdischen Radiosignalen, die Suche nach organischen Molekülen im Kosmos, der Nachweis primitiver biologischer Aktivität, die Suche nach Manifestationen fortgeschrittener Zivilisationen, die Zusammenarbeit mit anderen internationalen Organisationen: biologischen, astronautischen ....

Auf Anhieb ist diese Kommission mit der für Galaxien und der für Radioastronomie eine der wichtigsten der Union. Sie umfaßt 300 Mitglieder, 4 % der professionellen Astronomen. Ihre Mitglieder sind nicht alle mit aktiver bioastronomischer Arbeit beschäftigt. Dennoch zeugt die Zahl der Anhänger von einem sehr lebhaften Interesse an der Suche nach außerirdischem Leben. Die Hälfte der anderen Kommissionen haben interdisziplinäre Beziehungen zu dieser Suche. Deswegen ist das siebte Ziel wichtig, denn sehr oft ergeben sich die großen Durchbrüche aus einer Zusammenarbeit zwischen verschiedenen Disziplinen.

Die 80er Jahre waren durch zahlreiche Workshops und Kolloquien gekennzeichnet, die kleine Gruppen von Spezialisten zusammenführten. Ihre Stimmung ähnelte derjenigen, welche ich unter Bezug auf das Rosettaprojekt beschrieben habe. Mit der Anerkennung der Bioastronomie durch die IAU sah man den Beginn der großen, viel stärker strukturierten und interdisziplinären internationalen Symposien. Sie hatten einen lebhaften Erfolg; die Tagungsbände mit den vorgestellten Arbeiten und den durch sie angeregten Diskussionen bilden ein Grundlagenkompendium für die neue Disziplin. Das erste fand in den Vereinigten Staaten, in Boston, mit dem Untertitel „Neuere Entwicklungen" statt und das zweite, auf „Die nächsten Etappen" konzentrierte, am Balaton in Ungarn; dies war eine Folge des langandauernden Interesses an SETI, das Osteuropa gezeigt hat. Ich habe aus Sorge um das Gleichgewicht vorgeschlagen, das dritte in Westeuropa, genauer in Frankreich, zu organisieren. Das Thema war „Die Erforschung weitet sich aus", und mit dem wissenschaftlichen Co-Organisator Mike J. Klein, Leiter von SETI am JPL, haben wir versucht, aus sehr offenen interdisziplinären Verbindungen stammende Beiträge anzuziehen. Das nächste Symposium fand, dank der freundlichen Einladung von Frank Drake an die Universität von Santa Cruz, 1993 unter dem Titel „Fortschritte bei der Suche nach außerirdischem Leben" in Kalifornien statt. Dies ist eine gerechte Hommage an seine zahlreichen und originellen Beiträge. Schließlich plant John Billingham für 1995 die Durchführung eines Symposiums durch die IAA über „SETI und die Gesellschaft", bei dem auf Einladung der Naturwissenschaftler rund 100 Spezialisten über die kulturellen, politischen, juristischen, journalistischen, religiösen, soziologischen, psychologischen, historischen, literarischen und künstlerischen Aspekte von SETI diskutieren werden. Auf meinen Vorschlag wird Frankreich aufgrund seiner langen Tradition universitärer Kultur in der Stadt Chamonix-Mont Blanc diese sehr große Gegenüberstellung empfangen, bei der Elemente von Antworten auf die sehr zahlreichen, bereits aufgeworfenen Fragen in diesen Gebieten zu erwarten sind.

14.2 Das internationale Weltraumjahr

Aus Anlaß des 500. Jahrestags der Überquerung des Atlantiks durch Christoph Kolumbus sind verschiedene Initiativen gestartet worden. Die Wissenschaftler der gesamten Welt haben durch Vermittlung ihrer internationalen Vereinigungen beschlossen, daß 1992 das internationale Weltraumjahr sein solle, das dazu bestimmt ist, gemeinsam ein globales Studium unseres Planeten mit Hilfe der leistungsstarken, in den letzten Jahrzehnten entwickelten Mittel der Weltraumbeobachtung zu planen, zu koordinieren und durchzuführen. Man muß bis 1957 zurückgehen, um mit dem internationalen geophysikalischen Jahr eine vergleichbare Initiative zu finden, bei der unser Globus schon einmal das Objekt konzertierter Studien im großen Maßstab war, aber noch ohne Weltraumunterstützung, denn gerade in diesem Jahr verwirklichte Juri Gagarin den ersten menschlichen Flug in einer Umlaufbahn. Im Rahmen des Weltraumjahres hat man auch beschlossen, einen weltweiten Weltraumkongreß abzuhalten, der Tausende von Wissenschaftlern, Ingenieuren, Verwaltungsmitarbeitern und Entscheidungsträgern aus der Weltraumdomäne für 9 Tage zu Symposien, Seminaren, Konferenzen über Themen der Entdeckung, der Erforschung und der Zusammenarbeit versammeln soll. Diese gewaltige Gegenüberstellung ist unter die Verantwortlichkeit zweier großer Organisationen gestellt worden: das Komitee für Weltraumforschung (COSPAR) und die Internationale Astronomische Föderation (IAF) in Zusammenarbeit mit der Internationalen Akademie für Astronautik und dem Internationalen Institut für Weltraumrecht.

Die Arbeiten dieses Kongresses werden von großer Bedeutung für unsere Zukunft sein. Sie werden uns helfen, unseren Planeten Erde zu schützen und – an allererster Stelle – das empfindliche und komplexe Funktionieren seiner Biosphäre zu verstehen. Vergessen wir nicht, daß, wenn die Menschheit bisher weder die Kontrolle über das Innere der Erde noch über den fernen Weltraum hat (dies übrigens wegen der anfänglichen Mißgriffe, deren Urheber sie im allgemeinen ist, sehr zum Glück), sie doch in entscheidender Weise auf ihre Biosphäre einwirkt, von der sie umgekehrt auf Leben und Tod abhängt. Denken wir auch daran, daß man oft, wenn man sich auf das Raumschiff Erde bezieht, auf dem wir alle einem gemeinsamen Schicksal entgegenfahren, dieses als einen massiven, festen Globus von 40 000 km Umfang sieht. Dies ist in der Tat ein trügerisches Bild, denn wir hängen essentiell von einem dünnen, feinen, noch geheimnisvollen Gebilde im instabilen Gleichgewicht ab, der Biosphäre. Diese kugelförmige Haut umhüllt die Erde, ausgehend vom Meeresgrund oder nur wenige Dezimeter tief im Ackerboden der Kontinente (wenn sich solcher findet!) bis zur Troposphäre oder zur unteren Stratosphäre. Verglichen mit dem Globus ist die Biosphäre, in der alles Leben wohnt, nicht dicker als eine Haut von 1 mm auf einer Kugel von 1 m. Aber wenn der weltweite Weltraumkongreß unverzichtbare und wertvolle Elemente für den Schutz unseres Zufluchtsorts bringen muß, so sollte er uns auch, was nicht weniger wichtig ist, für die dringende Notwendigkeit dieser Rettung sensibilisieren. Wenn manche der Schutz- und Vorbeugungsmaßnahmen, die daraus hervorgehen werden, auch langfristige Angelegenheiten für das 21. Jahrhundert sein werden, so müssen andere, beispielsweise auf den Rückgang des atmosphärischen Ozons bezogene, doch bereits jetzt angegangen werden.

Unter den vielen Symposien des Weltkongresses hat SETI einen Ehrenplatz erhalten. Das ist ein neues und wichtiges Zeichen der Anerkennung. Was ist in der Tat natürlicher, da SETI gegenwärtig äußerster Ausdruck der großen Kunst der Weltraumerkundung ist. Auf lange Sicht ist es wahrscheinlich, daß es nicht die Rekorde der Quasare erreichen wird, aber an Tiefe der Kenntnisse könnte es unter den Sternen und Galaxien, mit denen der Kosmos übersät ist, unerhörte Höhepunkte enthüllen. Kann man sich einen einzigen Stern, einen einzigen physikalischen Prozeß vorstellen, der komplexer und verfeinerter wäre als eine fortgeschrittene Zivilisation?

14.3 *SETI und Europa*

Vor dem Riesen, den die NASA mit einem Budget, das in 10 Jahren von 2 Mio. auf 14 Mio. Dollar jährlich gestiegen ist, darstellt, könnte man meinen, daß Europa nicht viel zählt. Was das Geld betrifft, stimmt das. Aber selbst wenn man die Ex-Sowjetunion ausschließt, ist das von SETI hervorgerufene wissenschaftliche Interesse groß. Einem Tschechoslowaken ist die Schaffung des SETI-Komitees zu danken, dessen Mitglieder in der Mehrheit Europäer waren; gegenwärtig stellt Europa dort ein Viertel, und der Vizepräsident ist Ungar. Das Direktionskomitee der IAA ist mehrheitlich europäisch, und der leitende Herausgeber der von der Akademie geschaffenen Zeitschrift *Acta Astronautica* ist Franzose. Die 300 Mitglieder der Kommission für Bioastronomie sind zu einem Viertel Europäer, mit einem französischen Sekretär. Und was die drei bisher abgehaltenen Symposien über Bioastronomie anbetrifft, so hat das eine in Ungarn und das andere in Frankreich stattgefunden. Ein Viertel der über SETI veröffentlichten wissenschaftlichen Artikel sind von Europäern. An erster Stelle bei den Beiträgen stehen Frankreich, Österreich und Italien, gefolgt von Ungarn, dann von Deutschland, Großbritannien, Polen und den Niederlanden.

Bisher führt nur Frankreich mit dem Radioteleskop von Nançay eine praktische Suche nach Signalen durch, aber Italien plant, sich mit dem Großen Kreuz des Nordens bei Bologna ebenfalls in das Abenteuer zu stürzen. Dieses riesige Instrument, ein Interferometer, das aus einem parabolischen Zylinder von 534 m Länge und 35 m Breite und 64 weiteren Zylindern von 24×8 m^2 besteht, würde dank der Tagesbewegung erlauben, den gesamten Himmel der Nordhalbkugel abzutasten. Stelio Montebugnoli vom Institut für Radioastronomie des Nationalen Forschungszentrums (CNR) beabsichtigt, ein SETI-System für die Datenaufnahme an das Große Kreuz anzuschließen. Außerdem stellt Christiano Batalli-Cosmovici, wissenschaftlicher Berater der italienischen Regierung, ein Bioastronomieprogramm für das CNR auf die Beine. Diese Pläne werden Italien, dessen Weltraumtradition auf die allerersten Anfänge zurückgeht, vielleicht erlauben, die interessanten Bemühungen für SETI, die Europa entfaltet hat, zu verstärken.

Frankreich ruht nicht. So habe ich 1989 den Plan für ein globales SETI-Netz vorgeschlagen. Im Falle, daß ein Signalkandidat detektiert wird, bedarf es einer schnellen gemeinsamen Reaktion von Seiten der tatsächlich im Rahmen der täglichen Arbeit mit SETI befaßten Personen; diese Aktion zu koordinieren, ist das Ziel des Netzes. Mein Vorschlag hat die Unterstützung des SETI-Komitees der IAA und der Kommission für Bioastronomie der IAU erhalten. Die typischen Gebiete, die das Netz in Betracht zu ziehen hätte, sind die Strategien für SETI, die Empfänger und Detektoren, die Radiostörungen, die Logistik, die Echtzeittests für die Alarmüberprüfung vor Ort und für die kontinuierliche Verfolgung der Signalkandidaten, das Training für sofortige gemeinsame Aktionen und schließlich der Informationsaustausch durch ein schnelles Nachrichtennetz. Die NASA wird im Prinzip ihr eigenes, internes Netz haben, aber trotz ihrer Schlagkraft ist es unverzichtbar, sie mit der Gesamtheit der anderen SETI-Forschungen zu verbinden, die überall auf der Erde bereits in Betrieb oder in Planung sind.

Dank seines wichtigen, auf bereits altehrwürdiger, aber bisher im Schatten gebliebener Tradition aufbauenden Beitrags ist Europa es sich schuldig, eine ohne Unterlaß aktivere Rolle zu spielen. Das Engagement in Frankreich mit dem großen Radioteleskop von Nançay hat ein Beispiel gegeben. Diese Initiative darf nicht isoliert bleiben.

14.4 Das große Radioteleskop von Nançay

Mitten in einem Wald der Sologne erheben sich 200 km südlich von Paris die großen Gitterflächen des Radioteleskops von Nançay. Dieser Wald von Birken und Kiefern, mit einem Heidekrautteppich als Boden, übersät mit lauschigen Seen, mit alten, an der Biegung eines sich durch den Schatten schlängelnden Weges versteckten Herrenhäusern, wurde vor einer Generation dazu ausgewählt, die entstehende französische Radioastronomie zu beherbergen. Viele von uns verlassen gern das Observatorium von Meudon, obwohl wunderbar gelegen, um in Nançay ihre Beobachtungswochen zu verbringen.

Auf die weitblickende Anregung von Yves Rocard, Physikprofessor an der Ecole Normale Supérieure, von dem ganz jungen Jean-François Denisse, Theoretiker für Wellen und Plasmen, der bald Direktor des Observatoriums von Paris werden sollte, und von Jean-

Louis Steinberg, dem zukünftigen Schöpfer der französischen Weltraumradioastronomie, erwarb die Ecole Normale in der Sologne ein riesiges dreieckiges Gelände von anderthalb Kilometer Kantenlänge, um für die Radioastronomie einen soweit wie möglich von den Radiostörungen der menschlichen Unternehmungen abgekoppelten Standplatz zu reservieren. Diese Isolierung verringerte auch die Kosten der Aktion: Pioniere müssen klein anfangen.

Gegen Ende der 50er Jahre wurden die ersten Erfolge der Astrophysik verzeichnet, die auf die 21-cm-Strahlung des neutralen Wasserstoffs zurückgingen. Nachdem die Pioniere der Ecole Normale vom Direktor André Danjon, dem Sonnenkönig der französischen Astronomie des 20. Jahrhunderts, am Observatorium von Paris aufgenommen wurden, beschlossen sie, Frankreich mit einem riesigen Radioteleskop auszustatten, um die Welt der Galaxien zu untersuchen. Auf einer großen, abgelegenen Lichtung von zwanzig Hektar im Süden des reservierten Geländes bauten sie Stück für Stück das riesige metallische Gebilde, das sie geplant hatten, auf und statteten es nach und nach mit immer empfindlicheren Empfängern aus.

Am 15. Mai 1965 weihte Präsident Charles de Gaulle, geführt von J.-F. Denisse, das „größte Radioteleskop der Welt" ein. Ihre erste Unterhaltung drehte sich um SETI und die angebliche Detektion eines außerirdischen, von CTA 102 stammenden Signals, die die *Prawda* am 14. April konstatiert hatte. J.-F. Denisse offenbarte dem General, daß es sich wirklich um eine Nachricht handelte, wie sie natürlicher nicht hätte sein können. Sogleich beschloß der Präsident, den Botschafter der UdSSR anzurufen, um „ihm zu zeigen, daß man uns in Frankreich nicht erzählen kann, was man will."

Seit einem Vierteljahrhundert erhebt das Radioteleskop von Nançay seine funktionalen Strukturen, die unter dem silberfarbenen Anstrich immer noch makellos sind, immer noch präzise, dank ihrer aufmerksamen Wartung. Seine zwei riesigen Flügel laden das Universum ein, die Erdbewohner zu besuchen. Aufgrund seiner Auslegung gestattet das Radioteleskop, Wellen von jedem den Meridian passierenden Stern aufzufangen, vom Südhorizont bis hin zum Nordpol. Die Radiowellen treffen zunächst auf ein riesiges, fein gegittertes Rechteck von 200 m Länge mal 40 m Höhe, welches um eine horizontale Ost-West-Achse gekippt werden kann. Indem man diesen trotz seiner enormen Größe bis auf wenige Millimeter ebenen Reflektor mehr oder weniger neigt, lenkt man die Wellen auf einen zweiten, am Boden festen, in 500 m Entfernung dem ersten gegenüberstehenden Reflektor nach Süden um, der 300 m lang und 35 m hoch ist. Dieser ist so gekrümmt, daß die empfangenen Wellen sich in einem Punkt, dem Brennpunkt, konzentrieren, der mitten zwischen den beiden Reflektoren einige Meter über dem Boden liegt. Und an dieser Stelle ist das fokale Sammelsystem aufgestellt, im wesentlichen ein kalibrierter, metallischer Trichter, das Fokalhorn, welches die Wellen in einen ebenfalls kalibrierten Wellenleiter führt; dieser Wellenleiter führt letztendlich zu einem Dipol, in dem die schwachen empfangenen elektromagnetischen Felder ganz schwache Ströme induzieren, die sogleich von den eigentlichen Empfängern verstärkt werden. Dieses System gestattet die Beobachtung eines großen Teils des Himmels, bis 40° nach Süden hin, und minimiert gleichzeitig die beweglichen Anteile der gewaltigen Gitterflächen von insgesamt 2 ha. Andererseits ist das Fokalhorn auf einer auf Schienen beweglichen Plattform montiert, so daß man dem Fokus eine Stunde lang folgen kann. Der Empfänger hat so die Möglichkeit, Langzeiteinstellungen auf ein angepeiltes Objekt zu machen, was die Empfindlichkeit der Beobachtungen im entsprechenden Maß erhöht. Die Verschiebung der Plattform erfolgt computergesteuert, was die perfekte Verfolgung des jeweiligen Sterns bei seiner durch die Erdrotation bedingten Bewegung nach Westen gestattet.

14.5 Eine Zusammenarbeit NASA/Nançay?

Es waren diese, dem großen Radioteleskop von Nançay eigenen Qualitäten, die mich angeregt haben, im Februar 1985 bei einer Vorschauversammlung des Observatoriums von Paris eine Zusammenarbeit für SETI im großen Maßstab mit dem von der NASA entwickelten System mit 10 Mio. Kanälen vorzuschlagen. Eine Kopie des Systems der NASA würde von den Amerikanern am Radioteleskop von Nançay installiert werden, im Austausch gegen dessen gemeinsame Nutzung für SETI während einer noch festzulegenden, wesentlichen Zeitspanne.

Aufgrund seiner Auffangfläche das zweitgrößte Radioteleskop der Welt für die SETI-Dezimeterwellen nach dem von Arecibo ist Nançay ein wichtiger Trumpf der internationalen Szene. 1987 ist es von der NASA vorteilhaft bewertet worden, die in einem Bericht erklärt, daß „es aufgrund seiner großen Oberfläche, seiner gewaltigen Himmelsabdeckung, seiner Möglichkeiten in einem großen Frequenzband gut geeignet ist. Allerdings sind Verbesserungen notwendig, um den Vorteil des Instruments in vollem Umfang zu nutzen: Schutzschirme gegen äußere Störsignale, ein effizienteres Fokalsystem, empfindlichere Verstärker."

Übrigens habe ich 1989 bei Besichtigungen von amerikanischen, mit SETI befaßten Instituten vor Ort gesehen, daß das Problem der Verbesserung des Fokalsystems auch für das Radioteleskop von Arecibo gegeben war. Als ich ein paar Leute unter dem zentralen, auf der Unterseite der riesiegen Schale von 300 m Durchmesser angeordneten Loch sich zu schaffen machen sah, bat ich meinen Führer, mich dorthin zu bringen. Es erzeugt einen eigenartigen Eindruck, unter dem metallischen, umgekehrten Schirm einherzugehen, einen paradiesischen Pflanzenteppich aufgrund der Treibhauswirkung unter den Füßen, im blaugrauen Lichtschein. Dort finde ich eine kugelförmige Gondel, die zwei elliptische Reflektoren enthält, bereit, sich durch das Loch zum Brennpunkt 150 m über uns zu erheben. Die Person, die diesen ungewöhnlichen Aufstieg dirigierte, Lynn Baker, Leiter des Labors für Antennenentwicklung an der Cornell-Universität, wo sich beim National Astronomy and Ionospheric Center die Direktion von Arecibo befindet, sagte mir: „Morgen probieren wir ihn aus .... Das ist ein vereinfachtes Modell des neuen Fokalsystems; er wird den enormen, mit Dipolen gespickten, völlig veralteten ‚Bleistift‘ ersetzen, der noch aus der Anfangszeit stammt. Indem man mit den Formen und Positionen dieser Sekundär- und Tertiärreflektoren spielt, wird man diese Veteranenschale in ein 10mal effizienteres Radioteleskop der neuen Generation umwandeln." Um auf das Wesentliche dieser technologischen Gewalttour zu kommen, wollen wir nur sagen, daß man mit dem zweiten sicherstellt, daß keinerlei vom Boden ausgesandte Radiostrahlung am äußeren Rand der Schale empfangen wird – denn der bei 300 K befindliche Boden emittiert enorm viele Wellen und „blendet" so. Und mit dem dritten stellt man sicher, daß die von jedem Quadratmeter der Schale reflektierten Strahlen des Sterns mit einem Maximum an Effizienz empfangen werden.

In vielen alten Systemen werden die Ränder und das Zentrum schlecht genutzt, was die effektive Auffangfläche stark verringert. Außerdem wird die Gondel vor Störsignalen schützen, die direkt auf den Fokus zulaufen. Schließlich fallen die Strahlen nach ihrem Zick-

Zack-Weg zwischen Sekundär- und Tertiärreflektor in ein ganz nahes Horn, das vor Störsignalen abgeschirmt ist, und laufen von dort zum Empfänger.

Kann der Zaubertrank des Doppelreflektorsystems in Nançay angewandt werden? Es würde dann zu einem Radioteleskop der neuen Generation und könnte der Radioastronomie für zwanzig weitere Jahre dienen! Nach Lynn Baker war der Fall von Nançay *a priori* komplizierter als der von Arecibo, da seine Auffangfläche sehr langgestreckt und nicht kreisförmig war. Aber seine ersten Rechnungen haben, verbunden mit anderen von Sebastian von Hoërner, einer wichtigen Figur der Radioastronomie, gezeigt, daß das System von Baker in Nançay passen könnte. Seither haben sich die Mitglieder der Gruppe „Antennen" des Radioteleskops unter der Leitung von Gabriel Bourgois, Forschungsdirektor am CNRS in Meudon, in das schwierige Problem des Doppelreflektors verbissen. 1992 wird die Untersuchung in Phase A durchgeführt. Diese Phase muß ermöglichen, die Dimensionen der Reflektoren zu präzisieren, welche entscheidende Faktoren für die Gesamtkosten sind.

Ende 1990 hat uns die NASA in Voraussicht auf einen eventuellen Gastaufenthalt zwei ihrer Systeme geschickt, um den Untergrund an Störsignalen zu ermitteln. Wenn der zu stark ist, so ist er eine wesentliche Behinderung für anspruchsvolle Beobachtungen. Oh Wunder! Sie zeigten, daß Nançay mit Greenbank in Virginia einer der beiden besten Standorte der Welt war. Dieses Ergebnis muß an der Tatsache liegen, daß unser Radioteleskop ein sehr niedriges Profil hat, dicht am Boden, im Herzen eines riesigen, flachen Waldes gelegen, der die Störsignale abschirmt, in einer wenig industrialisierten Region. Durch diese Ergebnisse ermutigt, agitieren Eric Gérard, Forschungsdirektor am CNRS in Meudon und ein großer Feind von Störsignalen, und Bernard Darchy, Empfangsanlageningenieur in Nançay, bei den regionalen Behörden, um die Umgebung zur radioelektrisch nicht verseuchten Zone zu erklären. Sie haben auch die Untersuchung eines Schutzgitters unternommen, das das gesamte Instrument wie einen riesigen Tennisplatz umschließen soll.

Brack, A., Raulin, F. (Hrsg.): L'exobiologie: la vie dans l'univers. *L'Astronomie*, Sonderheft Dezember 1989 (Société Astronomique de France, Paris 1989)
Whittet, D. C. B., Chiar, J. E.: Cosmic evolution of the biogenic elements and compounds, *The Astronomy and Astrophysics Review*, Bd. 5, Nr. 1/2 (Springer, Berlin, Heidelberg 1993)

Tagungsberichte der Bioastronomie-Symposien

Heidmann, J., Klein, M. J. (Hrsg.): The Search for Extra-Terrestrial Life: The Exploration Broadens, Third International Bioastronomy Symposium, Val Cenis, France, in: *Lect. Notes Phys.*, Vol. 390 (Springer, Berlin, Heidelberg 1990)
Marx, G. (Hrsg.): Bioastronomy, The Next Steps. *International Astronomical Union Colloquium*, Nr. 99, Balaton, Ungarn (Kluwer, Dordrecht 1987)
Papagiannis, M. D. (Hrsg.): The Search for Extra-Terrestrial Life: Recent Developments. *International Astronomical Union Symposium*, Nr. 112, Boston, USA (Reidel, Dordrecht 1994)

Tagungsberichte der SETI-Foren
der internationalen astronautischen Akademie

Heidmann, J. (Hrsg.): SETI 3, The Search for Extra-Terrestrial Intelligence, *Acta Astronautica*, Sonderheft, Bd. 26, Nr. 3/4 (Pergamon, Oxford 1992)

Seeger, C. L., Martin, A. R. (Hrsg.): SETI, The Search for Extra-Terrestrial Intelligence. *Acta Astronautica*, Sonderheft, Bd. 19, Nr. 11 (Pergamon, Oxford 1989)

Tarter, J. C., Michaud, M. A. (Hrsg.): SETI Post Detection Protocol. *Acta Astronautica*, Sonderheft, Bd. 21, Nr. 2 (Pergamon, Oxford 1990)

Springer-Verlag und Umwelt

Als internationaler wissenschaftlicher Verlag sind wir uns unserer besonderen Verpflichtung der Umwelt gegenüber bewußt und beziehen umweltorientierte Grundsätze in Unternehmensentscheidungen mit ein.

Von unseren Geschäftspartnern (Druckereien, Papierfabriken, Verpackungsherstellern usw.) verlangen wir, daß sie sowohl beim Herstellungsprozeß selbst als auch beim Einsatz der zur Verwendung kommenden Materialien ökologische Gesichtspunkte berücksichtigen.

Das für dieses Buch verwendete Papier ist aus chlorfrei bzw. chlorarm hergestelltem Zellstoff gefertigt und im pH-Wert neutral.